番茄的根

番茄的茎

番茄的叶片

番茄的花

番茄的果实

番茄的种子

番茄打杈

番茄早疫病

番茄晚疫病

番茄叶霉病

番茄斑枯病

番茄枯萎病

番茄灰霉病

番茄病毒病

番茄细菌性疮痂病

番茄根结线虫病

番茄白粉虱为害症状

番茄叶螨为害症状

番茄茶黄螨为害症状

蝼蛄

蛴螬

黄地老虎

番茄蚜虫为害症状

辣椒生长

辣椒花

辣椒有限分枝型

辣椒无限分枝型

樱桃椒

圆锥椒

簇生椒

线辣椒

牛角椒

灯笼椒

地膜覆盖

辣椒定植

辣椒疫病

辣椒灰霉病

辣椒菌核病

辣椒枯萎病

辣椒白粉病

辣椒霜霉病

辣椒叶霉病

辣椒炭疽病

辣椒细菌性叶斑病

辣椒疮痂病

烟青虫

茶黄螨

茄子的根系

茄子的茎

茄子的叶片

茄子的花

茄子的果实

茄子的种子

茄子猝倒病

茄子果实感染灰霉病

茄子枯萎病

茄子黄萎病

茄子菌核病

茄子褐纹病

茄子绵腐病

茄子青枯病

茄子细菌性叶斑病

茄子病毒病

美洲斑潜蝇

美洲斑潜蝇为害状

茶黄螨

白粉虱

高等职业教育“十四五”规划教材

茄果类蔬菜优质生产技术

张　更　王媛花　主编

中国农业大学出版社
·北京·

内容简介

本书分为番茄优质生产技术、辣椒优质生产技术、茄子优质生产技术、茄果类蔬菜的轮作与间作共4个项目，内容丰富，资料翔实，实用性、针对性和操作性强，适合作为高等职业院校现代农业技术专业、园艺类专业教材，同时可作为农业技术培训用书。

图书在版编目（CIP）数据

茄果类蔬菜优质生产技术 / 张更，王媛花主编 .--北京：中国农业大学出版社，2023.12

ISBN 978-7-5655-3110-1

Ⅰ.①茄… Ⅱ.①张…②王… Ⅲ.①茄果类-蔬菜园艺 Ⅳ.①S641

中国国家版本馆 CIP 数据核字（2023）第 228573 号

书　　名 茄果类蔬菜优质生产技术

作　　者 张　更　王媛花　主编

策划编辑 张　玉　　**责任编辑** 张　玉

封面设计 中通世奥图文设计

出版发行 中国农业大学出版社

社　　址 北京市海淀区圆明园西路 2 号　　**邮政编码** 100193

电　　话 发行部 010-62733489，1190　　读者服务部 010-62732336

编辑部 010-62732617，2618　　出　版　部 010-62733440

网　　址 http://www.caupress.cn　　**E-mail** cbsszs@cau.edu.cn

经　　销 新华书店

印　　刷 运河(唐山)印务有限公司

版　　次 2024 年 1 月第 1 版　　2024 年 1 月第 1 次印刷

规　　格 185 mm×260 mm　16 开本　12.25 印张　300 千字　彩插 4

定　　价 39.00 元

编 写 人 员

主　编　张　更　王媛花

副主编　朱文莉　杨　平　徐宏佳
　　　　　杨洪俊　周桂芳

参　编　（以姓氏笔画为序）
　　　　　汤伟华　李艳艳　郭正兵
　　　　　黄思杰　颜志明　霍文雨

审　稿　杨立飞

前　　言

本教材根据《国家职业教育改革实施方案》《关于职业院校专业人才培养方案制订与实施工作的指导意见》《全国农业职业教育园艺专业教学指导方案》等有关文件精神的要求，结合我国茄果类蔬菜生产特点，在中国农业大学出版社的组织下，由高等职业院校教师和行业、企业专家共同编写而成。

党的二十大报告提出，发展设施农业，构建多元化食物供给体系。我国是蔬菜生产和消费大国，确保百姓的“菜篮子”安全健康是事关人民生活和社会稳定的大事。本教材分为番茄优质生产技术、辣椒优质生产技术、茄子优质生产技术、茄果类蔬菜的轮作与间作等4个项目，介绍茄果类蔬菜生产的实用技术。教材导向正确、内容丰富、资料翔实，实用性、针对性和操作性强。

本教材由张更（江苏农林职业技术学院）、王媛花（江苏农林职业技术学院）任主编，朱文莉（临沂科技职业学院）、杨平（上海农林职业技术学院）、徐宏佳（苏州农业职业技术学院）、杨洪俊（江苏农林职业技术学院）、周桂芳（潍坊职业学院）任副主编。参加编写的人员还有黄思杰（生态环境部南京环境科学研究所）、霍文雨（中荷农业部上海园艺培训示范中心）、汤伟华（江苏农林职业技术学院）、李艳艳（南京理想农业科技有限公司）、颜志明（江苏农林职业技术学院）。具体编写分工如下：项目一由张更、杨洪俊和李艳艳编写；项目二由朱文莉和黄思杰编写；项目三由杨平、汤伟华和郭正兵编写；项目四由徐宏佳、霍文雨和王媛花编写。全书由张更和颜志明统稿。本教材承蒙杨立飞（南京农业大学）审稿。

由于编者水平有限，不足之处在所难免，敬请读者批评指正。

编　者

2023年5月

目　　录

项目一　番茄优质生产技术

情景一　认识番茄

第一节　概　　述

1. 番茄栽培历史

番茄（*Solanum lycopersicum*）是茄科茄属番茄亚属的多年生草本植物，别名小金瓜、喜报三元、番李子、金橘、洋柿子、狼桃、番柿、六月柿、洋海椒、毛腊果。因其果实形似红柿，品种来自西方而得名西红柿。

番茄是世界各国普遍栽培的重要蔬菜作物，主要以成熟果实作蔬菜或水果食用。其果实味美，可以生食、菜用，或加工成番茄汁、番茄酱，食用方法多样。据研究，番茄属植物的起源中心是南美洲的秘鲁、厄瓜多尔等地，在安第斯山脉至今还有原始野生种，而墨西哥可能是最早的番茄驯化栽培地区。大约在16世纪中叶，西班牙、葡萄牙商人从南美洲把番茄带到欧洲，再由欧洲传至北美洲和亚洲各地。番茄最初因鲜红的果实作为庭园观赏用，后来才被作为蔬菜。

我国栽培番茄的历史较短，番茄约在明代万历年间传至我国。《群芳谱》记载："番柿，一名六月柿。茎似蒿，高四五尺，叶似艾，花似榴，一枝结五实或三四实，……草本也，来自西番，故名。"

2. 番茄栽培分布

番茄是世界上栽培最为普遍的果菜之一。美国、以色列、意大利和中国为主要生产国。在欧美国家、中国和日本都有大面积温室、塑料大棚及其他保护地设施栽培。我国各地普遍种植番茄，如在高山冷凉地区番茄可越夏栽培。东北、西北、内蒙古等地无霜期短，夏季比较凉爽，可进行夏季栽培。华南地区夏季炎热，冬季不冷，主要进行秋冬栽培。各地在温室或塑料大棚栽培番茄时，多为冬春和秋冬两茬栽培。番茄忌连作，宜实行 3～5 年轮作。

番茄是喜温作物，要获得高产量，必须保证足够的积温。不同栽培条件，特别是不同的温度条件下，生长期长短不同。按照我国北方实际情况估算，在番茄生长的适宜温度范围内，依品种不同，从出苗到开始采收需要 2 000～2 200 ℃的积温，按结果期 1～1.5 个月计算，还需有 700～1 000 ℃的积温。这样，栽培一茬番茄必须有 2 700～3 200 ℃的积温。如果按日平均温度 20 ℃计算，包括育苗期在内，番茄生长期的理论日数为 135～160 天。

番茄不耐霜冻。露地栽培时，除育苗期外，整个生长期必须安排在无霜期内。低温、高温、多雨是限制番茄生产的栽培因子。我国东北及高寒地区，低温是限制番茄生产的主要矛盾。而在无霜期较长，冬季气候比较温和的南方地区，高温高湿对番茄生长及产量的影响很大。因此，必须根据当地气候条件决定适宜的栽培期。

栽培番茄有 5 个变种：普通番茄（果大，叶多，茎蔓性）；大叶番茄（叶似马铃薯叶，裂片少而较大，果实大）；樱桃番茄（果小而圆，形似樱桃）；直立番茄（茎粗节间短，直立性）；梨形番茄（果小，形如洋梨，叶小，浓绿色）。

3. 番茄的食用价值

番茄既是菜中佳味，又是果中美品，被称为“菜中之果”。因其富含水分，用来消暑解渴，可与西瓜媲美。番茄果实营养丰富，食用番茄对人体健康十分有益。据分析，每 100 g 番茄果实中含碳水化合物 4.5～8.1 g，有机酸 0.3～0.5 g，蛋白质 0.55～1.65 g，脂肪 0.2～0.3 g，纤维素 0.6～1.6 g，果胶物质 0.13～0.23 g，矿物质 0.5～0.8 g。番茄果实所含矿物质中，有钙、铁、磷、硫、钾、钠、镁等。番茄还含有多种维生素，每 100 g 果实中，含维生素 A 0.27 mg，B 族维生素 0.06 mg，维生素 C 12～35.7 mg。

4. 番茄的生产效益

我国番茄的生产历史较短，但生产发展很快，栽培面积已跃居世界前列。然而，我国番茄的单位面积产量却较低，远远低于美国、日本、加拿大、巴西及智利等国家，也低于其他番茄主要生产国家。

我国地域辽阔，气候差异较大，自北而南跨有寒温带、温带、暖温带、亚热带和热带地区，因此番茄可以四季生产，周年供应。我国北方地区番茄市场除冬季主要依靠“南菜北运”外，其余季节借助于保护地进行“春提早”和“秋延后”栽培，也已实现附近地区就地就近生产和供应的局面。

我国番茄生产主要是露地栽培及保护地栽培。一般以春、夏露地栽培为主，为了满足周年供应的需要，我国北方地区，特别是东北、西北、华北地区，因露地栽培受气候条件（无霜期短）的限制，以及“南菜北运”番茄的商品性较差，近几年保护地栽培迅速发展起来。番茄保护地栽培从栽培形式上看，塑料大棚、中小拱棚栽培发展最快，温室栽培也在飞速发展；从栽培季节上看，“春提早”栽培面积最大，“秋延后”和“越冬茬”栽培面积也在不断扩大。我国番茄生产，特别是北方保护地栽培已经成为发展农村经济、引导农民脱贫致富的新产业，受到各级人民政府和农民的重视。可以预料，今后将进一步发展。

我国番茄以鲜食栽培为主，罐藏加工用的番茄栽培正在迅速发展。番茄由于不易长途运输和长期贮藏，因此在有的地区如黑龙江、内蒙古的北部及西藏等地，或有的季节如冬季，新鲜番茄难以供应，即使可以供应，其价格比生产旺季常常高出几倍甚至十几倍。因此，番茄加工品种近几年发展很快，与番茄栽培相配套，已形成了番茄加工工业。我国番茄的罐藏加工种类主要有番茄汁、番茄沙司、番茄酱及番茄罐头等，这些制品除在国内销售外，还畅销几十个国家和地区，受到各国人民的欢迎。面对国内外市场需求，我国番茄生产及其加工业将会得到更大的发展。

第二节　番茄的植物学特征

1. 根

番茄根系由主根和侧根构成，起固定植株和供给地上部水分及营养的作用（图 1-1）。番茄根系发达，分布广而深，且根的再生能力强，具有半耐旱作物的特征。盛果期主根入土深达 150 cm 以上，展开幅度达 250 cm 左右。在育苗移栽时，主根被切断，易产生大量侧根，并横向发展，大部分根群分布在 30～50 cm 的土层中。这种特性决定了番茄生产适宜育苗移栽，苗期可进行 1～2 次的移苗，促使侧根大量发生，培育壮苗。根系这一特点也决定了番茄移栽或定植时容易缓苗，成活率高。

图 1-1　番茄的根系

番茄根系再生能力很强，不仅主根上易生侧根，在根颈或茎上，特别是茎节上也很容易发生不定根，且不定根伸展生长很快。在良好的环境条件下，生长 4～5 周可长达 100 cm 左右。因此，番茄徒长秧苗定植时可深栽、卧栽。对昂贵、珍稀、种子少的番茄品种，还可以利用侧枝扦插进行扩繁。

番茄根系的生长数量、质量、伸展深度及分布范围，受土壤性质、肥力、土温、耕作的影响，而且也受人工栽植、整枝、打杈、摘心、浇水、施肥等田间管理的影响。番茄地下根系与地上茎、叶、果实生长有很大的相关性，通过地上植株长势可预测地下根系的生长状况，同样地下根系的生长优劣也直接影响地上植株的长势。

2. 茎

番茄茎多为半直立或半蔓性，个别品种为直立性。茎基部易木质化，上部木质化程度低（图 1-2）。初期直立生长，随植株长高，叶片增多，果实膨大，植株容易倒伏。所以，生产栽培中需要及时立支架或吊蔓。

根据番茄主茎叶片分化和花序分化的特点，可将番茄分为有限生长和无限生长两种类型。有限生长类型植株矮小，茎有限生长，节间短、茎粗壮，主茎生长 2～4 个花序后，顶端形成花序，不再继续向上生长，侧枝分生能力弱。无限生长类型品种植株高大，主茎不断

图 1-2　番茄的茎

向上生长，节间长，只要环境条件适宜，可多年持续生长。

番茄茎的分枝能力强，每个叶腋都可长出侧枝，花序下第一侧枝生长最快。生产中进行多干整枝或换头生长时应留花序下的第一侧枝，而单干整枝时应尽早摘除所有侧枝。番茄若不整枝，能够形成枝繁叶茂的株丛。大量侧枝消耗养分，造成落花落果，影响果实形成和膨大，因此生产中必须适时摘除侧枝。

3. 叶

单叶，羽状深裂或全裂，每叶有小裂片 5～9 对，小裂片的大小、形状依叶片着生部位而异（图 1-3）。第 1、2 片叶裂片少、小，随叶位上升裂片数增多。按叶型可分为普通叶、薯叶，生产中栽培品种绝大部分为普通叶番茄。番茄叶片大小、形状、颜色因品种、环境而

图 1-3　番茄的叶片

异，可作为鉴别品种特征、评价栽培措施的生态依据。如一般情况下，早熟品种叶片小，较稀疏；晚熟品种叶片大，浓密。露地栽培番茄叶色深、肥厚；保护地设施栽培番茄叶色浅、薄。肥力不足、水分过大时，叶色浅、叶片小；肥力充足、水分适中时，叶色浓绿、叶片大。低温时叶片发紫；高温时，叶片向上内卷。番茄叶片及茎均有茸毛和分泌腺，能分泌具有特殊气味的汁液，很多害虫，如菜青虫等，因这种特殊气味而不为害番茄，因此生产栽培中虫害较少。另外，番茄也可与其他蔬菜进行间套作，以减轻虫害，降低生产成本。

4. 花

(1) 花的特征、特性

番茄花为雌雄两性的完全花，聚伞花序，小果形品种多为总状、复总状花序（图 1-4）。花黄色，每朵花由花柄、萼片、花瓣、雄蕊、雌蕊组成。花柄中部有凸起的节，称为“离层”（断带），当环境条件不适合花的授粉受精、果实膨大成熟时，节上细胞间果胶物质发生变化产生离层，造成落花落果。生产上应用防落素、2、4-D、保果宁等激素处理，可有效地防止落花落果。

图 1-4　番茄的花

每朵花有萼片、花瓣 5～7 个；有雄蕊 5～9 枚或更多，聚合成圆锥体，包围在雌蕊周围，药筒成熟后向内纵裂，散出花粉，进行自花授粉。雌蕊花柱长短因品种和环境有差异，花柱超出花药筒的为长花柱，可以接受其他花的花粉，进行异花授粉；与花药筒齐平或短于花药筒的为中花柱或短花柱，能正常进行自花授粉。一般番茄的天然杂交率在 4%～10%，在进行番茄杂交制种时，应摘除长柱头花，以免产生假杂种。番茄花序上的花朵数差异很大，一般每花序上有 5～10 朵，最多十几朵，樱桃番茄可达 20～30 朵，甚至更多。花序上花的多少，与品种特性、栽培环境有关。春季栽培比冬季和夏季花数多，小果形品种比大果形品种花数多。生长过程中经常出现畸形花，表现为多花瓣、多雄蕊、宽柱头等，且排列也不整齐。畸形花多形成畸形果，生产中应及时摘除。

番茄按照花序着生的规律分为两种类型：有限生长型和无限生长型。有限生长类型的品种，一般在主茎第6～7片真叶着生第一花序，以后每隔1～2片叶形成一个花序（有些品种可以连续每节着生花序），主茎形成2～4层花序后，花序下位的侧芽停止发育，不再抽枝，也不发生新的花序，即植株封顶，故植株较矮；由叶腋抽生的侧枝，一般形成1～2层花序后也自行封顶。因此，有限生长类型的植株矮小，开花结果早而集中，供应期较短，但早期产量高。无限生长类型的品种主茎第7～9片真叶时出现第一花序（有些晚熟品种第10～12片真叶发生第一花序），以后每隔2～3片叶着生一花序，由叶腋抽生的侧枝上也能同样形成花序。条件适宜时可无限着生花序，不断抽枝和开花结果，故植株高大，开花结果期长，总产量高，多为中晚熟品种。

(2) 花芽分化的特点

番茄的花芽分化是营养生长过渡到生殖生长的标志，花芽分化质量关系到果实的产量和商品性。花芽分化从苗期开始分为两个阶段，基本营养生长期是从播种后到2～2.5片真叶展开，25～30天为第一阶段，是为花芽分化及进一步营养生长打基础的阶段。2～2.5片真叶展开后，花芽开始分化，进入第二阶段，即花芽分化和发育阶段，这一阶段营养生长与花芽发育同时进行。一般春季育苗，播种后30～40天分化第一花序，播种后40～50天分化第二花序，再经10天左右，分化第三花序。花芽分化后，每2～3天分化一朵小花。

番茄花芽分化的节位高低、数目、质量受品种及育苗条件的制约。一般早熟品种6～7片真叶出现第一花芽，中晚熟品种在7～8片真叶出现第一花序。花芽分化的同时，花芽相邻的上位侧芽开始分化生长，继续分化叶片，当第一花序花芽分化即将结束时，下一花序已经开始了初生花的分化，如此不断向上发展。到第一花序呈现大蕾时，第三花序花芽分化已经完成。由此可见，在育苗期间，番茄幼苗已经分化出3个花序，即苗期已经决定了3个花序的花朵质量。

从一个花芽来看，分化从外向内逐渐进行，即萼片-花瓣-雄蕊-雌蕊。从花芽分化始期到开花约需30天，即从播种到开花约需60天。不同品种的花芽分化始期及花芽发育进程不同，早熟品种花芽分化开始早，各花序的花芽发育都比中晚熟品种快。

苗期花芽分化开始之后，花芽的分化、发育与营养生长同时进行，营养生长是花芽分化的基础。幼苗根系的发育、叶面积的大小都与花芽分化密切相关，特别是幼苗的茎粗与花芽分化速度正相关。一般认为，第一花序开始分化时茎粗为2 mm左右，第二花序开始分化时茎粗为4～5 mm，第三花序开始分化时茎粗为7～8 mm。不同品种及不同的育苗条件，花芽分化与幼苗的茎粗关系不尽相同。但相对而言，茎粗还是比较可靠的指标，因为它反映了营养物质的积累状况。

5. 果实

番茄果实为多汁浆果，其形状、大小、颜色、心室数、品质因品种不同而异，同时也受环境条件的明显影响（图1-5）。果实形状主要有圆球形、扁圆形、高圆形、牛奶形、苹果形、桃形、长圆形、梨形、李形、樱桃形、长圆形、棒槌形等。其中圆球形、高圆形、扁圆形以大、中果实居多；梨形、李形、牛奶形、椭圆形、樱桃形多为中、小果实。

栽培品种的番茄果实重量，一般为50～300 g。小于70 g为小果，70～180 g为中果，

图 1-5　番茄的果实

大于 180 g 为大果。中果又可分为中大果（150～180 g）、中小果（70～150 g）。目前，生产中应用的品种多为中等偏大型。果实过大，单株结果数少，畸形果率增加，商品果率低，产量并不一定高。因此，番茄生产与育种过程中，应注意果实大小的选择。

番茄果色可分为红色、黄色、粉红色、绿色 4 种。红色又可分为深红、大红、橙红；黄色又可分为橘黄、大黄、浅黄；粉红色可分为深粉红、浅粉红、亮粉红；绿色果实成熟时，微带黄色。

番茄栽培品种一般为多心室。心室数目与萼片、果形有一定的相关性。花的萼片多，花瓣和雄蕊数目多，往往心室也多。3～4 个心室的果实，果径较小，果实膨大不良；一般 5～7 个心室的果实，发育较好，接近圆球形；心室数如果继续增多，果形往往大而扁。心室数多少除与品种遗传特性有关外，还受环境条件的影响。

6. 种子

番茄种子为扁平的卵形或肾形，呈灰褐色或黄褐色，种子表面有细茸毛（图 1-6）。搓掉种子上的茸毛，有利于种子的吸水和发芽。番茄种子比果实成熟早。一般情况下，开花授粉后 35 天左右的种子开始具有发芽能力，胚的发育是在授粉后 40 天左右完成的。授粉后 40～50 天的种子完全具备正常的发芽力，种子完全成熟是在授粉后 50～60 天内。种子周围有一层胶质。受果汁内存在的发芽抑制物质及果汁渗透压的影响，种子在果实内不发芽。常规条件下贮藏，种子寿命一般为 3～6 年，常温下生产用种子的适用年限为 2～3 年。大果形种子千粒重 3～3.5 g，小果形种子千粒重 2～2.5 g。

番茄种子优劣直接影响幼苗质量，进而影响产量。优良种子发芽快、整齐，幼苗生长健壮，叶片数量、形状、生长点完整；陈旧种子或贮藏条件不好的种子发芽不一致，幼苗长势弱，缺叶片，无生长点，秧苗不整齐等。生产中选择购买 1～2 年的番茄种子，形状饱满，手指掐后不凹陷，颜色新鲜，茸毛密直。自行贮藏番茄种子时，可用塑料袋将种子包裹严实，置于冰柜或冰箱冷冻室，或加入杀虫剂悬挂于家中阴凉、干燥、通风处，注意预防鼠害。

图 1-6　番茄的种子

第三节　番茄生长发育周期

番茄喜温暖，不耐炎热、怕霜，为多年生草本植物，实际生产栽培多为一年生。其整个生长发育过程可分为发芽期、幼苗期、始花坐果期和结果期。

1. 发芽期

从种子萌动至子叶展开、第 1 片真叶显露（即破心）为发芽期。适宜的环境条件下，完成这一时期需 7～9 天。发芽期的顺利完成主要取决于温度、湿度、通气等条件及覆土厚度等。在同样条件下，个体之间的发芽速度差异主要与种子质量有关，饱满充实的种子能够产生整齐一致的幼苗。

番茄种子较小，营养物质不多，发芽期所需的营养主要靠胚乳中贮藏的养分，但在发芽时很快被利用。因此，幼苗出苗后要及时给予必要的营养补充以满足幼苗生长发育的需要，促进幼苗生长和花芽分化的进行。在发芽初期，将萌动的种子进行低温（0～2 ℃）或变温（20 ℃条件下 8～12 h，0 ℃条件下 12～16 h）处理，能在较低温度条件下培育出健壮的幼苗，并能促进成熟。种子发芽的最低温度为 11 ℃，适温为 20～30 ℃，最高为 35 ℃，同时要求保证充足的水分及良好的通气条件。番茄种子发芽具有好暗性，在 20～30 ℃黑暗条件下发芽较好，光照下发芽率降低；但在 25 ℃下，明暗条件发芽都很好，即番茄种子发芽的好暗性与温度条件关系密切，25 ℃条件下好暗性不明显。

2. 幼苗期

从第 1 片真叶显露到第一花序现蕾为幼苗期。在正常温度条件下，番茄种子发芽后生根抽叶成为幼苗一般为 45～50 天。若进行春季保护地育苗，由于分苗和温度较低的原因，则需 60～80 天。当种子发芽后 20～30 天，主根可达 40～50 cm，并形成大量的侧根。直播的根系较小；移栽的主根较短，但侧根较多。根系生长的好坏是能否形成壮苗、夺取高产的关键。

幼苗期白天的适宜温度为 20～25 ℃，夜温为 13～17 ℃，并要求光照充足，苗床通风良好和营养完全。幼苗期根、茎、叶生长速度很快，幼苗出土后，子叶形成叶绿素，植株能够进行光合作用。而在叶绿素形成之前，幼苗是靠胚乳中贮存的养分生长。因此，在真叶形成前，子叶起了决定性的作用。到第二片真叶形成时，幼苗已分化出 8～9 片真叶，此时生长点顶端产生质变，于是不再分化叶片，而形成花芽。接着花序下的侧芽继续向上生长。此期茎、叶生长与花序分化同时进行。适宜温度、光照充足、通风良好、营养完全等条件下，可培育出适龄壮苗。

创造良好的环境条件，防止幼苗的徒长或老化，保证幼苗的健壮生长及花芽的正常分化与发育是幼苗期栽培管理的主要任务。幼苗期的花芽分化直接决定着番茄的坐果性、果实商品性，也是前期丰产的关键阶段。茎粗与花芽分化关系密切。茎粗壮说明幼苗营养物质的制造和积累状况良好，有利于花芽分化。低夜温和强光照，第一花序节位较低，花器的分化和发育良好。高夜温和弱光照，第一花序节位升高，花器的分化和发育不良，花数减少。8 ℃以下低温易形成多心皮子房，将来形成畸形果。

3. 始花坐果期

从第一花序现蕾到坐果为始花坐果期。此期是幼苗期的继续，结果期的开始，是一个转折期，在栽培上正处于定植后的阶段。这一时期直接关系到植株营养生长和生殖生长的平衡，更对植株早期产量的形成有直接影响。

始花坐果期正处于定植及定植后一段极为重要的管理时期，始花坐果期栽培管理的重点是协调好营养生长和生殖生长的关系。此期内要通过控制浇水和氮肥施用，进行多次中耕，促进根系发育，保证植株健壮生长。同时，采取保花保果措施，提高第一花序的坐果率。控制棚内温度不能太高，特别是夜温，白天适宜温度保持在 25～30 ℃，夜间前半夜 15～20 ℃，后半夜 13～15 ℃。

始花期早晚影响番茄的早熟性，而始花期受品种、苗龄及定植后温度等条件的影响。正常条件下，花芽分化至开花需经 30 天左右，但生产中的苗期锻炼、定植后缓苗等都会延迟幼苗的生长发育。

4. 结果期

从第一花序坐果到果实采收完毕（拉秧）为结果期。这一时期，从茎叶生长与始花坐果同时进行，开始转向以始花坐果为主，是产量形成的主要时期。光合作用最适温度为 22～26 ℃，30 ℃时光合强度明显降低，35 ℃生长停滞，引起落花落果。始花坐果期内要通过合理的栽培管理，协调生长和结果的矛盾，保护好叶片，维持其旺盛的光合作用，以延长结果期，促进产量的形成。

番茄是陆续开花、连续结果的作物，第一花序果实膨大生长时，第二、第三花序等也在不同程度上生长和发育，各花序之间的养分争夺比较明显。试验表明，下位叶片制造的养分除供给根系外，主要供给第一花序果实生长的需要。中位叶片的养分主要输送到果实中，而上位叶片养分除供给上层果实外，还大量供给植株的顶端生长。

小架番茄结果期较短，一般收 2～3 穗果就拉秧，多用早熟品种，果实成熟期集中。大架番茄结果期较长，日光温室越冬栽培的番茄，结果期往往长达 8～10 个月，采收 15～30 穗果，故产量也高。

在生产上，番茄产量的形成规律有多种类型，常因保护地栽培的方式和茬口安排的差异而不同。例如，用中小拱棚进行番茄春早熟栽培，就要求早期产量高和产量形成期集中。用拱圆大棚常安排番茄冬春茬、秋冬茬生产，不但要求番茄早期产量高，而且要求在深冬季节和早春有较高的产量，且因结果期长，也较其他栽培方式有更高的总产量。

第四节　番茄对环境条件的需求

番茄是喜温性蔬菜，具有喜温怕霜，喜光怕热，喜空气干燥怕空气湿度过大，耐肥及半耐旱的生物学特性。

1. 温度

番茄不同生育期对温度的要求不同。种子发芽适温为 25～30 ℃，最低发芽温度为 11 ℃，最高为 35 ℃。幼苗期白天适温为 20～25 ℃，夜间为 10～15 ℃，幼苗对温度适应性较强，在一定条件下经过抗寒锻炼，可使幼苗长时间忍耐 6～7 ℃的温度环境，甚至能耐短时间的 0 ℃或－3 ℃的低温。

开花期对温度反应比较敏感，温度不适，授粉受精不良，造成落花，影响坐果。特别是在开花前 3～5 天、开花当日及开花后 2～3 天内对温度要求尤为严格。白天适温为 20～30 ℃，夜间为 15～20 ℃，低于 15 ℃或高于 35 ℃都不利于花的发育和坐果。因此，炎热干燥的夏季及寒冷的冬季，栽培番茄经常出现“花而不实”或“落花落果”的现象。

结果期果实发育要求温差较大，适宜的白天温度为 25～30 ℃，夜温 13～17 ℃。温度低果实生长速度慢，日温高于 30～35 ℃时，果实生长速度快，但夜温过高，不利于营养物质积累，果实发育不良。果实着色的最佳温度为 24 ℃，26～28 ℃及以上的高温能抑制色素的形成，影响果实正常转色。番茄根系生长最适土温为 20～22 ℃，提高土温利于促进根系发育。土壤中氮含量增加，生长发育加快，产量提高。因此，只要夜温不高，昼夜地温维持在 20 ℃左右，不会引起植株徒长。在保护地生产中，应注意土温的调控。5 ℃时，根系吸收养分、水分受阻；9～10 ℃时，根毛生长停止。

2. 光照

番茄是喜光作物，但对光照要求不是很严格，只要温度适宜，一年四季均可栽培。番茄光合作用的光饱和点为 70 000 lx，光补偿点为 2 000 lx。随着光照强度下降，植株光合速率下降。因此，栽培中应保证良好的光照条件，一般应达到 30 000～35 000 lx，可维持正常的生长发育。冬季采用塑料大棚栽培时，减弱了光照强度，植株营养积累少，易引起大量落花落果，果实发育受阻，产量降低。冬季生产中应注意采取多种措施增加光照时间和光照强度，以满足番茄生长发育的需要。

番茄属短日照作物，多数品种在 11～13 h 条件下开花较早，植株生长健壮。少数品种在短日照下提前现蕾开花。试验表明，番茄在 16 h 光照条件下，干物质产量显著增加。

番茄不同生育期对光照要求不同。发芽期不需要光照，幼苗期要求光照充足，幼苗才能发育良好；光照不足，延迟花芽分化，花序节位上升，花数减少，花器发育不良，影响果实生长；开花期光照不足，授粉受精不良，易引起落花；结果期光照充足时，坐果多，单果大；而弱光时，坐果率、单果重均下降，易出现空洞果、筋腐果。

3. 水分

番茄根系发达，吸水能力强，茎、叶蒸腾作用旺盛，属于半耐旱作物，既耐旱又需要大量水分。番茄要求空气相对湿度为 45%～50%，空气湿度过大，阻碍正常授粉。高温、高湿时易引发多种病害。

番茄在不同生育时期对水分的要求不同。发芽期需水较多，播种后要求土壤湿度 80% 以上。幼苗期生长快，为避免徒长和发生病害，土壤不宜太湿，应适当控制浇水，保持 65%～70%的土壤相对湿度。第一花序坐果前，土壤水分过多易引起徒长，根系发育不良，常造成落花。第一花序果实膨大生长后，需增加水分供应。盛果期需经常浇水，但不能造成土壤湿度过大，若排水不良，易烂根死秧。结果期土壤水分控制不当会发生严重的脐腐病，土壤忽干忽湿，容易发生大量裂果。结果期土壤湿度维持在 60%～80%为宜。

4. 土壤

番茄对土壤要求不严格。土层深厚，排水良好，富含有机质，保水、保肥，透气性良好的黏壤土、沙壤土均可。土壤酸碱度以 pH 6.0～7.0 为宜，过酸、过碱应进行改良。试验表明，幼苗在微碱性土壤中生长缓慢，但长大后植株生长良好，果实品质优良。

5. 气体

番茄对土壤通气条件要求高。土壤含氧量降至 2%时，植株枯死。对空气中的二氧化碳要求较高，冬季保护地生产时，如果长期不放风，会产生二氧化碳亏缺，栽培过程中应合理进行二氧化碳施肥，保证番茄植株正常生长，提高产量，改善品质。

6. 矿质营养

番茄植株连续开花结果，生育期长，需从土壤中吸收大量养分。生产上必须注重合理施肥，有机肥、化肥搭配施用，以满足植株生长对各种营养元素的需要。

氮肥对茎叶生长、果实发育及产量形成有重要作用。第一花序坐果膨大前，植株对氮的吸收量逐渐增加，以后整个生育过程以同样速度吸收氮，至结果盛期吸收达到高峰。因此，氮素必须充分供给。番茄对磷的吸收量不多，但磷对番茄根系和果实发育作用显著。幼苗期增施磷肥，对花芽分化及花的发育有促进作用。番茄对钾的吸收量最多，特别在果实膨大期，可促进果实发育，提高品质；钾还有利于增强植株的抗性。

此外，番茄还需要钙、镁、铁、硫、硼、锰、锌、铜、钼等元素，缺乏任何一种常量和微量元素都会出现生长不良症状，导致多种较为复杂的生理病害。

情景二　番茄优良品种介绍

第一节　品种选择原则

随着番茄栽培技术的发展，消费者对番茄市场的需求日益多样化、周年化，番茄可实现一年四季的播种、育苗、栽培、供给。根据生产季节可将番茄茬口安排为春早熟栽培、春露地栽培、越夏栽培、秋延迟栽培、越冬茬栽培。不同茬口栽培应根据环境特点选择适宜品种，如春早熟栽培品种突出特点是早熟性、抗叶霉病、果实硬度好；春露地栽培选择极早熟或极晚熟，叶量多、大，抗病毒病及抗棉铃虫危害的品种；越夏栽培选择抗病毒病、耐热、抗细菌性病害的品种；秋延迟栽培选择抗病毒病、耐高温、生育期长、硬度好的品种；越冬茬栽培选择无限生长的中晚熟品种，叶片少、小，耐低温、弱光，不早衰，连续坐果能力强，果实商品率高，货架期长，综合抗病性强的品种。对于特色番茄的栽培，首先要了解和掌握当地特色番茄的消费市场，保证生产出的产品有销路；再者选择的品种要明显区别于普通大宗品种，有其独到的特色，重点是以优质、新颖、奇特为目的。

总之，生产者可根据自己的栽培茬口，结合番茄品种的特征、特性，选择种植适宜的品种，这是丰收丰产的基本保证。另外，在大面积种植新品种的前一年，可少量引进部分种子试种，对表现优秀的品种方可大面积应用。

第二节　保护地番茄优良品种

1. 粉果番茄品种

(1) 中杂 9 号

由中国农业科学院蔬菜花卉研究所育成，1994 年通过河北省农作物品种审定委员会审定。无限生长类型，生长势强，叶量较小，每花序坐果 4～6 个。果实有绿果肩，果形圆正，畸形果、裂果少，果色粉红，单果重 160～200 g。可溶性固形物含量 5.3%，100 g 鲜果含维生素 C 15.1 mg。中早熟，抗病毒病和叶霉病。

(2) 佳粉 17 号

北京蔬菜研究中心选配的一代杂种。植株为无限生长型，叶片稀疏不易徒长，有利于通风透光，植株上被有茸毛，对蚜虫、白粉虱具有一定驱避性。主茎 6～8 节着生第一花序，中早熟，果实稍扁圆形或圆形，幼果具绿色果肩，成熟果粉红色，单果重 180～200 g，品质优良。高抗叶霉病和病毒病。

（3）天正春粉

山东省农业科学院蔬菜研究所选育的一代杂种。无限生长类型，茎秆稍细，叶片稀疏，小叶型，中晚熟。第一花序着生 8～9 节，以后每隔 3 叶着生一花序。果实圆形，幼果无青肩，成熟果粉色，较淡。果实硬度好，耐贮运。果实大小均匀，平均单果重 180～200 g。抗叶霉病、灰霉病，适宜保护地弱光栽培，可实行整枝，每亩产量达到 7 500～10 000 kg。

（4）金棚一号

由西安金棚种苗有限公司选育，2003 年通过陕西省农作物品种审定委员会审定登记。无限生长类型，粉果类番茄，植株生长势中等，开展度小，叶片较稀，茎秆细，节间短，主茎第七节着生第一花序，以后每隔 3 叶或 2 叶着生一花序。果实高圆形，幼果无青肩，成熟果粉色。果实硬度好，货架期长。果实大小均匀，平均单果重 200～250 g，畸形果、裂果、空洞果少。高抗烟草花叶病毒（TMV），中抗黄瓜花叶病毒（CMV），高抗叶霉病和枯萎病，灰霉病、晚疫病发病率低。极少发现筋腐病。

（5）东圣 1 号

西安皇冠蔬菜研究所培育的保护地专用品种。该品种是无限生长类型，叶片稀疏。早熟性突出，耐低温弱光，坐果能力强，前期产量高；果实高圆形，色泽鲜艳，单果重 200～250 g；高抗番茄花叶病毒病、叶霉病。

（6）崎玉 319

无限生长类型，中早熟，植株生长旺盛，货架期长，颜色粉红、亮丽，萼片伸展美观，果实圆形，硬度高，果实大小均匀，单果重 250 g 左右，抗枯萎病、疫病、灰霉病，适合秋延迟、越冬、早春等保护地栽培。栽培管理过程中，前期要加大肥水管理，培育壮株，底层果宜留 2～3 个，二层果以上留 4 个。应用激素点花浓度较一般品种稍重些。管理过程中注意防治白粉虱、烟粉虱。

（7）中杂 101

由中国农业科学院蔬菜花卉研究所最新培育的一代杂种。该品种植株无限生长型，植株长势强、早熟性好。近圆形，幼果有绿果肩，粉红色，平均单果重 200～250 g。品质优，抗番茄花叶病毒，耐黄瓜花叶病毒，抗叶霉病、枯萎病，每亩产量可达 8 000 kg 以上。经全国番茄第六轮区域试验，在各地保护地栽培效果良好。适合日光温室和塑料大棚的春季早熟栽培，也可春季露地栽培。

（8）佳粉十五

北京蔬菜研究中心选育的高抗型一代杂种。无限生长类型，生长势强，中熟，耐低温，高温条件下也能适应。果实近圆形，植株结果能力强，果易膨大，粉红色果，单果重 300 g 左右，大者可达 500 g 以上。品质优良，高产稳产。高抗叶霉病、烟草花叶病毒病，耐黄瓜花叶病毒病。适于冬、春、秋保护地栽培和春露地栽培。

(9) 粉莎一号

青岛市农业科学研究院选育的番茄一代杂种。无限生长类型，生长势强，普通叶型，叶色浅绿，果色粉红，圆形及高圆形果，大小均匀，无青肩，每穗平均留果 4 个，平均单果重 250～270 g。可溶性固形物含量可达 5.0%。抗病，高抗叶霉病；高产，春季产量每亩可达 10 000 kg；较耐贮运。适合春、秋保护地栽培。

(10) 辽园多丽

辽宁省农业科学院园艺研究所选育的一代杂种。植株无限生长类型，生长势中等，第 8 节着生第一花序。果实扁圆形，粉红色，色泽艳丽，稍有绿肩，果面光滑，果个均匀，果脐小。果肉厚，硬度高，耐贮运。平均单果重 250 g 左右。耐低温、弱光能力强，抗灰霉、叶霉病。适宜露地、保护地栽培，每亩产量达到 7 500 kg。

(11) 天正早秀

山东省农业科学院蔬菜研究所育成的杂种一代。矮秧自封顶，生长势较强，第一花序着生在 6～7 节上。果实圆形，粉红色，着色均匀，果面光滑，单果重 150 g 左右。该品种花期早，成熟期集中，收获期 25～30 天，前期产量占总产量 60%～70%。较抗病毒病、灰霉病、对叶霉病抗性稍差。该品种是保护地栽培的优良早熟品种。

2. 红果番茄品种

(1) FA-189

以色列海泽拉公司引进推广。无限生长型，植株生长旺盛，叶片较稀少，中熟品种，播种至采收 130 天左右。果实扁球形，果色大红，亮丽，着色均匀，含极高番茄红素。平均单果重 120～150 g，果实横径 7～8 cm，果实高度 5～6 cm，果实硬，货架期长，平均可溶性固形物含量 5.3%。萼片大且不易枯萎，口感好，耐贮运，丰产性强，抗黄萎病、枯萎病和烟草花叶病毒病。

(2) 天正红奥

由山东省农业科学院蔬菜研究所选育的一代杂种。无限生长类型，连续坐果能力强，叶片浓绿。果实圆形，红色，着色均匀，无青肩，果脐小。果实中等大小，平均单果重 150～180 g。品质优，抗逆性强，适于日光温室越冬茬栽培。

(3) 莎龙

青岛市农业科学研究院选育的番茄一代杂种。2008 年通过国家新品种鉴定。无限生长类型，中熟，生长势强，节间中长，坐果率高，每穗坐果 5～7 个，果色红艳，果实光滑美观，花萼狭长，果蒂小，经济性状好。果形指数 0.87，单果重 150～220 g。可溶性固形物含量 4.8%～5.2%。抗病，高产，每亩产量达到 10 000 kg 以上。耐贮藏，室温下（25 ℃）货架期在 18 天以上。具有高产、优质、耐贮运等特点。适宜种植番茄的任何地区，特别适合出口蔬菜、长途运输蔬菜生产基地。

(4) 美丽莎

青岛市农业科学研究院选育的番茄一代杂种。无限生长类型，大果形，果色红艳，圆整，大小均匀，无棱，果皮光滑，无青肩，总状花序。每穗可坐果 6～10 个，每穗留果 4 个，平均单果重 150～180 g，可溶性固形物含量 4.8%。抗病，高产，每亩产量可达 10 000 kg，条件好的冬暖棚可达 150 000 kg。果实硬度高，耐贮运，室温下（25 ℃）贮放时间 15～30 天。适宜春、秋保护地栽培和露地栽培。适宜种植番茄的任何地区，特别适合出口蔬菜、长途运输蔬菜生产基地。

(5) 919 大红

中早熟、大果形。无限生长型、株高 120～140 cm，8～9 片叶着生第一花序，以后每隔 2、3 叶着生一花序，侧枝少，管理方便，大果形、果色大红、圆球形、多心室，果肉厚、品味好。商品性极佳、耐贮运。优良栽培条件下单果重 300 g 左右，最大果可达 500 g，较适宜保护地生产，春秋两季均可栽培。

(6) 加茜亚

从以色列引进的优良品种。一代杂种，无限生长类型。植株高大，生长旺盛，节间短。果实扁圆，红色，坚硬，极耐贮运。果实生长均匀，单果重 180～200 g。该品种抗青枯病、萎凋病、病毒病、叶斑病等病害。每亩定植 2 000 株左右，适宜春秋露地栽培、冬季温室、大棚生产。

(7) 浙杂 203

浙江省农业科学院蔬菜所选育一代杂种。无限生长类型，长势偏中，茎秆稍细，叶片稀疏、较小，叶量偏中，利于密植，耐低温和弱光性好。早熟，高产稳产。开花早，7～8 叶着生第一花序，花序间隔 3 叶，坐果性佳，连续坐果能力强，果实高圆形，幼果无果肩，成熟果大红色，无棱沟，着色均匀一致，色泽鲜艳亮丽，极富光泽，单果重 300 g 左右（1 穗留 3～4 果），大果可达 450 g 以上；脐小，果皮果肉厚，裂果和畸形果极少，运输损耗率低，极耐贮运。每亩产量可达 10 000 kg 以上。高抗叶霉病、烟草花叶病毒病（TMV）和枯萎病，中抗青枯病、黄瓜花叶病毒，耐枯萎病，灰霉病、晚疫病发病率低，没有发现筋腐病。

(8) 合作 903

上海长征良种试验农场选育的一代杂种。植株自封顶，中早熟，3 穗花封顶。植株长势旺盛，适应性强，抗病。果实圆形，红色。鲜艳整齐，商品率高。果肉厚，耐贮运，平均单果重 150 g 以上，每亩产量达到 5 000 kg。适于保护地栽培。

3. 樱桃番茄品种

(1) 千禧

由台湾农友公司引进品种，粉红椭圆形果，早熟品种，无限生长型。长势旺盛，抗病力强，单果重约 20 g，糖度 9.6%以上，风味极佳，不易裂果。每穗可结 14～31 果，优质高产。耐枯萎病，而贮运，采收期长。

(2) 圣桃

由台湾农友公司引进品种，粉红椭圆形果，无限生长型，长势旺盛，叶色浓绿，7～8 叶着生第一花穗，每 3 叶 1 穗果，每穗可结果 10～20 个，单果重约 20 g。幼果浅绿，成熟果色粉红，光滑亮丽，果肉脆甜，糖度约 9.6%，口感极佳，硬度合适，不易裂果，耐贮运。该品种连续结果性强，产量高，是一个集好看、好吃、耐运、高产于一体的优良品种。

(3) 圣女

由台湾农友公司引进品种，大红椭圆形果，早熟品种，无限生长型，叶片较疏，耐病毒病、萎凋病、叶斑病，耐热性好，单穗结果最多达 60 个，双杆整枝时单株结果 500 个以上，单果重 14 g 左右，糖度可达 9.8%，风味优美，果肉多，脆嫩，种子少，不易裂果，耐贮运，是知名度最高的小果番茄优良品种。

(4) 夏红妃

由台湾农友公司引进品种，大红椭圆形果，无限生长型，植株生长强健，适应性强，抗病毒病、萎凋病强，结果力强，产量高。果形美观，果色鲜红亮丽，单果重 12～15 g，果实硬度高，不易裂果，耐贮运，品质特佳，糖度 9%以上，风味优美。为高级红色小果番茄品种。

(5) 金珠

由台湾农友公司引进品种，橙黄球形果，早熟品种，无限生长型，叶微卷，叶色浓绿，结果力特强，单穗结果 16～70 个，双杆整枝时单株可结果 500 个以上。果实呈圆形至高圆形。果色橙黄亮丽，单果重 16 g 左右，糖度达 10%，酸味低风味甜美，果实稍硬，裂果少，商品性好。

(6) 金艳

由台湾农友公司引进品种，橙黄椭圆形果，无限生长型，高度耐热，长势强健，结果性好，单穗结果 11～21 个，单果重约 12 g，产量高。果实着色一致，金黄光亮，颇具新鲜感。糖度 8.5%以上，风味佳，不易裂果，耐贮运。

(7) 天正红珠

山东省农业科学院蔬菜研究所选育的一代杂种。2008 年通过国家农作物品种鉴定。植株无限生长，生长势强。叶片较小，叶色浓绿，叶裂深。第一花序着生于7～8节，以后每隔3叶一花序，花序大，复穗状，平均坐果30个以上。果实圆形，成熟后红色，鲜亮艳丽，平均单果重12 g左右。果皮薄，果味浓甜，口感极佳，可溶性固形物含量8.0%～9.0%，无土栽培时糖度高达9.0%～10.0%。该品种中早熟，抗病毒病及其他叶部病害，适于露地及保护地栽培。

(8) 天正红玛瑙

山东省农业科学院蔬菜研究所选育的一代杂种。植株生长势较强，茎秆较细，特别适于吊秧栽培。叶片稀疏，叶面不平展，叶片大。主茎易生侧枝，且侧枝结果性好，可实行多秆整枝。第8～9节着生第一花序，花序穗状，单性结实好，自然坐果率高，每穗15～30个果实。果实枣形，着色完整均匀，成熟果红色，平均单果重13～15 g。果皮厚，果肉多，果汁少，不易裂果，特耐贮运，可溶性固形物含量7.0%～8.0%。该品种高抗病毒病及其他叶部病害，耐热、耐低温，适于春早熟、秋延迟、日光温室越冬等多茬口栽培。

(9) 樱桃番茄R144

该品种由以色列引进，经多年栽培选择驯化而成。属喜温类、无限生长型蔬菜，生育期长达6～10个月。一般可在定植后70～80天采收。果皮较厚，具优良的贮运性能，且味甜醇美，色泽鲜亮。每亩产量达8 000～10 000 kg，单果重10～15 g。品质佳，风味好，产量高，是果盘水果型番茄和凉拌番茄的理想品种。

(10) 樱红一号

青岛市农业科学研究院选育的樱桃番茄一代杂种。无限生长类型，生长势强，叶色浅绿，复总状花序，坐果率高，经济性状好。果实圆球形，单果重12～15 g。平均每穗果实25～60粒，果实大红色。风味品质极好，可溶性固形物含量7%～9%。可溶性固形物含量、维生素C含量均为普通番茄的2倍左右。高抗番茄枯萎病和病毒病。高产，5穗果每亩产量可达7 000 kg。从播种至开始收获107天左右。白天生长适温24～29 ℃，耐热性强，耐低温、耐弱光。适应性极强，适合保护地和露地栽培。

第三节　露地番茄优良品种

番茄品种图片

(1) 苏抗9号

江苏省农业科学院蔬菜研究所选育的早熟一代杂种。自封顶类型，生长势强，株高80～90 cm。叶色深绿。第一花序着生于6～7节，2～3穗果自行封顶。果实扁圆形，粉红色，有绿果肩，果面光滑。果脐小，单果重110～130 g。风味好，商品性好。高抗烟草花叶病毒病，耐黄瓜花叶病毒病。适宜早春露地栽培，每亩产量达到4 500～5 000 kg。

(2) 毛红801

西安市蔬菜研究所育成。无限生长类型，高秧，果实红色，茸毛株与非茸毛株各占

50%。中晚熟，抗烟草花叶病毒病，耐黄瓜花叶病毒病及早疫病。不易裂果，较耐贮运，适应性强。每亩栽植 3 000～3 300 株，每亩产量可达 7 500～10 000 kg。

(3) 浦红 7 号

上海市农业科学院蔬菜研究所育成的中熟一代杂交种。无限生长类型，生长势强，第一花序着生于 7～8 节。果实红色，扁圆形，单果重 150 g。抗烟草花叶病毒病，耐黄瓜花叶病毒病，适宜春季露地栽培，每亩产量达到 4 000～5 000 kg。

(4) 上海组合 909

中晚熟品种，高秧，无限生长类型。需肥水量大，生长适应性强，抗病、抗逆性强。果实红色，高圆形，果肉厚，商品性好，耐贮运。平均单果重 300 g 以上。每亩产量可达 5 000 kg 以上，春秋二季均可栽培。

(5) 上海组合 908

早中熟品种，无限生长类型。植株生长旺盛，适应性强，抗病、抗逆性强。果实粉红色，高圆球形，果肉厚，商品性好，耐贮运。平均单果重 350 g。每亩产量可达 5 000 kg 以上，春秋二季均可栽培，秋季栽培更佳。

第四节　加 工 品 种

(1) 东农 706

该品种为加工型的杂种一代，自封顶生长类型。1～2 花序封顶，株高 50 cm 左右，植株生长势强，果实鲜红色，着色均匀。果实长圆形，平均单果重 60～70 g，抗烟草花叶病毒，可溶性固形物含量为 5.5%，鲜果红色素含量达 9 mg/100 g 左右，果实硬度大，不裂果，耐贮运，产量高，每亩产量可达 4 000 kg，适于罐藏或加工及鲜食兼用。

(2) 北京樱桃番茄

无限生长类型，长势强，花序长达 15～25 cm，多为单列花序，每序有花 15～30 朵，坐果率 90%以上。果穗上着生的果实排列整齐、美观，果实圆球形，果面光滑，单果重 25 g 左右，大小均匀、整齐一致。幼果有浅绿色果肩，成熟果为鲜红色，色鲜艳。果实圆整，不易裂果，味浓爽口，可溶性固形物含量 6.5%以上。适宜春季露地及冬、春季保护地设施栽培。

(3) 红杂 18

中国农业科学院蔬菜花卉研究所育成的中早熟番茄一代杂种，1997 年通过北京市农作物品种审定委员会审定。植株自封顶生长类型。果实方圆形，单果重 60～65 g，幼果有浅绿色果肩，成熟果鲜红色，着色均匀。果面光滑，果形美观，果肉厚，紧实，抗裂，耐压，耐贮运。果实硬度 0.58 kg/cm^2，耐压力 6.7 kg/果。可溶性固形物含量 5.2%～5.5%，番茄红素 80～100 mg/kg 鲜重。高抗番茄花叶病毒病，中抗黄瓜花叶病毒病。适宜矮架栽培（双干或者改良式单干整枝，每亩栽植 4 000～4 500 株）和无支架栽培（每亩栽植 2 800～3 200 株）。适宜西北、华北、华南等地栽培。每亩产量可达 4 000 kg 以上，用种量约 50 g。

(4) 红杂 25

由中国农业科学院蔬菜花卉研究所育成的一代杂种。植株属无限生长类型。果实卵圆形，果面光滑，果形美观，单果重 62～76 g，大小整齐。幼果有浅绿色果肩，成熟果鲜红色，着色均匀一致。果实紧实，抗裂、耐压、耐贮运，果肉硬度 517 kg/cm^2，耐压力 7.17 kg/果，果肉厚 9～10 cm，可溶性固形物含量为 5.0%～5.4%，番茄红素 9.6～10.3 mg/100 g。中熟，高抗烟草花叶病毒病，耐黄瓜花叶病毒病。适宜作罐藏加工和鲜果远运外销的品种，每亩产量可达 5 000 kg 以上。适宜支架栽培，单干整枝，每亩栽苗 4 000～5 000 株。

(5) 红玛瑙 100

中国农业科学院蔬菜花卉研究所选育的新品种。植株自封顶生长类型，主枝着生 5～6 个花序后封顶，开展度小，节间短，长势中等。第一花序着生在第五至第六节上，以后每隔 1～2 叶着生一花序，每序着花 6～7 朵，坐果率高而集中。果实长圆形，果面光滑，果脐极小，幼果白绿色，成熟果鲜红色，着色均匀一致，单果重 50～60 g。果肉厚 0.8 cm，2～3 个心室，果肉、胎座及种子外围胶状物均为粉红色。果肉紧实，抗裂耐压，田间无裂果，单果耐压力为 5.03 kg，每 100 g 果实含可溶性固形物 5.2 g、糖 3.39 g、酸 0.35 g、维生素 C 24.4 mg、番茄红素 9 mg，早熟种，适用于生产番茄酱和原汁及番茄罐头。

(6) 红玛瑙 144

中国农业科学院蔬菜花卉研究所选育的新品种。1987 年通过北京市农作物品种审定委员会审定。植株无限生长类型，长势中等，叶量适中，叶片舒展，节间短，果穗着生紧凑，着生 4 穗果的株高仅 60 cm 左右。第一花序着生在第七至第八节上，以后每隔 3 叶着生一花序，每花序着花 7～8 朵，坐果率高，果实在果穗上排列整齐，果实长圆形，果面光滑，果脐极小，幼果绿色，成熟果红色，着色均匀一致，单果重 45～60 g。果肉厚约 0.8 cm，果肉、胎座及种子外围胶状物粉红色。果肉紧实，果皮较厚，种子腔小，抗裂耐压，田间无裂果，果实耐压力为 4.98 kg/果。每 100 g 果实含可溶性固形物 5.6 g、糖 4.05 g、酸 0.38 g、维生素 C 28.47 mg、番茄红素 10.6 mg。

(7) 新番 4 号

新疆维吾尔自治区农业科学院园艺研究所选育而成的加工番茄一代杂种。有限生长类型，生长势强，叶色深绿，第一花序着生在 6～7 节，花序间隔 1～2 片叶，2～4 穗果封顶。果实红色，果形长圆，着色均匀，2～3 心室。果肉厚，硬度高，不易裂果，平均单果重 71.38 g。可溶性固形物含量 5.65%，番茄红素 12.63 mg/100 g 鲜重，果肉厚 0.98 cm，有机酸含量 0.43%，总糖含量 3.2%。结果性好，每亩产量达到 5 000～7 000 kg。

情景三　番茄栽培技术要点

第一节　露地春番茄栽培技术

1. 品种选择

露地春番茄栽培一般选用中晚熟品种。培育适龄壮苗是春番茄早熟丰产的重要基础。

2. 育苗

(1) 育苗期的确定

育苗期的长短首先取决于育苗期间的温度。在正常的育苗条件下，番茄从出苗到第一花序开始分化约需 600 ℃的活动积温，花芽发育整个过程又需 600 ℃的活动积温。

因此，欲培育出即将开花的大苗，应保证有 1 000～1 200 ℃的活动积温。育苗期间一般以维持日平均气温 20 ℃左右为宜，需 50～60 天。再考虑到一次分苗的缓苗时间及定植前的锻炼，以 60～70 天的日历苗龄为宜。当定植期确定后，提前 60～70 天播种育苗即可。

(2) 种子处理

①浸种　可采用温汤浸种或药液浸种。

温汤浸种。先用清水浸泡番茄种子 1～2 h，然后把种子捞出放入 55 ℃热水中，维持水温均匀浸泡 15 min，之后再继续浸种 3～4 h。温汤浸种时，一般是一份种子加两份水；要迅速、不断地搅拌，使种子均匀受热，以防烫伤种子；要不断加热水，保持 55 ℃水温。可以预防叶霉病、溃疡病、早疫病等病害发生。

药液浸种。应有针对性地为预防某种病害而选取相应的药剂。如防治番茄早疫病，先用温清水浸种 3～4 h，再浸入 40%福尔马林 100 倍液中，20 min 后捞出并密闭 2～3 h，最后用清水冲洗干净。防治番茄病毒病，用清水浸 3～4 h 后，转入 10%磷酸三钠或 2%氢氧化钠水溶液，经 20 min 取出，用清水冲洗数遍，至 pH 试纸检验为中性时即可。

②催芽　番茄种子经过浸种处理后可以直接播种，但最好还是要进行催芽播种。进行催芽时，通常未经药剂处理的种子，需先用温水浸泡 6～8 h，使种子充分膨胀，然后放置在 25～28 ℃温度条件下催芽 2～3 天。而用药剂浸种的种子，只需用清水将种子冲洗干净后即可直接催芽。催芽过程中，关键是控制温度，其次是调节湿度和进行换气。为保证氧气和适宜的水分，应每隔 6 h 左右翻动 1 次，并根据干湿程度补充一些水分，必要时每天用清水淘

洗 1～2 次，以清除种子表面的黏质，并更新空气和保持湿度。催芽最好采用恒温箱。经过催芽的种子，播种后出苗快而整齐，有利于培育健壮的幼苗。

(3) 苗床地的选择

培育番茄苗要选择排水良好、土层较厚、土质肥沃、有机质含量较高、pH 中性左右、近 2 年未种过茄果类作物的地块来进行育苗。

地貌条件应根据不同季节区别对待。晚秋培育反季节栽培的苗，应选择四周有挡风物的高地或坐北朝南、有一定坡度的台阶地。而在冬季育苗，因正是干旱少雨季节，可选择地势平坦的地，尤以水稻地为佳。春季育苗应选择四周空旷的地块，以加强光照，夏季最好选择山地育苗。

番茄苗床地要尽可能早翻土，并撒石灰调节酸碱度。番茄苗床的规格，一般长 10 m、宽 1.5 m。

(4) 培养土的配制

培育番茄苗的优质培养土必须有良好的物理结构，富含足够的营养成分，且要求化学性质（主要指土壤酸碱度）相对稳定。试验测定表明：培养土的容重应在 0.5～0.7 g/cm^3，总孔隙度为 70%～80%，pH 以中性略偏碱为宜。

根据以上要求，生产上常用的育苗基质有肥沃园土、堆厩肥、栏粪、猪牛粪渣、炭化谷壳、草炭等。

园土是培养土的主要成分，应占到 30%～50%；为防止土壤传染病害，不要选择近两年种过茄科蔬菜的园土，最好选择种植生姜、豆类或葱蒜的土壤以及肥沃的稻田土；园土掘取后要充分烤晒、打碎、过筛，并保持干燥状态备用。有机肥料如猪牛粪、堆厩肥等，是主要的营养源，应占培养土的 20%～30%。这些有机肥一定要提前收集，并进行避雨堆沤，使之充分腐烂发酵。炭化谷壳或草木灰能增加培养土的钾含量，使其疏松透气，并提高 pH，其含量也可占培养土的 20%～30%。研究发现，培育番茄苗的培养土可采用 2/4 园土、1/4 猪粪渣和 1/4 炭化谷壳（体积比）配制而成。此外，还可加少量过磷酸钙；必要时加适量石灰调节酸碱度。

培养土的消毒常用的方法有福尔马林（40%甲醛）消毒。一般 1 000 kg 培养土，用福尔马林药液 200～300 mL（即 0.2～0.3 kg），加水 25～30 kg，喷洒后充分拌匀堆置，并覆上一层塑料薄膜闷闭 2～3 天。揭膜 6～7 天待药气散尽即可使用。

做好苗床后，在播种前一周即可铺设培养土，厚度为 6～8 cm。要求厚度均匀一致，床面平整，播种后的盖籽土也要求用这种培养土。

(5) 播种

番茄种子 1 g 有 300 粒左右，根据定植密度，一般每亩大田用种量 20～30 g。1 m^2 播种床可以播种 10～15 g。如果种子发芽率低于 85%，播种量还应该适当增加些。通常有撒播、条播和点播。播种前半天或 1 天要将苗床浇透，使水分下渗 10 cm 左右。即除渗透培养土外，苗床本土还要下渗 2～4 cm。播种时应将湿润种子拌些干细土，并采取来回撒播方式，即可播得均匀。播种量以干种子计算，10 m^2 苗床播 50～75 g，可满足 2～3 亩大田之用。

播种后应立即覆土，覆土要用过筛的细土。覆土厚度 0.8～1.0 cm，薄厚要一致。播种后 1 m^2 苗床再用 8 g 50%多菌灵可湿性粉剂拌上细土均匀薄撒于床面，可以防止幼苗猝倒病。最后在育苗床面上覆盖一层地膜，待有 70%幼苗顶土时撤除覆盖物。

(6) 苗床管理

番茄如果采取一次成苗，苗床生长期间也可划分为 4 个时期，即出苗期、破心期、旺盛生长期和炼苗期。

①出苗期的管理　从播种到子叶微展即为出苗期，约需 3 天，主要是为了促进出苗快而整齐，必须维持较高的湿度和控制较高的温度。温度控制以 22～24 ℃为宜，白天可升至 25～26 ℃，夜间可降至 20 ℃左右。为保持土壤湿润，在床温不过高的情况下，一般不宜揭除覆盖物。

②破心期的管理　从子叶微展到第一片真叶展出即为破心期，约 4 天。为了在一定时期不形成高脚苗并促进先长根，主要采取控的措施。首先在确保秧苗不受冻的情况下，尽可能多见阳光。其次是适当降低温度，白天控制在 16～18 ℃，夜间 12～14 ℃。最后是控制浇水，降低床土温度。此外，遇秧苗拥挤时应及时间苗。

③旺盛生长期的管理　幼苗破心后生长加快，即进入旺盛生长期。为了使营养生长与生殖生长协调进行，应采取促控结合的管理措施。主要是提供适宜的温度、较强的光照、充足的水分和养分。

控制昼/夜气温为 20～24 ℃/14～15 ℃；昼/夜地温为 16～18 ℃/12～14 ℃。在保证以上温度的前提下，一般不需覆盖，以利于通风见光。保证水分和养分供应，一般在正常的晴朗天气，应每隔一天喷水一次，以维持床土湿润；即使在低温阴雨天气，也应每隔 2～3 天喷水一次，以维持床土呈半干半湿状态。在床土缺肥的情况下，可结合浇水喷 2～3 次营养液，营养液应注意氮、磷、钾三要素的配合，三者的总浓度不要超过 0.2%。这里介绍一个营养液配方供参考应用，即尿素 50 g、硫酸钾 80 g、磷酸二氢钾 50 g，加水 100 kg，溶液浓度为 0.18%。还可以采用氮、磷、钾专用复合肥配制。遇秧苗徒长时，可喷施 50 mg/kg 多效唑或采取松土断根等措施。

④炼苗期的管理　定植前 3～4 天即可进行炼苗。主要是采取控的措施，包括控湿降温、揭除覆盖物等。必要时可使床土露白或有意松土断根。

(7) 壮苗标准

番茄壮苗是指在生产中能够获得早熟、高产、优质，并对不良环境具有较强适应性的番茄幼苗。一般来说，番茄在冬季和早春育苗的壮苗标准为：日历苗龄 70～80 天，苗高 20～25 cm，茎粗 0.5 cm 以上，且上下尖削度小，节间短，节间长度基本相等；具有子叶和 8～9 片真叶，叶片肥厚，叶色浓绿，第 1 花序花蕾肥壮饱满；根系发达，侧根数量多，呈白色；全株不带病原菌和虫害。因此，壮苗耐旱、耐轻霜，定植后缓苗快、开花早、结果多。

壮苗是番茄丰产的基础，在育苗过程中应做好栽培管理工作，努力达到秧苗整齐健壮的目的，同时防止徒长苗和老化苗的出现。徒长苗表现为茎细长、柔弱、节间长、叶色淡、叶肉薄；花数少，且花蕾小，根系不发达；定植后缓苗慢，发棵晚，容易发病受冻。而老化苗则植株矮小，茎细而硬，节间短，叶片小而厚，无光泽；根系老化，颜色发暗；定植后节间不能正常伸长，生长缓慢，开花结果晚，后期容易早衰。

3. 整地做畦、施基肥、覆地膜

栽培番茄选择土层深厚、土质肥沃、通气良好、排水方便、保水能力强、pH 中性或微酸性的沙质壤土或黏质壤土较好。为减少土壤传染病害和线虫为害，番茄不宜连作，最好选用符合以上要求的水稻土或近 2 年未种过茄果类作物的土壤。

准备种番茄的地，在前茬收获后如有一段空闲时间，应尽早深翻土壤 26～30 cm，以后还要适时深翻一次。到定植前 7～10 天，可开始整地做畦。番茄多采用一畦双行种植，畦宽一般是 1.6 m（包沟），要求上实下虚呈龟背形。

整地做畦的同时要结合施入基肥。施用方法采取铺施与穴施相结合。因为番茄是一种需肥量较大的蔬菜，且各种养分之间要合理配比。据研究测定，番茄整个植株内氮、磷、钾的成分比例为 $N:P_2O_5:K_2O=2.5:1:5$，而植株 N 和 K_2O 的吸收率为 40%～50%；对 P_2O_5 的吸收率约为 20%；据此换算，施肥三要素的配合比例应为 1 ∶ 1 ∶ 2。故施肥种类不能单一，否则将影响果实产量与质量。根据笔者多年的实践证明：栽培番茄可选择腐熟有机肥、饼肥、过磷酸钙及含磷较高的复合肥作基肥；每亩施用量分别为 2 000～3 000 kg、80 kg、30 kg 和 40 kg。其中，饼肥与 50%～60%的有机肥于最后一次整地前撒入土中，余下的有机肥和过磷酸钙及复合肥充分混合后施入定植穴中。这样，既保证了前期生长对养分的需要，又能有效防止后期的早衰。

番茄进行地膜覆盖栽培，能有效地提高地温、保持湿度、控制杂草，因此能显著地促进生长和提高早期产量。覆盖地膜前，要将土面整碎整平，并对施肥后的定植点做好标记。覆膜要在晴朗无风的天气进行，力求覆膜紧贴土面，四周用土封严。

4. 定植

（1）定植时期

春番茄露地定植时期，应根据当地气候条件而定，一般应在晚霜过后，日平均气温达 15 ℃以上，地温稳定在 10 ℃以上时定植。番茄苗的定植期取决于秧苗的大小，即生理苗龄。一般而言，番茄的优质、丰产栽培，以定植中龄苗为宜。其标准是苗高 23 cm 左右，6～7 片叶，初显花蕾。

（2）定植密度

春番茄的栽植密度取决于品种、整枝方式、生长期长短等多方面因素。早熟品种密植栽培的适宜果穗密度为每平方米 20～25 穗，中晚熟品种栽培的适宜果穗密度为每平方米 25～30 穗，根据这个标准即可推算出栽植的行株距。如早熟品种单干整枝留 3 穗果摘心，栽植密度应为每平方米七八株，行株距为 50 cm×（25～28）cm；如中晚熟番茄单干整枝，每株留 5 穗果，密度应为每平方米五六株，行株距为（55～60）cm×（33～36）cm。在一定范围内适当增加栽植密度具有一定的增产效果，但在增大密度的同时，应注意改善群体结构，改善通风透光条件。行距和株距对产量的影响以行距影响较大，宽行密植、大垄双行、隔畦间作等都是比较科学的密植措施。

(3) 定植方法

定植应选在晴天进行。为方便管理，秧苗应分级、分区定植。定植前半天应给秧苗浇一次水，以便多带土并少伤根，定植的深度以平子叶处为宜，定植过深则影响缓苗。如果是定植地膜土，破孔要尽可能小，定植后要用土将定植孔封严，封土呈馒头形。压根水要在定植的当天浇完，否则将影响成活率。

5. 田间管理

(1) 中耕、浇水和追肥

①中耕　番茄定植后应及时中耕，早中耕、深中耕有利于地温的升高，促进迅速发根与缓苗生长。中耕应连续进行 3～4 次，中耕深度要一次比一次浅。垄作或行距大的畦作可适当培土，促进茎基部发生不定根，扩大根群。

②浇水　番茄有一定的耐旱能力，但要获得高产，必须重视水分的供给与调节。定植后 5～7 天可浇一次缓苗水，然后中耕保墒，控制浇水，适当蹲苗。中晚熟品种开花结果较晚，营养生长较旺，在结果前应控制水分，一般须待第一果穗最大果实直径长到 3 cm 时结束蹲苗。有限生长型的早熟品种开花结果较早，营养生长较弱，如蹲苗过度会影响早熟和丰产，因此蹲苗时间应适当缩短。一些生长势较弱的早熟品种也可以不经过蹲苗期，直接进入正常的肥水管理。蹲苗结束后，应结合追肥浇催秧、催果水，加快秧、果生长。番茄的需水量到结果盛期达到高峰，这期间每 4～6 天要灌水一次，使整个结果期保持土壤水分比较均匀的湿润程度，防止忽干忽湿，减少裂果及顶腐病的发生。番茄对土壤通气条件要求比较严格，雨后应及时排水，防止烂根。

③追肥　番茄需肥量较大，除重施基肥外，还应根据需要追施速效性肥料。第一果穗果实开始膨大时，结合浇水要追施 1 次催秧、催果肥，每亩可施尿素 15～20 kg、过磷酸钙 20～25 kg 或磷酸二氢铵 20～30 kg，缺钾时可施硫酸钾 10 kg。也可用 1 000 kg 腐熟人粪尿和 100 kg 草木灰代替化肥施用。以后在第二穗果和第三穗果开始迅速膨大时各追肥一次。除土壤追肥外，可在结果盛期辅之以根外追肥，用 0.2%～0.5%的磷酸二氢钾，或 0.2%～0.3%的尿素，或 2%的过磷酸钙水溶液，喷施叶面，或喷多元复合肥。还可用 50～100 μL/L 硼酸或硫酸锌等溶液根外喷施。注意，追施钙肥可有效防止脐腐病的发生。另外，追施氮肥时要注意，氮肥要深施在土壤 12 cm 以下，距离根 10 cm 左右，另外应待土壤较干时追施，然后浇透水，这样氮肥在深耕层中可缓慢水解释放铵离子供番茄吸收。

(2) 植株调整

番茄具有茎叶繁茂、分枝力强、生长发育快、易落花落果等特点。番茄植株调整的目的是调整植株营养生长和生殖生长的平衡，适当整枝和摘除多余的侧枝，加强通风透光，防止植株徒长，减少养分的损耗，以集中更多的光合产物供果实生长，从而增加单果重量和提高单位面积产量。植株调整的措施包括搭架、绑蔓、整枝、打杈、摘心、保花保果、疏花疏果等。

①搭架、绑蔓　番茄除少数直立性品种外，均需搭架栽培，因植株匍匐地面，不但浪费生产空间，还容易感染病害，果品质量差。搭架后，叶面受光好，同化作用强，制造养分

多，花芽发育好，番茄产量高、品质好。因此，当植株长到约 30 cm 高时，应及时搭架，并将主茎绑缚在支架上。支架用的材料可就地取材。支架的形式主要有 4 种，即单杆架、“人”字架、四角架和篱型架。插架一般在第 2 次中耕后进行，随着植株的生长将茎逐渐绑在支架上。绑蔓时，注意不要碰伤茎叶和花果，将果穗绑在支架内侧，避免损伤果实和发生日灼病。一般是每一果穗绑一道，绑在果穗的上部叶片之间。

②整枝　番茄的整枝方式有多种，各有特点。露地栽培常用的整枝方式有单干整枝、改良单干整枝、一干半整枝和双干整枝。

单干整枝　只留主枝，把所有的侧枝陆续全部摘除。这种方式整枝单株结果数减少，但果形增大，而且早熟性好，前期产量高。适合早熟密植矮架栽培和无限生长类型品种。缺点是这种整枝方式在果实商品性状方面不如改良式整枝，而且单位面积用苗数多，根系发展受到一定限制，植株容易早衰。

改良单干整枝　除主枝外，保留主茎第一花序下方的第一侧枝，但不坐果，只保留侧枝上 1～2 片叶，其余侧枝全部摘除。用这种方式整枝，植株发育好，叶面积大，坐果率高，果实发育快，商品性状好，平均单果重量大，前期产量比单干整枝和一干半整枝高，总产量比单干整枝高。

一干半整枝　除主茎外，保留第一花序下方的第一侧枝，仅留一穗果后即摘心，上面留 2 片叶，其余侧枝全部摘除。这种整枝方式总产量比单干整枝高，有限生长类型的品种多采用此法整枝。

双干整枝　除主枝外，再留第一花序下生长出来的第一侧枝，而把其他侧枝全部摘除，让选留的侧枝和主枝同时生长。这种整枝方式早期产量和单果重量均不及单干整枝，且结果较晚，但可以增加单株结果数，提高单株产量，并且根系发育好，植株生长健壮，抗逆性强。这种整枝方式适用于土壤肥力水平较高的地块和生长期较长、植株生长势旺盛的中晚熟品种。

③打杈　在整枝过程中摘除多余的侧枝，谓之打杈（图 1-7）。打杈的操作不可过早或过迟，因为植株地上部和地下部的生长有一定的相关性，过早摘除腋芽，会影响根系的生长，而打杈过晚，会大量消耗养分。一般掌握在侧芽长到 6～7 cm 时摘除较为合适，并要在晴天进行，以利于伤口愈合。

④摘心与摘叶

摘心　番茄植株生长到一定高度，结一定果穗后就要把生长点掐去，称作摘心，也可称作打顶或打尖。摘心的目的是保证在有限的生长期内所结的果实能充分膨大和成熟。有限生长类型番茄品种可以不摘心。一般早熟品种、早熟栽培、单干整枝时，留 2～3 穗果实摘心；晚熟品种、大架栽培、单干整枝时，留 4～5 穗果实摘心。注意，摘心要根据当地生长期的长短确定留果穗数，于拉秧前 45～50 天摘心。为防止上层果实直接暴晒在阳光下引起日灼病，摘心时应将果穗上方的 2 片叶保留，遮盖果实。为防止番茄病毒的人为传播，在田间作业的前一天，应由专人将田间病株拔净，带到田外烧毁或深埋。作业时一旦双手接触了病株，应立即用消毒水或肥皂水清洗，然后进行操作。

摘叶　结果中后期植株底部的叶片衰老变黄，说明已失去生长功能，需摘去。摘叶能改善株丛间通风透光条件，提高植株的光合作用强度，但摘叶不宜过早和过多。

图 1-7　番茄打岔

(3) 疏花疏果与保花保果

①疏花疏果　为使番茄坐果整齐、生长速度均匀，可适当进行疏花、疏果。第一花序果实长到鸡蛋黄大小时，每株留 3～4 个果穗，每穗留 4～5 个大小相近、果形好的果实，疏去小果和畸形果，可以显著提高商品质量和产量。

②保花保果　番茄落花现象比较普遍，造成落花的主要原因包括：a. 营养不良，包括土壤营养和水分不足、植株损伤过重、根系发育不良、整枝打杈不及时、高夜温下养分消耗过多、植株徒长、养分供应不平衡等。b. 生殖发育障碍，温度过高或过低、开花期多雨或干旱等，都会影响花粉管的伸长和花粉发芽等，容易产生畸形花（长花柱或短花柱花等）而引起落花。露地春番茄早期落花的主要原因是低温或植物损伤；中晚熟番茄夏季落花的主要原因是高温多湿。防止落花必须从根本上加强栽培管理。使用植物生长调节剂可有效防止落花，而且可以刺激果实发育。常用的植物生长调节剂有 2，4-D（使用浓度 15～20 mg/kg）、PCPA（对氯苯氧乙酸，又称防落素、番茄灵，使用浓度 25～30 μL/L）等，可做喷花或蘸花处理。

(4) 病虫害防治

露地春茬番茄，在幼苗期要特别注意防治猝倒病和立枯病等病害，并注意防治小地老虎和蝼蛄等害虫。田间发病的主要病虫害有晚疫病、早疫病、叶霉病、青枯病、病毒病、蚜虫、棉铃虫等，要注意及时防治。

6. 采收

露地春番茄在定植后 60 天左右便可陆续采收。对于鲜果上市的品种，最好在转色期或半熟期采收，如果番茄需要贮藏或长途运输最好在白熟期采收，加工番茄最好在坚熟期采收。适时早采收可以提早上市，增加前期产量和效益，并且还有利于植株上部花穗和果实的生长发育。番茄采收时最好去掉果柄，以免刺伤别的果实。采收后，根据大小、颜色、果实形状，有无病斑和损伤等进行分级包装，提高商品性。在植株上用 1 000 mg/kg 乙烯利手工涂抹或用小喷雾器直接喷洒白熟果（注意不能喷到叶上，以防药害），可提早红熟，提早上市。采后催熟可用 2 000 mg/kg 乙烯利浸泡果实 1～2 min，然后贮存在 25 ℃左右条件下催熟，4～5 天即转色变红。采收后催熟必须严格控制温度，低于 20 ℃催熟慢，低于 8 ℃时易受冻害腐烂，高于 30 ℃也易引起腐烂。在最后一批果实成熟前，可用 2 000～4 000 mg/kg 乙烯利全田整株喷洒，可提早 4～6 天采收。

第二节　露地越夏番茄栽培技术

越夏番茄的生育期，处于高温多雨，虫害、病害严重发生的季节，番茄产量低、品质差，所以在生产中，长期存在"伏淡期"。越夏番茄通过实施"两网一膜"技术（遮阳网、防虫网、塑料薄膜）创造棚内有利于番茄生长发育的环境条件，可以明显提高夏季番茄的产量和品质。

1. 品种选择

夏季高温多雨，应选择耐热、抗湿、抗病毒病、抗逆性强的高产、优质、中熟或中晚熟品种，如中蔬 4 号、夏宝、毛粉 802、佳粉、强丰等。

2. 育苗

越夏栽培与早春茬番茄壮苗不同，主要是苗龄期较短，从播种至定植 30～40 天，华北地区一般在 4 月下旬播种育苗，6 月初定植。播前用 1%高锰酸钾溶液浸种 15 min，再用清水浸种 3～4 h，洗净种子，晾干水分后播种。每亩大田需苗床 10 m^2 左右，苗床宽 1.2～1.5 m，撒适量有机肥后浅锄，耧细耧平，灌跑马水，水渗下后播种，然后盖土 0.5 cm。盖种土为过筛细园土，1 m^2 苗床的盖种土中拌入 50%多菌灵粉剂 5～8 g。播后盖草苫保湿，支拱棚及遮阳网防雨降温。出苗后去除草苫，晴天中午前后覆盖遮阳网。育苗期要注意控制温度和湿度，防止徒长。3 叶期分苗，每亩大田需分苗床 40 m^2 左右。在单株有 5～7 片真叶、株高 15～20 cm 时即可定植。夏季壮苗标准是节间较短，茎秆粗壮且上下一致，小叶片较大，叶柄粗短，叶色浓绿，子叶不过早变黄或脱落，幼苗大小整齐，无病虫害。

3. 定植

越夏番茄应于 6 月上旬定植。番茄定植前 7～10 天，每亩施充分发酵腐熟的有机肥 5 000～8 000 kg，过磷酸钙 80～100 kg，深翻 30 cm。高温闷棚 5～6 天后通风降温，耙地起垄，垄宽 1.2 m，其中垄背宽 80 cm，垄沟宽 40 cm，垄高 15～20 cm，结合起垄每亩施尿素和硫酸钾各 15～20 kg 或复合肥 30～40 kg。定植密度既不可过稀，又不可过密。一般采取大、小行定植，小行距 40 cm，大行距 80 cm，株距 35 cm，每亩定植 3 200 株左右。按株距开穴，穴深 14～15 cm，每穴中施入发酵腐熟的豆饼肥 100～150 g，使肥土均匀，浇足定植水。随后搭大棚架，架上盖 0.06 mm 厚的薄膜作为防雨膜，两侧盖至离地 40～50 cm 处，以利通风。晴天中午前后盖遮阳网降温。

4. 定植后管理

(1) 缓苗期管理

浇定植水后第 2～3 天及时中耕松土，7～8 天浇 1 次缓苗水。为加速生根缓苗，定植以后到第一花坐果前一般不灌水，如干旱可于晴天上午轻浇 1 次水。

(2) 缓苗后至第一花序果实膨大期的管理

在缓苗后和第一花序坐果前，要控制浇水，多次中耕，以促根控秧。待第一穗果坐果，须追肥浇水，每亩追施尿素 10～15 kg，要距植株基部 15～20 cm 处穴施或沟施，追肥后及时浇水，之后中耕松土、培土。实施化控，第一次追肥浇水后，要喷洒 150 mg/kg 助壮素。

(3) 严防病虫害

注意封严防虫网，同时加强病情观察，一旦发现病株，及时拔除并随即进行药剂消毒。

(4) 单干整枝

因结果期比较集中，宜单干留 4 穗果，基部分枝长至 10 cm 左右时摘除，以促进根系发育，以后的分枝尽早摘除。采用中架或高架栽培，及时插架绑蔓。

5. 结果期管理

越夏番茄除继续加强病虫防治和整枝绑蔓、激素涂花或蘸花外，重点是遮光降温、避雨、通风排湿、水肥供应、及时疏果和适时采收。注意收听天气预报，做好遮阳网及棚顶薄膜的揭盖，保持棚内温度白天不高于 30 ℃，夜间不高于 20 ℃。如果是晴天，气温在 30 ℃以上一般在上午 9 时盖遮阳网，下午 4 时揭网。气温升高，光照特别强烈，下午可延迟揭网时间。气温在 35 ℃以上，白天可全天覆盖，傍晚揭开。阴天、雨天可以不盖网。在大雨和暴雨到来之前，要在大棚上面加盖塑料薄膜以避雨。雨后及时揭去薄膜。避雨能有效地防止因土壤湿度过大和透气不良而导致的沤根，并能避免因风雨传播某些病害。

为满足越夏番茄结果期对养分和水分的需求，自植株第一花序果实膨大期追肥、浇水后，在第 2、3、4 花序的果实膨大期，每次都要追施复合肥 15～20 kg。为促进果实膨大，提高品质，还要叶面喷施磷酸二氢钾和光合微肥 2～3 次。在避雨栽培的情况下，土壤追施肥料后必须浇水，浇水的次数应比追肥的次数多，一般 6～7 天浇一次水，浇水后要适时浅中耕松土。

在第一花序的果实如蚕豆大小时，要进行疏果。夏季番茄一般单干整枝留 4 穗果。大果形品种，一般每穗留 3～4 个果。疏果前要有专人拔除病毒病植株，清除病株残体。疏果时，先用药水对手消毒，在操作过程中不可吸烟。要及时摘除植株下部老叶、病叶。要加强晚疫病、病毒病和斑点病等病害的防治；要及时防治蚜虫、棉铃虫等虫害。

6. 采收

越夏番茄采收期正值高温多雨季节，为避免烂果、裂果，应在果实开始转色变红时立即采收，放阴凉处以待销售。

第三节　番茄拱棚栽培技术

1. 春早熟番茄栽培

番茄春早熟栽培方式较多，有拱圆大棚、中拱棚、小拱棚及改良阳畦栽培等。其中以大棚和小棚（或改良阳畦）为常见。此茬口是在冬季育苗、早春定植栽培、春末夏初收获，供应期介于冬季日光温室栽培和春露地栽培番茄之间，目前栽培面积较大，经济效益和社会效益较好。

(1) 栽培设施及播种期

春早熟栽培的播种育苗期因设施不同而有所差异。黄淮海地区大棚栽培播种期一般为 1 月中下旬，3 月上旬定植，5 月上旬收获。中小拱棚和改良阳畦有草苫覆盖、保温性能较好的，可在 12 下旬至 1 月上旬播种育苗，2 月下旬至 3 月上旬定植，4 月底至 5 月初始收。

(2) 品种选择

春早熟栽培以早熟为目的，应选择适合保护地栽培的早熟品种，品种应该较耐弱光、耐低温，抗叶霉病、早疫病、病毒病等病害。生产上栽培较多的早熟品种有西粉 3 号、早丰、霞粉、天正早秀、鲁番茄 6 号等。也可利用中早熟品种进行早熟栽培，2～3 穗果后人工摘心，促进早熟，如佳粉 1 号、佳粉 10 号、双抗 2 号等。

(3) 培育健壮大苗

①苗床准备　在日光温室、阳畦内建成电热温床或火道、酿热温床育苗。在温床上做畦或用育苗盘作为播种苗床，育苗盘摆放在畦内。营养土配制一般是一半充分腐熟的圈肥，一半无病原物的大田土，每立方米营养土中加入过磷酸钙 1 kg，草木灰 5～10 kg。配好的营养土提前 7～10 天在温室内盖膜增温，播种前 2 天铺在畦面或放入育苗盘中备用，同时准备好分苗畦或营养钵以备分苗。

②种子处理　番茄种子表面带菌，播种前应将种子消毒。消毒的方法有温烫浸种、高锰酸钾消毒、磷酸三钠消毒、福尔马林消毒等。种子消毒后清洗干净，再用 30 ℃温水浸泡 4～5 h，捞出后沥干水分，用纱布包好，在 25～28 ℃下催芽，2～3 天后露白即可播种。

③播种　育苗畦或育苗盘浇足底水，水渗后撒上一层药土，然后均匀撒播种子，1 m^2 用种子 3 g 左右，播种后上面覆盖 1～1.5 cm 厚的营养土。

④播后管理　播种 4～5 天，种子开始拱土时，再撒一层过筛的营养土，以填塞缝隙利于保墒，防止种子“戴帽”出土，也利于苗床保墒。齐苗后可进行第二次撒土，促进子叶肥大，降低育苗畦内湿度。分苗前一般不浇水。

播种后为提高地温，促进早出苗且出苗整齐，应在苗畦上加盖地膜。白天苗床内温度保持 25～30 ℃，夜间 18～20 ℃。齐苗后撤除地膜和揭开苗床盖的薄膜，降低温度，白天保持 20～22 ℃，夜间 12～15 ℃，地温 16～20 ℃。第一片真叶长出后可适当增温，白天苗床内 22～25 ℃，夜间 13～15 ℃为宜。分苗前再次降温，白天 18～20 ℃，夜间 12～13 ℃，利于分苗后尽快缓苗。

番茄 2～3 片真叶时开始花芽分化，因此分苗应及时进行。分苗时应保护好子叶和根系。否则会影响花芽分化和营养供给。分苗时外界气温逐渐回升，可分到阳畦或日光温室、拱圆大棚的冷床中，也可分到营养钵中。分苗须保持 10 cm×10 cm 的营养面积。分苗后的管理以促进缓苗为主，分苗床上应加盖小拱棚，保持白天温度 25～28 ℃，夜间 15～18 ℃。缓苗后可撤除小拱棚，保持白天 20～25 ℃，夜间 13～15 ℃，夜间不能低于 12 ℃，否则易出现畸形花。如果干旱可浇一次缓苗水，然后进行松土，提高地温，到切块之前不再浇水。定植前 8～10 天，选晴天浇水切块，2～3 天后降温炼苗，白天保持 18～20 ℃，夜间 10～13 ℃。分苗后如果发现有缺肥现象，可结合喷药喷施尿素或磷酸二氢钾进行叶面追肥。

(4) 定植

①定植前的准备　无前茬作物时，定植前 10～15 天扣棚膜提温。有前茬作物时应及早收获，清理残枝败叶，然后施肥整地。一般每亩施充分腐熟的有机肥 5 000 kg，按行距开沟后施入氮磷钾复合肥 50 kg、过磷酸钙 40 kg、阿波罗 963 生物肥 30～40 kg。浅翻后使肥料与土壤混合，做成高 10～15 cm、宽 1.2 m 的小高畦。

②定植　选择晴天上午定植，一般采用水稳苗法，先按行距开沟浇水，将苗依株距摆好，待水下渗后覆土封沟。也可用穴栽法，按株行距挖穴，苗栽下后浇水，水渗下后覆土。栽植深度以苗坨表面低于畦面 1 cm 为好。定植 3～4 天后中耕划锄，晾晒 2～3 天后覆盖地膜，提高地温，降低棚内湿度。为获得早熟丰产，春早熟栽培一般只留 2～3 穗果。栽培密度适当加大，行距 60 cm，株距 25 cm，每亩栽植 4 000 株左右。

(5) 定植后管理

①温、光管理　定植初期，外界气温较低，常有寒流影响，因此要加强保温，特别是夜间保温。缓苗期间密闭拱棚，不放风，适当早盖晚揭草苫，气温过低时可在棚周围再围盖一层草苫。保持白天温度 25～28 ℃，夜间 18～20 ℃。缓苗过后适当降温，正常揭盖草苫，白天温度保持在 20～25 ℃，超过 25 ℃时放风，降至 20 ℃时关闭风口，夜间 13～15 ℃为宜。随外界气温回升，应逐渐加大通风量，并早揭晚盖草苫。进入 4 月份温度过高时，夜间草苫可隔一个盖一个，或夜间不关闭风口盖草苫。开花坐果期应提高温度，白天保持 22～26 ℃，夜间不低于 13 ℃。第一穗果膨大时要增温保果，白天 26～28 ℃，超过 30 ℃再放风。当果实发白转色时，温度可提高到 28～30 ℃，夜间不低于 16 ℃。4 月下旬至 5 月上旬可撤掉草苫，5 月中下旬便可昼夜通风。

番茄为喜光作物，生育期间尽量增加光照。在晴暖天气的情况下，草苫应尽量早揭晚盖，延长光照时间。经常清洁棚膜，发现膜内有水滴时，轻敲棚膜使水珠落下。

②扎架整枝打杈　中小拱棚栽培番茄只能扎架，因留果穗少、植株较矮，扎架用 80～100 cm 高的小架即可。由于定植时秧苗大，缓苗后不久就会开花，一般在浇缓苗水后，中耕 1～2 次即可扎架绑秧。春早熟番茄多采用单干整枝，留 2～3 穗果，其他侧枝及时摘除。在留 2～3 穗果后留 2 片叶摘心，打杈摘心应选择晴天上午进行，此时伤口易愈合，病原菌不易侵入，雨天或有露水时不宜进行。生长中后期，将下部黄、老病叶摘除，有利于植株间的通风透光。

③保花保果　早春气温低，不能满足番茄授粉受精的温度要求，为防止落花落果，应采用激素处理。当第一花序开花时，用 15～20 mg/kg 的 2，4-D 或 25～30 mg/kg 的番茄灵蘸花。当气温低于 15 ℃时，激素浓度大一些；当气温高于 28 ℃时，激素浓度应适当降低。为保证坐果整齐，果实个大、均匀，应及时疏花疏果。每穗留 3～4 个果，多余的花、果应及早摘除。

④肥水管理　土壤墒情好时，定植水浇得不宜过大。缓苗后可浇一次缓苗水，而后中耕松土 2～3 次，直到第一穗果坐住。以后随气温回升，植株生长量加大，蒸腾作用加强，应每隔 7～10 天浇一次水。春早熟番茄生育期较短，若底肥充足，整个生育期内追肥 2～3 次即可。第一穗果核桃大时，每亩施复合肥 20 kg 或人粪尿 500 kg；第一穗果变色时每亩追施尿素 8～10 kg；第一穗果采收后再施硫酸铵 10～15 kg，追肥可结合浇水同时进行。盛果期结合喷药进行 1～2 次叶面追肥，用 0.2%尿素或磷酸二氢钾，有利于果实发育，提高果实品质，增强植株抗性。

(6) 采收与催熟

春早熟番茄以早熟为主要目的，成熟早，上市早，价格高，效益好。果实进入白熟期后，如果市场价格好，可用 800～1 000 mg/kg 的乙烯利溶液直接涂抹果实，待转色后立即采收。也可将果实摘下，在乙烯利溶液中蘸一下，码在一起，随时挑选变红的果实上市。第二穗果进入盛果期时，市场价格平稳，可自然成熟后上市。

2. 越夏番茄栽培

越夏番茄处于高温多雨、虫害、病害严重发生的季节，表现为番茄产量低、品质差，所以在番茄生产中，长期存在一个“伏淡期”。随着设施栽培技术的发展，通过实施“两网一膜”技术（遮阳网、防虫网、塑料薄膜），创造棚内有利于番茄生长发育的环境条件，从而提高了夏季番茄的产量和品质，已经成为番茄高效益栽培的方式之一。

(1) 品种选择

夏季高温多雨，应选择耐强光、耐热、抗湿、抗病毒、抗逆力强的高产优质中熟或中晚熟品种。如夏宝、保冠一号、佳粉 2 号、佳粉 10 号、苏粉 1 号、中杂 9 号、天正早秀等。

(2) 培育适龄壮苗

越夏栽培与早春茬番茄壮苗标准不同，主要是苗龄期较短，从播种至定植 30～40 天，无须培育至现大蕾时再定植，而是在植株有 5～7 片真叶、株高 15～20 cm 时即可定植。夏季壮苗标准是节间较短，茎秆粗壮，上下粗度一致；叶片掌状，小叶片较大，叶柄粗短，叶色浓绿，子叶不过早变黄或脱落；幼苗大小整齐，无病虫害。

①选择育苗场地，备足保护设施用料　必须选择地势平坦而较高燥、有浇水和排涝条件、便于通风和近 4～5 年内未种植过同科作物的菜田作为苗床地。同时备足塑料薄膜、遮阳网、草帘等保护设施材料。

②选择适宜播种期　为使夏季番茄的果实采收盛期正处于“伏淡期”，充分考虑到夏季气温高、番茄生育进程较快等因素，一般适宜的播种期为 4 月下旬至 5 月上旬。

③严格进行种子、营养土的消毒灭菌、杀虫　种子消毒灭菌先用1%高锰酸钾或10%磷酸三钠溶液浸泡种子20 min，用清水冲洗干净，再浸种4～6 h，然后置于25～30 ℃条件下催芽。催芽过程中经常翻动并用清水冲洗，防止因无氧呼吸伤害种子，60%的种子“露白”时播种。

④提倡营养钵（块）育苗　传统育苗方式因分苗移栽伤根，易感染病毒病和某些土传病害，且不利于花芽分化，影响产量及果实品质。因此提倡用营养钵（块）直播的育苗技术。营养土块的制作：先在畦底均匀撒入0.3～0.5 cm厚的细沙或细炉渣灰，垫上营养土，整平后浇足水，营养土经浇水沉实，厚8 cm左右，水渗后15～20 min，营养土呈泥状时，用铲刀按10 cm×10 cm，将营养土畦面划割为方块，并在划割缝隙间填上细干沙，以便将来起苗时易划割和取坨完整。播种时铲松中央土。播催芽种子4～6粒，覆盖过筛的营养土1 cm，立即盖紧压严薄膜，以利于增温和保墒。如采用畦苗可只间苗，不分苗。

⑤苗床管理　掌握前促、中保、后控的技术原则。

出苗期　要求昼温25～30 ℃，夜温15～18 ℃。大部分种子顶土出苗时，揭除苗床覆盖物，改为低拱棚覆盖，拱棚内夜温不低于12 ℃。

1～3片真叶期　适当降低棚温和加大昼夜温差，昼温20～27 ℃，夜温10～15 ℃，昼夜温差10～12 ℃。苗出齐后及时疏苗，每钵（块）留2株健壮苗，2片真叶期定苗，每钵（块）留1株健壮苗。随着光照增强和气温升高，可8～10天浇水一次，最好洒水或小水轻浇，根据苗情适当追施氮肥和磷酸二氢钾。第一次间苗后定苗前，喷洒病毒A 300倍液和1.5%植病灵乳剂1 000倍混合液，提前预防病毒病。第二次喷药在2～3片真叶期间，喷70%代森锰锌或72%霜脲·锰锌（新万生）可湿性粉剂400～500倍液，或25%瑞毒铜可湿性粉剂800倍液，或64%噁霜·锰锌（杀毒矾）可湿性粉剂400～500倍液，或90%三乙磷酸铝可湿性粉剂500倍液，主要防治真菌病害。同时通风口应设防虫网防治蚜虫、白粉虱。

4～6片真叶期　采取以控为主，控促结合的措施，逐渐延长通风时间，一般昼温在20～25 ℃，夜温在10～13 ℃，空气相对湿度45%～50%。此期要轻追一次肥，每亩追施尿素5～7kg，相隔6～7天轻浇一次水，每次浇水后都要叶面均匀喷洒100 mg/kg助壮素(35%的助壮素20 mL加水50 kg)，防止徒长。起苗前5～6天停止浇水追肥，并昼夜加大通风炼苗，定植前1～2天喷一遍防治病毒病和防治蚜虫的混合药液。

(3) 定植

应于6月上旬抢早定植。定植前7～10天，每亩施充分发酵腐熟灭菌的有机肥5 000～8 000 kg，过磷酸钙80～100 kg，深翻30 cm。高温闷棚5～6天后通风降温，耙平起垄，垄宽1.2 m，其中垄背宽80 cm，垄沟宽40 cm，垄高15～20 cm，结合起垄每亩施尿素和硫酸钾各20 kg或草木灰80～100 kg，或阿波罗963生物肥30～40 kg。定植密度既不可过稀，又不可过密，一般采取大、小行定植，小行距40 cm，大行距80 cm，株距35 cm，每亩定植3 200株左右。按株距开穴，穴深14～15 cm，每穴中施入发酵腐熟的豆饼肥（芝麻饼更好）100～150 g，使肥土混合均匀，浇足定植水，及时用网、膜覆盖。

(4) 定植后管理

①缓苗期管理　浇灌定植水后第2～3天及时中耕松土，7～8天浇一次缓苗水。棚内气

温可维持在白天 22～27 ℃，夜间 14～17 ℃。为加速生根缓苗，以后一般不灌水，如干旱可于晴天上午轻浇一次水。

②缓苗后至第一花序果实膨大期的管理　增加肥水供应，分别在缓苗后和第一花序坐果期追肥浇水，每亩追施标准氮素化肥第一次 10～15 kg，第二次 15～20 kg，在距离植株基部 15 cm 处穴施或沟施，追肥后及时浇水和中耕松土、培土。实施化控，第一次追肥浇水后，要喷洒 150 mg/kg 助壮素（25%助壮素 30 mL 加水 50 kg），第二次追肥浇水后，喷洒 200 mg/kg 助壮素（25%助壮素 40 mL 加水 50 kg）。

③严防病虫害发生　注意封严防虫网，同时加强病情观测，一旦发现病株，及时拔除并随即进行药剂消毒。

④采用单干整枝　因结果期比较集中，宜单干整枝留 4 穗果，中架或高架栽培，并及时打杈。

(5) 结果期管理

同露地越夏番茄结果期管理。

(6) 适时采收

前期果实见红线时采收，放阴凉处以待销售，后期拉秧时，将青白果放在 10～15 ℃地方催熟。越夏番茄一般每亩产量可达 7 500 kg 左右，收入 3 000～5 000 元。

3. 秋延迟番茄栽培

秋延迟栽培番茄是夏季播种，秋季生长，秋末冬初收获的一种栽培方式。供应期介于越夏番茄和越冬番茄之间。栽培方式主要有中小拱棚、改良阳畦及拱圆大棚等。

(1) 品种选择

秋延迟番茄苗期处于夏季，结果期处于温度日趋下降的秋冬季。因此，应选择较耐热、耐寒、抗病、丰产，特别是抗病毒病、叶霉病、疫病等病害的品种。以中果形的中早熟品种为宜，采收期集中，耐贮运。如佳粉 2 号、佳粉 10 号、金棚一号、东圣 808、迪芬妮等。

(2) 适期播种育苗

①播种期　黄淮海地区一般 7 月上中旬播种，纬度偏南可推迟到 7 月下旬，纬度偏北可提前至 6 月下旬。播种过早，温湿度高，苗期易发生病毒病。播种过晚，植株生长慢，选留果穗少，后期温度低，不能正常成熟。

②育苗方法　秋延迟栽培可采用直播、小苗移栽、大苗移栽 3 种育苗方法。直播即直接播种于田间，然后加扣拱棚。播前要整地施肥，按行株距每穴播 3～4 粒种子，出苗后进行 1～2 次间苗，定植时留生长健壮、生长速度快的幼苗。但在夏季蚜虫等害虫多的年份，易感病毒病，雨水多的年份则易感晚疫病等病害，不易稳产。加扣薄膜后，前期应进行大通风，以免棚内温度过高。直播时的幼苗，根系不受损伤，植株生长健壮。但苗期的防病、治虫、中耕松土、拔除杂草、遮阴降温等田间管理较为费工费时，秧苗安全系数低。

育苗移栽以小苗移栽为主要方式。可在营养钵或育苗畦内播种，播种时少播些种子，防止幼苗拥挤徒长。在幼苗二叶一心时移植，苗龄 15～18 天。大苗移栽在 2～3 片真叶时分苗，长到 5～6 片叶时，日历苗龄 25 天左右，秧苗带大花蕾定植。直播和育苗前，均需进行种子处理。为了防止病毒病，可用 10%磷酸三钠浸种 20 min，捞出种子用清水清洗干净直接播种，或再用清水浸泡 5～6 h，催芽播种。如果育苗苗床在露地，应架棚遮阴，防雨降温，并经常喷药防治蚜虫等，或覆盖防虫网。

③苗期管理　夏季育苗温度高，湿度大，易徒长，管理应特别精细。播种时浇足底水，以后干旱时适当浇水，但应控制水量，防止幼苗徒长。苗床不能淋雨，更不能被水淹和积水，午间光强时适当遮阴，及时拔除杂草，中耕松土保墒。

(3) 定植

①整地、施肥、做畦　尽早清洁前茬作物残株和杂草。每亩施腐熟有机肥 5 000 kg 左右，过磷酸钙 50 kg，阿波罗 963 生物肥 30～40 kg。深翻 25～30 cm，耙平做畦。可做成平畦，也可用小高畦。定植后扣膜，四周棚膜可卷起，放大风降温。

②定植　定植选择阴天或下午进行，避免高温日晒，以利于缓苗，定植后及时浇水。秋延迟栽培选用早熟品种时，行距 40～50 cm，株距 30 cm 左右，每亩定植 4 000～5 000 株；中熟品种行距 50～60 cm，株距 30～35 cm，每亩定植 3 000～4 000 株。

(4) 田间管理

①前期管理　从定植到 9 月中旬之前，气温较高，应注意降温。随季节推移气温下降，逐渐减少通风口，维持白天温度 20～25 ℃，夜间不低于 12 ℃。前期浇水次数稍多，以利于降温，但应及时划锄中耕，第一穗果坐住并开始膨大时浇催果水。追肥主要是在第一穗果和第二穗坐果后，可追施人粪尿或尿素等化肥。注意缓苗后及时中耕松土，拔除杂草，及时扎架绑秧。

秋延迟番茄一般采用单干整枝，留 2～3 穗果，摘心时在植株顶部留 2 片叶。进入 9 月中下旬，温度逐渐下降，不利于番茄授粉受精，进行激素处理，以保证坐果，可用 10～15 mg/kg 的 2，4-D 或 25～30 mg/kg 的番茄灵进行蘸花。可在激素溶液中加入红色染料做标记，避免重复蘸花而产生畸形果。也可加入腐霉利（速克灵）等药剂，预防后期灰霉病的发生。

②后期管理　进入 10 月份温度下降，应加强保温。特别是夜间应将通风口关闭，减少热量散失，在晴天中午光强时再通风。当外界气温低于 10 ℃时，傍晚应在拱棚四周围草苫或用麦秸覆盖。当气温降至 5 ℃时，应摘下未成熟果实贮藏，避免果实受冷害，失去商品价值。肥水管理应相对减少。浇水视土壤墒情而定，保持土壤湿润即可。外界气温低于 15 ℃时不浇或少浇水，避免地温下降和棚内湿度过大，诱发病害发生。此时肥水管理的目的是防止植株早衰，保证第二、第三穗果实的成熟。

③病虫害防治　秋延迟番茄前期易发生病毒病，应尽量选用抗病品种，苗期避免蚜虫等危害传毒，整枝打杈时尽量选择晴天，减少伤口。发现病毒株应立即拔除，用肥皂洗手后再进行其他操作，避免人为传毒。为预防病毒病发生，应定期喷洒药剂防治蚜虫，还可喷洒植病灵、病毒 A 等药液预防病毒病。生长后期，植株衰老，抗性差，外界气温低，光照弱，

容易发生叶霉病、灰霉病、疫病等，此时可用代森锌、啶酰菌胺、腐霉利（速克灵）、霜脲氰（抑快净）等药剂交替使用、定期喷洒。

（5）采收与贮藏

秋延迟番茄采收越晚，价格越高，所以应尽量延迟收获。成熟果实可随采随上市，对未成熟的果实，当外界气温低于 5 ℃时全部采收，进行贮藏。具体做法是采收前 5 天，用百菌清药液喷果实，防止贮藏期间病害发生。采收时将整穗果实剪下，去掉病果、烂果，放入筐内，上盖塑料薄膜封严，贮藏在室内。室内应提前消毒，可用硫黄粉熏蒸 24 h，或用 1 000 倍百菌清喷雾灭菌。贮藏期间保持温度 10～12 ℃，相对湿度控制在 75%～85%。隔一周倒翻果实一次，剔除病果，挑出变红果实上市。秋延迟番茄一般不进行乙烯利催熟，以延长贮藏时间，大约可贮藏至元旦前后上市。

第四节　番茄日光温室栽培

1. 越冬茬番茄栽培技术

（1）品种选择

越冬茬番茄栽培宜选择抗病（抗叶霉病、灰霉病、病毒病、晚疫病等）、高秧、丰产、大果形、品质优良、耐贮运的中晚熟粉红果或红果品种，例如浙杂 212、粉安娜、金棚系列、中杂 101 号、以色列 144、加茜亚、蓓盈、FA-189 等。

（2）育苗

①播种期　适宜播种期为 8 月中下旬至 9 月上旬。

②浸种催芽　在容器内用 50～55 ℃热水浸种 20 min，搅拌至 30 ℃后浸泡 3～4 h，再用 500 倍高锰酸钾溶液浸种 20～30 min 或用 10%磷酸三钠浸种 10～15 min。注意冲洗干净种子所带药液。然后置于 25～28 ℃条件下催芽。

③苗床与营养土配制　苗床必须具备防雨、通风、降温、防蚜等条件。因此，应采用高畦，设置拱棚，加盖薄膜、防虫网，午间遮阴。为便于操作，棚高一般为 1.5～2 m，苗床周围有排水沟。

④调制营养土　应掌握三个原则：一是有良好的通透性；二是保证有足够的营养；三是必须将各种原料搅拌均匀，特别是农药、化肥等。1/3 充分腐熟的圈肥，2/3 无病原物的熟土，应拍细、过筛，1 m^3 培养土中，加入过磷酸钙 1 kg，草木灰 5 kg，或氮、磷、钾复合肥 2 kg，再均匀拌入 50%多菌灵 80 g。

⑤播种　60%的种子出芽即可播种。播种时间选择晴天下午 4—5 时，采用撒播。苗床浇足底水，水渗后撒一层细土再播。播后覆盖 1～1.5 cm 厚的营养土。播种前后，苗床及周围仔细喷药防蚜。

⑥苗床管理　白天气温高，要进行遮阴，床温不宜超过 30 ℃，雨天加盖薄膜防雨。育苗期间夜温不可过高，为防止幼苗徒长，2 片真叶期喷一遍 1/1 000 的助壮素。及时拔除杂

草，适时间苗，定期喷药防治蚜虫等虫害。

⑦分苗　2～3 片真叶分苗。将幼苗移入准备好的营养土分苗床，株行距 10 cm×10 cm，也可用直径 10～12 cm 的营养钵。缓苗期间，午间适当遮阴，白天床温 25～30 ℃，夜间 18～20 ℃。缓苗后，白天 25 ℃，夜间 15～8 ℃。定植前数天，适当降低苗床温度锻炼秧苗。4～5 片叶时再喷一次 1/1 000 助壮素。当选用带毛品种，如毛粉 802、厚粉一号时，在分苗过程中，应将有毛、无毛植株分别集中分苗，将来分片定植，以便于管理。

⑧苗期防病　苗期可喷 1～2 次杀菌剂，预防病害［200～250 倍波尔多液是适宜的保护药剂，即 1∶1∶（200～250）］。

（3）定植

①施肥、整地　定植前 15～20 天，每亩施充分腐熟的优质有机肥 5 m^3，氮、磷、钾复合肥 50～60 kg，过磷酸钙 100 kg，阿波罗 963 生物肥 30～40 kg。施肥后深耕耙平。

②栽培方式与定植　越冬茬番茄栽培采取大小行、小高畦方式、南北走向畦。大行距 80～90 cm，小行距 60～70 cm，先做成平畦，每畦栽两行，株距 30～40 cm，每亩定植 2 500～3 000 株。9 月下旬至 10 月上旬定植。栽苗后，浇透水，地面干燥后及时划锄，进入 11 月以后，向植株培土形成小高畦并覆盖地膜。

（4）冬前及越冬期间的管理

①缓苗前后　注意盖好棚膜，白天棚温 28～30 ℃，夜间 17～20 ℃，地温不低于 20 ℃，以促进缓苗。缓苗后，适当降低棚温，白天 22～26 ℃，夜间 15～18 ℃，可喷施 1～2 次 1/1 000 的助壮素，防止植株徒长。开花前后适当控制浇水，多次中耕划锄，促进根系发育。采用单干整枝，及时抹杈、绑秧。

②结果期的管理　进入结果期，外界气温逐渐降低，光照减弱。为防止低温引起落花落果，可用 30 mg/kg 防落素喷花，随气温降低，激素浓度适当增大。第一花序坐果似核桃大时，于高畦中间膜下浇水，每亩随水冲施尿素、复合肥各 15 kg（或冲施腐熟的温热的豆饼水等），尽量浇透，越冬期间应控制浇水。浇水选择晴天上午进行，浇水后及时放风排湿，防止病害发生。

③温、光管理　若夜间温度不能保证 10～12 ℃时，应加盖草帘保温，根据当天天气状况，尽量早揭晚盖，延长光照时间。阴雪天气，适当揭盖，令植株接受散射光。棚内温度，白天保持 20～30 ℃，夜间 13～15 ℃，最低夜温不低于 8 ℃。晴天午间温度达 30 ℃时，可通风降温、换气排湿。棚温降至 25 ℃时关闭风口，利于夜间保温。

越冬期间地温对番茄植株生长、根系发育特别重要，提高地温是保证丰产、预防地下病害的关键。及时扣地膜、高垄栽培、提高株间透光率等均可增加地温。也可在番茄栽培行间垄沟内铺盖玉米秸，不但能够保持地温、降低棚内空气湿度，次年秸秆腐烂后还可以改良土壤，增加有机质。

④CO_2 施肥　越冬期间棚温偏低，通风量少，棚内若有机肥施入不足，导致 CO_2 浓度过低，影响植株光合作用，降低产量。因此进行 CO_2 施肥，可显著提高番茄产量，改善果实品质，可在晴天上午 9—11 时，补充 CO_2 适宜浓度为 1 000～1 500 mg/kg。阴天或光照

不足时不施或少施。施肥一般持续 1～2 h，放风前半小时结束。

⑤病虫害防治　在病虫害防治中，要选用高效、低毒、低残留农药，严格执行安全间隔期。喷洒虫螨克、乐斯本等药剂，防治蚜虫、白粉虱、潜叶蝇等害虫。采用腐霉利（速克灵）、百菌清烟熏剂（或粉尘剂）等交替使用，防治叶霉病、灰霉病、早疫病、晚疫病等病害。果实处于变色期后，根据市场需要及时采收。

（5）越冬后管理

①温、光管理　2 月中旬以后，随日照时数逐渐增加，适当早揭草苫、晚盖草苫，尽量延长植株见光时间。注意清洁棚面薄膜，增加射入的光照。及时进行通风。晴天时，白天棚温上午 25～28 ℃，下午 25～20 ℃，上半夜 15～20 ℃，下半夜 13～15 ℃。阴雨天，白天棚温 25～20 ℃，夜间 10～15 ℃。

②肥水管理　2 月中旬至 3 月下旬，15 天左右浇一次水，可配合冲施腐熟的豆饼水（每次每亩用豆饼 50～70 kg），或每亩冲施氮、磷、钾复合肥 20 kg。3 月中旬之后，7～10 天浇水一次，浇两次水须追肥一次，每次每亩追施磷酸二铵 15～20 kg。

③病虫害防治　定期喷施腐霉利（速克灵）、啶酰菌胺、百菌清、代森锰锌等药剂防治病害。农药中，可酌加尿素（0.3%～0.5%）、磷酸二氢钾（0.2%）或其他叶面肥。喷杀虫剂时 7 天后方可采收。

④整枝　及时整枝、抹杈，吊秧绑蔓防倒伏，老叶、黄叶、病叶及时摘除，改善通风透光条件。一般于 5 月下旬至 6 月上旬拉秧。

2. 秋冬茬番茄栽培

我国北方不少地区夏末、秋初高温多雨，露地番茄越夏栽培难度大，秋番茄栽培不但苗期气候条件极不适宜，生育期也很短，很难获得较高产量。

塑料大棚秋番茄生产虽然可以解决秋季市场供应，但生育期受气候条件的限制，在大棚内出现霜冻就得拔秧。只有日光温室保温条件较好，秋季生产采收期可延迟到新年以后。由于生育期延长，产量明显提高，可取得较好的经济效益和社会效益。日光温室番茄秋冬茬生产，现在各地发展较为迅速。

（1）品种选择和定植期的确定

日光温室秋冬茬番茄是在夏天播种，秋末冬初采收，生育期只限于秋冬季节，采收期短，应选用具有抗病毒病、大果形、丰产、果实干物质含量高、果皮较厚、耐贮耐运的品种。如东圣 808、崎玉、中杂 101 号、保冠、加茜亚等。

播种期以 7 月上中旬为宜。播种过早，前期产品与大棚番茄同时上市，经济效益不理想；播种过晚，如留 4 穗果，拔秧期延迟，影响下茬果蔬生产。

（2）苗床准备

秋冬茬番茄育苗期处在雨季，必须选择地势较高、排水良好、通风的地方，需要有遮雨遮阴设备，有利于降温防暴晒，避免发生病毒病。设置 1.5～2.0 m 高的中棚，加盖 40 目以上的防虫网，覆盖透光率低的旧薄膜，四周卷起，形成防雨遮阴棚，或用遮阳网遮阴。在棚内做成 1～1.5 m 宽的育苗畦，施腐熟农家肥，1 m^2 20 kg，翻深 10 cm，耙平畦面。

(3) 种子消毒和浸种催芽

用 10%磷酸三钠浸种 20 min 捞出，用清水洗净后，浸泡 4～5 h，置于 25～28 ℃条件下催芽。

(4) 播种方法

在畦面按 10 cm 行距开浅沟，沟内浇少量水，把催芽种子条播于沟中，用耙耧平畦面，覆土 1.5 cm，立即在畦面灌大水。水渗后，盖地膜或报纸保湿、降温。

(5) 苗期管理

秋冬茬番茄一般不移植分苗，因温度高，幼苗生长快，播种 20 天左右、3～4 片叶时，即可定植。育苗期以防止幼苗徒长、防治蚜虫、避免发生病毒病为中心进行管理。

①水分管理　出苗前保持床面湿润，床面见干及时浇水。出苗后适当控制水分，但要防止高温干旱诱发病毒病。

②防止幼苗徒长　发现幼苗有徒长趋势时，喷洒 0.5%～1%的矮壮素，喷洒后要防止干旱，浇水在早晨和晚上进行。

③防治蚜虫　幼苗出土后，7 天喷一次防治蚜虫的药剂，防止蚜虫传播病毒病。

④间苗　幼苗展开两片真叶时开始陆续间苗，拔除劣苗、杂苗、弱苗、杂草等，按株距 10 cm 左右留单株。

(6) 定植

①定植前的准备　秋冬茬番茄一般不用再施农家肥作基肥（因上茬施肥量较多），深翻细耙后按 50 cm 行距开定植沟，每亩沟内施磷酸二铵 40 kg，硫酸钾 30 kg，阿波罗 963 生物肥 30～40 kg。若前茬底肥少，可增施腐熟农家肥。

②苗床管理　定植前 3～5 天苗床灌大水，划块割坨。晴天下午喷洒杀虫杀菌剂，特别要重点预防茎基腐病的发生。

(7) 定植后管理

①设施管理　覆盖温室前屋面，前底脚围裙卷起，后部开通风口，在薄膜上面用喷雾器喷白灰浆，减少透光率，降低气温。也可以在棚面上盖草帘、秫秸帘、遮阳网遮阴，通风口处加盖防虫网。

②查苗补苗　缓苗后如发现个别植株发生病毒病，及时拔除，全部拔完病株，用肥皂水洗手后再补栽，确保株数。一般要喷施一次病毒灵（吗啉胍）或病毒宁，或抗毒剂 1 号。

③温度管理　秋番茄生育前期外界气温较高，应昼夜通风，直到气温降到 12 ℃以下时，放下塑料薄膜，白天放风、晚上闭风。进入生育后期，外界气温急剧下降到 8 ℃以下时，此时昼夜不再通风。当室内夜温不能保持在 5 ℃以上时，开始覆盖草苫。

④水肥管理　前期温度高，蒸发量大，既要控制水分防止徒长，又要防止干旱发生病毒病。第一穗果长到核桃大小时，每亩追尿素 20 kg，或粪稀 3 000 kg，随水灌入沟中。第二穗果膨大期喷 0.3%磷酸二氢钾，并减少灌水，到后期不放风时，停止灌水。

⑤整枝　采用单干整枝法，除主干外，所有叶腋发全的侧枝全部摘除。第一穗果实达到白熟期后，果下面叶片全部摘除。第四花序开花后，在花序上留两片真叶摘心。摘心后上面再发出的侧枝不再摘除，以免下部叶片卷曲。每穗留果 4～5 个，其余疏掉。

(8) 采收和贮藏

日光温室秋冬茬番茄，采收越晚，产值越高，所以一般不用乙烯利催熟，尽量延迟采收，一般都要达到成熟期才采收。第一穗果在播种后 3 个月左右即可开始采收，后期温度低，光照不足，成熟比较慢，最迟要在春节前一次性采收完毕，整地进行下茬果菜生产。最后采收白熟期或转色期的果实，经过贮藏后熟，转色后，可陆续上市。

3. 冬春茬番茄栽培

温室番茄冬春茬栽培指秋季播种，冬季生产，春节期间上市，以供应冬春市场为主要目的，采收期可达 150 天以上的茬口安排。日光温室冬春茬番茄栽培技术的关键是：选择适宜的品种，培育适龄壮苗，增施有机肥，地膜高畦覆盖，塑料软管滴灌或地膜下暗沟灌水，冬季增温保温，弱光补偿管理，新法整枝，保花保果，防衰防病。

(1) 品种选择

应选择在低温弱光条件下坐果率高、果实发育快、中型或大型果、产量高、商品性好的品种。生产实践证明无限生长类型的品种如丽春、佳粉系列、中杂 9 号以及有限生长类型的品种如早春、早丰、合作 903 等比较适合。

(2) 适宜播种期

冬春茬番茄生产适宜播种期在 11 月中下旬到 12 月上旬，一般要求 1 月上旬外界天气转冷（冬季）前完成苗期生育。

①浸种催芽　参阅“越冬茬番茄栽培”。

②苗床与培养土　苗床选择在大棚、温室内均可。在保护设施内育苗，白天应注意适当控温，夜间注意保温。要求床面平整，设有补温设施，或用电热温床、火道温床育苗。

③培养土配制　参阅“越冬茬番茄栽培”。

④播种　日光温室如果进行长期栽培，可在 9 月中旬播种，一般 2 月上旬开始采收，头茬在 4 月中旬结束，换头再生后，第二茬在 5 月上旬开始采收，6 月上旬结束，第三茬 7 月上旬采收。这样二茬果在大棚番茄前采收，三茬果在露地番茄前采收，可取得更高的效益。播种期过晚，采收期晚，一般效益会有所降低。

(3) 培育适龄壮苗

培育壮苗主要是控制徒长，促进花芽分化。番茄 9 月育苗，外界气温白天较高，晚上偏低，这时的温度管理白天一定要降温，以最高不超过 25 ℃为宜，夜间要注意低温，以 12 ℃为宜，一般保持 10～15 ℃，苗期尽量增强光照。苗床要选择在温室内光照充足，温度适宜的位置。播种不要过密，幼苗移植时的营养坨或营养钵一定要大，其直径要大于 10 cm。随着幼苗增大，苗与苗之间的距离要拉大，严防叶片互相遮挡，这是能否培育出壮苗的关键。

苗期水分不要过大，但又不能干旱，苗期尽量不灌水。配制营养土一定要高标准，既要营养充足，又要透气保水性好。营养袋或营养钵摆放时，应把下部的土壤翻松，这样在管理中若灌水量过大时，水分能够很快渗入地下，浇水不及时，幼苗可吸收下面土壤的水分，不至于造成严重干旱。番茄播种后，大约经 60 天的管理、幼苗 6～7 片叶现大蕾时即可定植。

(4) 整地定植

首先要清洁田园，将残株、杂草、地膜等垃圾深埋、烧毁。同时，进行温室消毒，杀灭病原菌、虫卵等。先铺施腐熟有机肥再深翻。施底肥最好采用深沟集中施肥，在每一定植行下开沟，沟深以 30 cm 为宜，每亩沟内施农家肥 10 000～15 000 kg，磷酸二氨 30～40 kg，阿波罗 963 生物肥 30～40 kg。如用鸡粪做基肥，必须充分腐熟、发酵、捣细，否则易发生肥害。

定植时间一般在 11 月中下旬或 12 月上旬。定植密度因不同品种而略有差别。中早熟无限生长类型的品种，一般行距 50 cm，如畦栽则 1 m 畦栽双行，株距 30～33 cm，温室前部光照好、株距 30 cm，后部光照较差，株距 33 cm，一般每亩保苗 3 500 株左右。早熟有限生长类型的品种，一般行距 50 cm，株距 25 cm，每亩保苗 5 000 株左右。温室内水道和后墙之间也可栽一行番茄，但育苗时间要提前 15 天左右。

番茄定植前按行距开沟，挑选壮苗依株距摆苗，摆放时花序朝外，便于以后蘸花和果实着色。扶直秧苗，培土，在沟内浇足定植水，水渗后覆土封沟。或提前 3～5 天开沟、浇水造墒，定植时少浇点水，湿透土坨，避免降低地温。定植后 3～5 天中耕松土，培垄，覆盖地膜，引出秧苗。或先铺地膜，定植时用刀片切成十字口，把地膜向四面拉开，用小铲挖坑，把苗坨摆入土坑中，浇足定植水，水渗下后封土，把地膜盖严。栽苗深度以苗坨土表面略低于垄面或畦面地膜为宜。严重徒长苗可卧栽、深栽，但很难获得高产。

(5) 田间管理

①保花保果　冬春茬番茄栽培，定植缓苗后始花，并陆续开花结果，这时外界温度逐渐降低，光照逐渐变弱，灾害性天气也时有发生，番茄第一、第二花序很容易落花落果。即使坐果，畸形果率也较高，实际生产中有秧无果的现象也很普遍，因此保花保果技术难度很大。冬季番茄生产的保花保果技术要求多因子配合，单靠坐果激素很难达到目的，所以培育壮苗就成为保花保果的基础。徒长苗、老弱苗冬季很难控制落花落果及畸形果，即使坐果，果实常常发育不良，果个小，品质差。如果幼苗在苗床里拥挤，可适当早定植。早定植，一般不倒伏，缓苗后粗壮，有利于保持株形。早定植，早缓苗，根系早发育，有利于越冬。实际生产上适龄壮苗定植后缓苗很快，几乎没有缓苗期。花期振动植株或摇动花序进行人工辅

助授粉，简便又有效。有些国家现在已采用温室熊蜂辅助授粉。在人工辅助授粉的基础上使用番茄坐果激素处理花序，保花保果效果很好。激素一般选用浓度为 50 mg/kg 的番茄灵，或 20 mg/kg 2，4-D，或 50 倍番茄丰产剂 2 号，或复合防落素，在大花蕾期，激素涂抹花柄离层部位，避免重复蘸花，激素浓度随气温变化而调节。

定植后白天温度 25 ℃左右，夜间 14 ℃左右，不能长时间低于 8 ℃，花期如不特别干旱，要控制灌水。尽量保持棚膜清洁。花期要进行叶片喷肥，如喷磷酸二氢钾或其他复合微肥等。花期注意防治病害，蘸花时可加入 0.2%用量的 50%腐霉利（速克灵），预防灰霉病的发生。

②增温保温　番茄较耐低温，冬季在北纬 40°地区，在保温较好的日光温室内均可进行越冬生产。番茄冬季生产风险性较大，稍有疏漏就可能遭受冻害而使生产毁于一旦。因此日光温室增温保温，特别是防御灾害性天气的技术和措施非常重要，也是冬季番茄生产成败的关键。

增温保温的具体措施　要选择合理的温室结构，并保持良好的密封性能。结构以高效节能型日光温室为好，老温室可结合本地条件进行改造。温室密封性能要求四周要严密，达到不放风时不漏风，后墙要厚，后墙外培土要超过冻土层，两山墙也要加厚，温室前屋面底脚要挖防寒沟，前屋面的草苫子要好，要紧密均匀，高纬度地区要加盖纸被或双层草苫子。

日光温室冬季番茄生产必须用无滴新棚膜，并且要经常清洁。采用地膜覆盖，地膜覆盖既可增温、改良土壤结构，又可减少灌水及降低棚内空气湿度，有利于减轻病害。

温室后墙和两山墙张挂镀铝膜反光幕。中后期不断调整张挂角度和高度，使反光效果达到最好。张挂反光幕既增温又增光，还可使温室内温光分布趋于均匀，使原来低温弱光区的番茄生长发育与高温强光区基本一致，从而增产增值显著。日光温室内层层覆盖是增温保温最有效且简便易行的方法，如挂设天幕或加小拱棚。如温度过低，小拱棚上还可加盖纸被等覆盖物，多层覆盖一般为临时性措施，长期使用会使温室内光照变差，湿度增加，操作不便。

临时加温措施　日光温室冬季生产原则上不加温，但必须准备临时加温设备，以防灾害性天气的危害。城市偏远郊区可采用煤炉加温，或油炉加温。近郊区最好是液化石油气加温（必须使用远红外线炉盘），既可加温又增施二氧化碳气肥。电源方便最好用电热线加温。

上述增温保温措施各地可结合本地情况灵活掌握。日光温室冬季番茄生产温度管理指标，不同时期略有差别。定植初期白天温度 20～30 ℃，缓苗后白天温度控制在 20～25 ℃，夜间温度 15 ℃左右，有利于开花坐果。结果期以后，白天温度保持在 20～25 ℃，前半夜 15～13 ℃，后半夜 10～7 ℃，地温 18～20 ℃，一般不低于 15 ℃。日光温室番茄冬春生产，特别是到 2 月中旬以后，要注意放风，严防高温，长时间高温管理易引起病毒病加重和植株衰秧。

③增强光照及弱光补偿管理　增强光照的管理一般与增温管理相一致。主要是要选择采光保温良好的高效节能型日光温室，塑料薄膜要选用新的，并要经常清洁塑料薄膜。采用地膜覆盖，白色地膜既能增温，前期又可增光。

适当稀植，增加单株光照。张挂反光幕，适当早揭、晚盖草苫，以增加光照时间。及时整枝打杈，摘掉老叶、病叶及遮光严重的叶片。人工补光目前尚未在生产上大面积应用。

弱光补偿管理 日光温室冬季无论怎样增加光照（光照强度和光照时间）管理，温室内光照条件都很难达到适宜水平。光照条件常常成为冬季番茄生产的限制因子。在光照不足的条件下，实行弱光补偿管理是获得高产高效的关键技术。弱光补偿管理是通过温度（主要是夜间温度）的偏低管理、适当的干燥管理、高二氧化碳浓度管理和稀植及植株调整等综合管理来进行。弱光条件下，白天温度可控制在适当范围内，夜间温度一定要控制在较低水平，最低温度控制在 5～7 ℃，阴雪天室温适当降低，因此连续阴天时白天需要加温。

弱光条件下：一定要控制灌水，如果不是特别干旱一般不灌水，如灌水一定要在晴天上午进行；灌水过多，土壤湿度和空气湿度过大，如遇连续阴雪天，轻者减产减收，重者将导致病害大量发生，甚至绝收；要增施二氧化碳气肥，一般要求浓度在 1 000 mg/kg 左右；要适当稀植，并及时整枝打杈，及时摘掉老叶、病叶及遮光严重的叶片；化肥特别是氮肥的施用不要过多，要控制铵态氮肥的施用量，氮肥要深施，最好加强叶面喷肥。

④新法整枝 日光温室冬春进行番茄生产，如果短期栽培，一般都采用单干整枝，留 2～3 穗果，采收后拔秧倒茬，每亩产量可达 3 000 kg 左右，最高可达 5 000 kg 以上。如果要大幅度提高产量，最有效的方法就是采用新法整枝，延长生育期，在一般生产的基础上进行长期栽培，使番茄单株结果由 3 穗增加到 9 穗，甚至 10 穗，单株结果数由 10 个左右增加到 30～40 个果。日光温室番茄栽培如果不采用新法整枝，一般在 5 月上中旬结束生产，此时安排春茬已晚，安排秋茬还早，从而使温室过早形成闲歇地。

新法整枝是在原来生产的基础上，不增加生产成本，可延长采收期 2～3 个月，增产增值显著，因此推广价值很大。新法整枝可采用连续摘心整枝法和中上部连续换头再生整枝法。有些品种也可采用单干整枝法，但后期上部花序坐果不良。中上部连续换头再生整枝法，即在主茎出现三穗花后，上边留 2 片叶摘心。当第一花序果实开始采收，第二花序果实发白时，从植株中上部选留 1 个或 2 个强健侧枝代替主茎伸长作为结果枝，结果枝留 3 穗果后，上部留 2 片叶摘心，待结果枝果实开始采收时，再从结果枝的中、上部选留侧枝再做结果枝，如此反复摘心换头。实际生产中一般只进行 1～2 次换头再生，单株结果达到 6～9 穗，如再进行第三次换头，产量增加显著，但是效益增加较少。另外第三次换头再生的番茄品质下降，商品性较差。新法整枝要求植株长势旺盛，如果植株病害严重，秧势衰弱严重则很难进行，即使进行，增产增值幅度也较小。日光温室番茄冬春茬生产，其支架可用竹竿搭建，也可用尼龙线吊蔓。结合整枝打杈，要及时摘掉老叶、病叶、遮光严重的叶片，适时进行疏花疏果。

⑤肥水管理 番茄冬季生产，施肥主要以基肥为主，在 2 月份以前基本不再施肥。当天气转暖、地温较高，这时第一穗果开始采收，第二穗果已较大时应开始追肥，一般每亩追施尿素 25 kg、过磷酸钙 25 kg，或磷酸二铵 25 kg，阿波罗 963 生物肥 30～40 kg。若土壤肥力较差，底肥不足，可在第一穗果坐住后追一次肥。第三穗果采收时再追一次肥，第五穗果采收时追第三次肥。每次追肥方法和数量同前。

番茄冬季生产水分管理，开始时浇足定植缓苗水。低温弱光时期如不是特别干旱，尽量不浇水。冬去春来，温、光条件转好时，灌水量要逐次加大，一般每周灌一次水。番茄定植缓苗后，一般每隔一周左右追施一次叶面肥。叶面喷肥可用0.3%磷酸二氢钾，或钛微肥300倍液，或复合微肥500倍液，或植宝素6 000倍液，或碧全植物健生素500倍液等。目前各类叶面肥和激素很多，最好能交替使用。

除重视土壤施肥和叶面喷肥外，还要注意增施二氧化碳气肥。冬季低温弱光条件下，日光温室放风量很小，早晨揭开草苫后，随着光照增强，温度升高，室内二氧化碳浓度很快下降，满足不了番茄光合作用的需要。传统的方法是增施有机肥，由微生物分解有机质产生二氧化碳。如果有机肥不足，要人工施用二氧化碳，二氧化碳施肥最简便的方法是碳酸氢氨加硫酸。如果要使温室内二氧化碳浓度达到1 000 mg/kg左右，则每30 m^2设一个施放点，施放点用大碗、或在地面挖窄坑，铺上塑料薄膜，装入25%硫酸（浓硫酸加4倍水、工业硫酸加2倍水），稀释时要把量好的硫酸注入量好的水中，严禁把水往硫酸中注入。每天早晨揭开草苫后，向碗或坑中放入150 g碳酸氢氨。也可采用碳酸钙（石灰石）加盐酸。城市郊区如有条件可施用液态二氧化碳，每次施用2.4 kg，可使浓度达到1 000 mg/kg。液化石油气也可用于二氧化碳施肥。

⑥防衰防病　防衰防病是番茄冬季栽培，特别是长期栽培和全年栽培最重要的技术环节之一。冬季低温弱光状态下，即使短期栽培，也容易引起植株衰弱，开花结果不良，产量和效益降低。如果病害严重则产量效益也会降低，甚至绝产绝收。

防衰要在土壤中增施、深施有机肥、化肥，另外喷施叶面肥、增产激素和增施二氧化碳气肥；加强环境条件的调控，特别是防止高温干旱。新法整枝也利于防衰，实践证明，番茄生产不能没有生长点，不能没有顶端优势，如果同时把所有的生长点（主枝和侧枝）全部摘除，番茄就会很快衰秧。

因此生产上整枝、打杈、摘心要分次、分批、有次序地进行。防病的方法主要有生态防治和药剂防治两种。生态防治主要是进行温度管理，特别是夜间温度偏低的管理，白天温度一般不超过25 ℃，夜间不低于5 ℃。高温干旱易发生病毒病，高温高湿易发生疫病；低温高湿易发生灰霉病，低温干燥有利于渡过连续阴雪天和灾害性天气，利于番茄越冬。

药剂防治要以预防为主，即在病原菌侵染初期喷药防治，一旦严重发病，要同时使用多种药剂（必须是可以混合使用的药剂）防治同一种病害。多种药剂防治一种病害，既可增加药效，提高防治效果，又可增大防治病害的保险系数，防止假药、劣药延误防治时机。另外药剂防治还要注意每次喷药能兼防多种病害，以减少用工量。

(6) 人工催熟及采收

日光温室冬春茬番茄栽培从开花到果实成熟需要70～80天。如果温、光条件管理较好，则可提早成熟，管理差则延迟成熟。冬春茬番茄生产第一穗果着色转红速度较慢，后期因温、光条件逐渐转好，果实着色转红速度加快。

为了提早上市，番茄在白熟期到转色期之间应用乙烯利催熟。一般采用40%乙烯利400～800倍水溶液涂抹植株上的果实。当果实转色时及时采收。采收过早，青果催熟品质变差，采收过晚，不利于植株和上部果实的生长发育。

情景四　番茄主要病虫害及防治技术

第一节　番茄常见病害

1. 番茄早疫病

(1) 症状特征

番茄早疫病又称轮纹病，是发生普遍的病害，发病严重时叶片早枯，减产严重（图1-8）。整个生育期均可发病，一般在生长后期为害较重。除为害番茄外，还为害茄子、辣椒、马铃薯等。叶、茎、果、叶柄、果柄均可染病，以叶片受害最重。叶片染病后，初为深褐色小斑点，后扩展为圆形、近圆形灰褐色病斑，病斑中部呈现深褐色同心轮纹，外有浅黄色晕圈；茎多在分枝处产生褐色长圆形病斑，病处易折断；果实上病斑多在果蒂处，呈黑褐色；病斑后期产生黑色、绒毛状霉层。

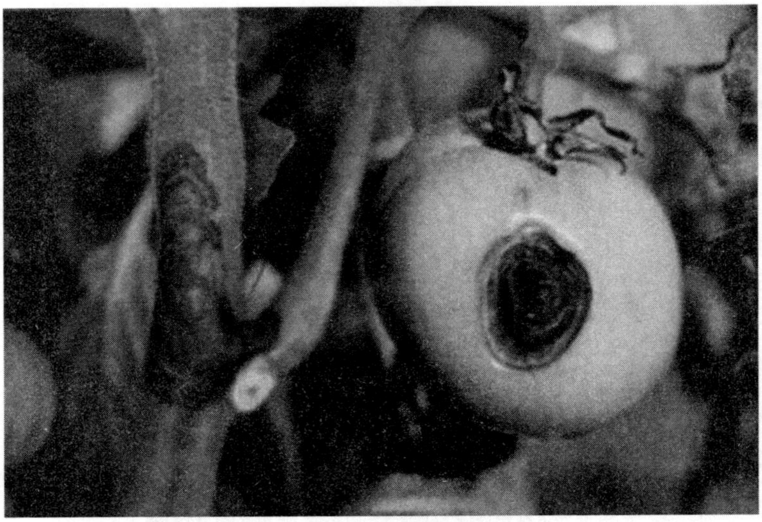

图 1-8　番茄早疫病

(2) 发病特点

番茄早疫病属真菌病害。对温度适应性强，15～30 ℃均可发生，适宜温度 20～23 ℃，相对湿度大于70%持续49 h以上，该病即可发生。高温、高湿条件有利于早疫病的发生与流行。一般结果初期开始发病，盛果期进入发病高峰。早熟品种比晚熟品种易发生。此外，重茬、种植密度过大、灌水过多、基肥不足、低洼积水、结果过多、环境高湿、植株衰弱等，均有利于此病的暴发流行。

(3) 防治方法

①选用无病种子，用52 ℃热水浸种30 min，与非茄科作物实行3年以上轮作，搞好田园清洁，彻底清除病株残体及落叶，减少菌源。

②增施有机肥与磷、钾肥，及时追肥、灌水，避免植株脱肥早衰，降低抗病能力。

③发病初期，选用70%代森锰锌可湿性粉剂600倍液，或50%异菌脲可湿性粉剂1 200倍液，或50%敌菌灵可湿性粉剂500倍液喷雾防治，可以结合防治细菌性病害用47%的春雷·王铜可湿性粉剂600～800倍液喷雾。10～15天防治1次，根据病情防治1～3次。

2. 番茄晚疫病

(1) 症状特征

整个生育期均可发病，以成株期叶片和青果受害最重（图1-9）。苗期染病，病斑自叶片迅速向主茎蔓延，引起叶柄处主茎呈黑褐色腐烂，全株萎蔫、折倒，潮湿时表面长出白色霉层；叶片多从植株下部开始发生，先由叶片的叶缘、叶尖处开始，初为暗绿色水渍状半圆形病斑，对光透视病斑边缘病、健交界不清晰，病斑扩大后中间黑褐色，周围暗绿色，湿度大时，在病、健交界处健区一侧产生白色霉层；茎染病产生暗褐色病斑，稍凹陷，边缘不明显，呈不规则云纹状；病果上病斑初呈油渍状暗绿色，后变为黑褐色，病部质地坚硬呈不规则的凹凸起伏，湿度大时长出少量白霉，并迅速腐烂。

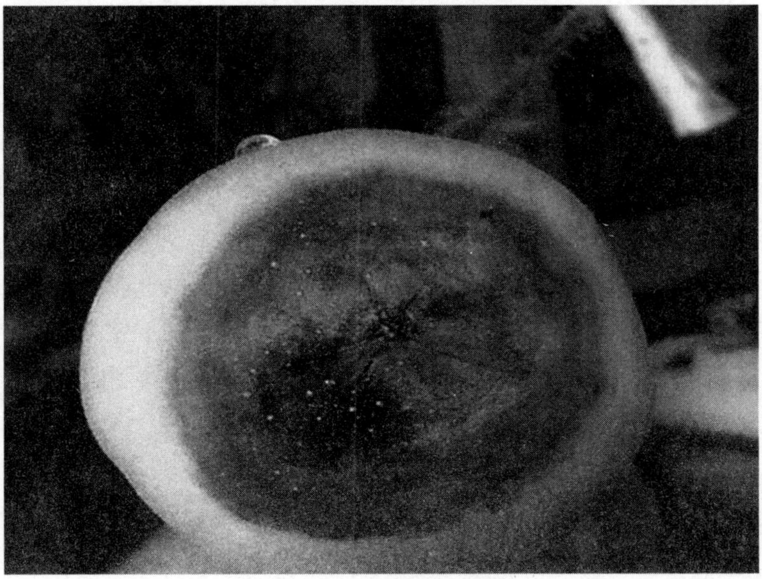

图1-9　番茄晚疫病

(2) 发病特点

晚疫病是真菌中的卵菌病害。病菌随病残体在土壤中越冬，也可在温室番茄上越冬。主要通过气流、灌水迅速向周围扩展蔓延，如果条件适宜，经过3～4天的潜育期就可形成新的病菌，10余天整个温室就会普遍发病。番茄晚疫病发病的温度范围为7～25 ℃，最适宜温度为18～25 ℃，相对湿度近100%时易发病，叶片上有水滴更利于病菌侵染发病，所以低温、高湿条件有利于病害的发生和流行。

(3) 防治方法

①实行轮作，前茬应不是茄科蔬菜作物。

②重视田园清洁，彻底清除病残组织，并妥善处理。

③避免种植过密；氮、磷、钾配合施用；防止大水漫灌和田间积水。

④温室栽培灌水后加强通风，发现中心病株、病叶及时清除并带至棚外妥善处理，提高棚温，控制浇水。

⑤防治药剂可选用72.2%霜霉威600倍液，或58%甲霜·锰锌可湿性粉剂600倍液，或72%霜脲·锰锌可湿性粉剂600倍液喷雾。温室栽培也可选用粉剂喷粉或烟雾剂防治。

3. 番茄叶霉病

(1) 症状特征

叶霉病以危害叶片为主，严重时也会危害嫩茎和果实。叶部发病由植株下部叶片开始，逐渐向上发展，以中部叶片感病最重。发病初期，叶片背面形成椭圆形或不规则的浅黄褪绿斑，后在病斑上长出灰白色至黑褐色霉层，病斑的叶正面初为浅黄色，边缘不明显，也可长出霉层，病斑扩展后叶片由下而上卷曲干枯。嫩茎染病后症状与叶片上相似；果实染病常在果蒂和果面，形成黑色硬化凹陷的圆形病斑。

(2) 发病特点

叶霉病是真菌病害（图1-10）。病菌在病残体内或种子上越冬。病菌借助气流传播，从叶片气孔侵入引发病害，再由病斑上产生的霉层（分生孢子）继续传播、侵染，扩大危害。在适宜的环境条件下，病株上反复产生大量的分生孢子，造成多次侵染。适宜发病的温度范围在9～34 ℃，最适宜发病环境为温度20～25 ℃，相对湿度95%以上。最适宜感病生育期为封行至坐果期。发病潜育期5～10天。阴雨天气、光照不足、温室或棚内空气不流通、湿度过大，温度在20～28 ℃范围内波动，从始发病到盛期只需12～15天。

(3) 防治方法

①实行2～3年轮作，减少田间菌源。

②种子用52 ℃温水浸种30 min，用冷水冷却后晾干播种。

③定植前用硫黄熏蒸，100 m^2 用硫黄0.15 kg，锯木屑0.5 kg，混匀分几堆点燃，密闭一夜。

图 1-10　番茄叶霉病

④温室栽培灌水后要加强通风，避免长期闷棚。清除基部老叶，以利于通风透光。

⑤发病初期可选用 5%春雷·王铜可湿性粉剂 1.5 g/m^2 喷粉，或 40%氟硅唑乳油 6 000～8 000 倍液，或 10%苯醚甲环唑水分散粒剂 1 000～1 200 倍液，或 47%春雷·王铜可湿性粉剂 600～800 倍液喷雾防治。

4. 番茄斑枯病

(1) 症状特征

斑枯病在番茄生育期均可发生，但以开花结果期的叶部发病最重（图 1-11）。叶片初染病时，背面先出现水渍状的小圆斑，很快正反面都出现许多圆形、边缘深褐色、稍凹陷、中央灰白色的病斑，上面散生一些小黑点；有时病斑愈合成大的枯斑，病组织脱落而形成穿孔，严重时叶片卷缩干枯；茎上病斑呈椭圆形，果实病斑圆形，均为褐色，稍凹陷，上面散生黑色的小粒点。

(2) 发病特点

斑枯病是真菌病害。以菌丝或分生孢子器随病残体在土壤中，或种子上，或茄科杂草上越冬。借助雨水、水流、气流和农事操作传播。湿度是发病重要条件，连续阴雨、光照不足、植株徒长或长势弱都有利于病害的发生。

(3) 防治方法

①实行与非茄科蔬菜 2～3 年轮作，做好田间清洁，收获后彻底清除病残组织。

②种子用 52 ℃温水浸种 30 min，用冷水冷却后晾干播种。

③采用高垄地膜覆盖栽培，增施磷、钾肥和注意后期追肥，防止大水漫灌和田间积水。

④发病初期进行防治，可选用 40%氟硅唑乳油 8 000 倍液，或 10%苯醚甲环唑水分散

图 1-11　番茄斑枯病

粒剂 1 000～1 200 倍液，或 50%异菌脲可湿性粉剂 1 000 倍液，或 80%代森锰锌可湿性粉性 600 倍液喷雾，7～10 天 1 次，视病情连续防治 1～3 次。温室每亩可选用 5%百菌清粉尘剂，或 6.5%甲霜灵粉尘剂 1 kg 喷粉。

5. 番茄枯萎病

(1) 症状特征

枯萎病发病稍晚，一般在开花坐果进入生长旺期表现症状（图 1-12）。由近地面处叶片开始，逐渐向上变黄变褐、焦枯，有时仅一侧叶片发黄变褐，茎部自下而上凹陷，湿度大时，病部产生粉色霉层，病程发展缓慢，10 余天后枯死，剖开发病的茎、叶柄、果柄，可见维管束呈褐色。

图 1-12　番茄枯萎病

(2) 发病特点

枯萎病是真菌病害。病菌以菌丝体及厚垣孢子随病残体在土壤中或附着在种子上越冬。病菌从幼根或植株伤口侵入，进入维管束吸收营养发展菌体，以致堵塞导管，使水分不能向上输导，导致植株地上部失水，表现为叶片变黄、萎蔫和枯焦。病菌能产生有毒物质镰刀菌素，毒害寄主，加速植株死亡。病菌借助水流和带有病残体的粪土传播。连作重茬，排水条件差，地下害虫多，移栽、中耕伤根重、长势弱的易引起本病的发生。

(3) 防治方法

①实行与非同科蔬菜轮作，重视田园清洁，彻底清除病残组织，并加以妥善处理。

②采用无土育苗技术育苗，种子播前用 52 ℃温汤浸种 30 min，用冷水冷却后晾干播种，或用 50%多菌灵可湿性粉剂 300 倍液浸种 60 min。

③发病初期用药液灌根。可选用 70%噁霉灵可湿性粉剂 1 000 倍液，或 50%多菌灵可湿性粉剂 500 倍液灌根，每株灌药液 150～250 mL，根据病情防治 1～3 次。

6. 番茄灰霉病

(1) 症状特征

植株地上部分均可感染灰霉病，以绿果期发病最重（图 1-13）。叶片发病多由叶缘向内呈“V”字形扩展，初时呈水渍状，渐为黄褐色或茶褐色病斑，染病的花落在叶片上可形成圆形或梭形病斑，潮湿时，病部表面产生灰色霉层；果实发病多由花器侵入，故果蒂、果柄与脐部先显症，病部果皮呈灰色水渍状软腐，上覆有厚厚的灰色霉层，下部的果穗受害重。

图 1-13　番茄灰霉病

(2) 发病特点

灰霉病是真菌病害。病菌主要以菌丝体及分生孢子随病残体在地表或土壤中越冬。病菌借助气流、雨水、水流、农事操作或病残组织自然散落传播。灰霉病菌为弱寄生菌，病菌发育起点温度为 2 ℃，最高温度为 31 ℃，最适宜温度为 20～25 ℃，病菌发育最低相对湿度 85％，最适宜相对湿度 95％以上。低温、高湿，阴、雨雪天多，植株生长衰弱，密度过大，浇水后遇阴雨天，病果随意乱扔，保护地放风不及时等利于灰霉病发生发展。番茄灰霉病还与生育期明显相关。始花期至坐果期为染病高峰期，这一时期浇水后遇阴天很容易造成灰霉病扩展蔓延。

（3）防治方法

①搞好田园清洁，彻底清除病残体及落叶。温室栽培在定植前对地面墙壁、棚膜等用 50％乙烯菌核利 500 倍液，或 40％敌菌灵可湿性粉剂 400 倍液，或 65％甲霉灵可湿性粉剂 400 倍液喷洒灭菌，或 20％乙烯菌核利 0.3～0.5 kg/亩熏闷棚 12～24 h。

②采用高垄覆膜和搭架栽培，配合滴灌或膜下渗灌等节水措施能有效控制病害。

③加强管理，避免阴天灌水，灌水后加大通风降湿。及时清除败花与下部黄叶，发现病果小心摘除，放入塑料袋内带出棚外妥善处理。

④发病初期用 50％甲霉灵可湿性粉剂 500 倍液，或 45％噻菌灵悬浮剂 800 倍液喷雾。温室栽培每亩用 6.5％万霉灵粉尘剂 1 kg 喷粉，或 20％噻菌灵烟雾剂 0.3～0.5 kg 熏烟防治。

7. 番茄病毒病

（1）症状特征

病毒病由于致病的病毒种类不同症状表现也不相同，常见的症状有花叶、条斑、蕨叶和卷叶等类型（图 1-14）。花叶型病毒病最普遍，叶片出现黄绿相间、深浅不同的斑驳，有时出现疱斑、皱缩、新叶变小、顶叶狭长、叶脉透明或变紫，茎生长点停止伸长，下部多呈卷叶，易落花落蕾，果实小而硬，呈花脸状；条斑病毒病主要发生在茎和果实上，病株矮化，

图 1-14　番茄病毒病

在茎秆上形成暗绿色下陷短条斑，后变成黑褐色油渍状坏死条斑，严重时条斑开裂，导致上部茎叶枯死，中上部叶片的背面叶脉上也发生黑色短条斑，蔓延后致叶片发黄、变黑，病果表面呈条形暗褐色凹陷斑，组织坏死；蕨叶形病毒病病株矮小，上部叶片细长狭小，形成线形，中下部叶片纵向上卷成管状，叶脉浅紫，侧枝都生蕨叶状小叶，呈丛枝状，果实小而畸形；卷叶型病毒病发病早，病株矮化，多丛枝，叶脉间变黄，小叶卷曲呈球状或螺旋状，影响开花结实。

(2) 发病特点

番茄病毒病由烟草花叶病毒、黄瓜花叶病毒、马铃薯 X 病毒及其他病毒单一或混合侵染所致。烟草花叶病毒是最早发现的病毒，生活力特强，在组织内可存活 30 年，主要在寄主和各种带毒体上越冬，通过伤口和汁液接触传染，也可随病果果肉附着在种子上传播，带毒的卷烟与寄主病残体也是初侵染源；黄瓜花叶病毒主要在多年宿根寄主植物和杂草上越冬，以桃蚜等多种蚜虫传毒；马铃薯 X 病毒以汁液接触传染，昆虫传播。病毒病的发生和发病程度与环境条件密切相关，一般高温、干旱、蚜害重、施氮过多、缺少钙钾、土壤黏重、瘠薄、排水不良、长势衰弱及管理粗放等发生严重。植株感病越早，损失越重，在品种间存在抗性差异。

(3) 防治方法

①实行与非茄科蔬菜作物 2 年以上轮作。搞好田园清洁，彻底清除病残组织及田间杂草，并妥善处理。

②进行种子处理。干燥种子可用 70 ℃干热处理 24～72 h，或播前将种子用清水预浸 3～5 h 后用 10％磷酸三钠浸种 20 min，再洗净播种。

③施足底肥，注意氮、磷、钾配合施用，并适当增施钾肥。

④温室栽培，棚室可张挂银灰塑料膜条避蚜，用防虫网防止蚜虫传入，发现有蚜虫为害要及时用药防治。

⑤苗期 3 片真叶后，可选用 VA 抗病毒剂 120 倍液，或喷施 1.5％植病灵乳剂 1 000 倍液，或 20％病毒 A 可湿性粉剂 500 倍液，或 1％菇类蛋白多糖 200～300 倍液喷雾，间隔 10 天 1 次，连喷 2～3 次，以提高植株抗病毒能力。发病初期可继续用上述药剂喷雾，控制病害发展。

8. 番茄细菌性疮痂病

(1) 症状特征

疮痂病在植株地上部分均可发病，叶片发病较为普遍（图 1-15）。叶上病斑初为水渍状，黄绿色小斑，后变为边缘暗褐色不规则的凹陷斑，发病重时病斑可连成形状不规则的大斑，病斑四周水渍状明显；果实上形成近圆形、边缘稍凸起、深褐色、中间稍凹陷的病斑，病斑周围始终保持绿色，病重时常引起落叶及植株死亡。

(2) 发病特点

疮痂病是细菌病害。病原细菌随病残体在土壤中或附着在种子表面越冬。借助雨水、水

图 1-15　番茄细菌性疮痂病

流和昆虫传播，通过气孔、水孔或伤口侵入。阴雨天气和高温高湿是发病的重要条件，生长势弱、管理粗放会加重病情的发展。

(3) 防治方法

①实行与非茄科蔬菜作物 2～3 年轮作。

②种子用 52 ℃温水浸种 20 min，用冷水冷却后晾干播种。

③加强肥水管理，防止大水漫灌，从事田间操作时尽量减少各种伤口。

④发病初期及时用药防治，每亩可用 5%春雷·王铜粉尘剂 1 kg 喷粉。

9. 番茄根结线虫病

(1) 症状特征

主要为害根部，受害的根系侧根和须根上长成许多大小不一的瘤状根结，严重时形成不定型的肿瘤，根系变粗并逐渐腐烂，受害植株低矮，似营养缺乏状，后期早衰，并表现出缺水萎蔫状（图 1-16）。

(2) 发病特点

根结线虫病是由根结线虫引起的病害。根结线虫主要以卵或 2 龄幼虫随根结、残根在土壤中越冬，能存活 1～3 年；土壤、病苗和水流是根结线虫传播的主要途径，疏松的沙质土、含盐低的壤土宜于根结线虫的生长发育，重茬、连作受害严重。

(3) 防治方法

①实行与葱蒜类作物或非敏感性寄主作物轮作。

②采用无土育苗技术育苗。

③定植前每亩用 1.8%阿维菌素 1 kg 加适量清水浇灌定植穴。

图 1-16　番茄根结线虫病

④加强管理，适时灌水施肥，提高植株抗病力。

⑤重视田间清洁，及时清除和认真处理病株残体。

第二节　番茄常见虫害

1. 白粉虱

(1) 为害特点

一年发生多代，世代重叠（图 1-17）。寄主众多，喜害瓜类、豆类和茄科蔬菜。幼虫及成虫均能为害，常群集寄主叶背吸食汁液，使寄主长势衰弱，甚至造成叶枯死亡。为害同时分泌蜜露，污染叶片与果实，引发煤污病。

(2) 形态特征

成虫：体长 1～1.5 mm，黄色，被有白色蜡粉，翅白色，不透明，前翅有 2 条脉纹，后翅 1 条脉纹。

幼虫：共 3 龄，长椭圆形，扁平，半透明，黄白色或黄绿色。初龄幼虫有触角及足，复眼红色，能爬行，蜕皮后触角与足消失，用喙固着于叶背，固定了的幼虫体缘密生蜡质细齿，背面常有弯形蜡刺 10 对。

蛹：蛹化于老熟幼虫的皮壳中，长约 0.8 mm，白色、淡绿色至黄褐色，前端可透见红色眼点。

卵：长约 0.2 mm，枣核形，表面平滑有光泽，初产时淡黄色，后变灰褐色，下端有短柄。散产于叶背。

图 1-17 番茄白粉虱危害症状

(3) 生活习性

白粉虱不能在室外越冬，多在温室内继续为害越冬，无滞育和休眠现象，完成 1 代约需 30 天，成虫能短距离迁飞。白粉虱大多进行有性繁殖，也可进行孤雌生殖，每头雌虫可产卵 324 粒左右。成虫有趋嫩性，对黄色有较强的趋性，对白色、银灰色有负趋性。

(4) 防治方法

①清洁田园，蔬菜收获后，彻底清除田间杂草和植株残体，减少虫源；春季重视温室内的白粉虱防治，防止这些越冬虫源转入大田；秋后，温室栽培种植前要对棚室进行灭虫处理，并架设防虫网，防止大田虫源进入温室；内挂黄色胶板，利用趋黄习性黏杀成虫。

②培育无虫苗，防止直接将虫源带入大田或棚室。

③白粉虱为害初期，用 25%噻虫嗪水分散粒剂 1 500 倍液，或 25%噻嗪酮可湿性粉剂 1 500 倍液，或 20%吡虫啉可溶性液剂 2 000～4 000 倍液，或 2.5%联苯菊酯乳剂 1 500 倍液喷雾防治，6～7 天 1 次，连续防治 2～3 次。

2. 叶螨

(1) 为害特点

叶螨又称朱砂叶螨，俗称红蜘蛛。叶螨寄主广泛，多达 32 科 113 种植物，是蔬菜作物的重要害虫之一。虫体集聚成橘红至鲜红色的虫堆为害叶片。被害叶片上出现许多细小白点，导致失绿枯死（图 1-18）。

(2) 形态特征

雌成螨：背面观呈卵圆形，体长 0.4～0.5 mm，体色呈锈红色，体背两侧各有 1 个倒“山”字形的黑斑。

图 1-18 番茄叶螨为害症状

雄成螨：背面观略呈菱形，躯体较雌成螨稍小，体色呈淡红色，体背两侧也有倒“山”字形斑。

若螨：刚孵化的称幼螨，体近圆形，色泽透明，3 对足，取食后，体色变暗绿。若螨体色变深，4 对足，体侧出现明显的块状色素。

卵：圆球形，有光泽，直径 0.13 mm，初产时无色透明，后渐变为深暗色。

(3) 生活习性

叶螨一年发生 10 余代。以雌成虫潜伏在菜叶、土缝及杂草根部越冬，在温室中冬季不休眠，可继续为害。春季先在越冬寄主或杂草上为害繁殖，以后再移至菜地为害，初始在田边点片发生，靠爬行或吐丝下垂，借助风雨或人携带，在叶片和株间蔓延。先为害基部老叶，后向上扩散，高温低湿有利于叶螨的发生蔓延。每雌成螨产卵 50～110 粒，叶螨也可孤雌生殖，只是未受精的卵多孵化为雄螨。另外叶螨中常混有另一类叶螨，俗称白蜘蛛。这类叶螨与朱砂叶螨形态上相似，不同的是该螨在生长季节无论雌雄、若螨或幼螨，体色均为淡绿色或黄色，当虫口密度很大，种群要迁移时，体色变为橙黄色，但绝无红色个体，且营养条件越好，虫体色越淡。这种螨比朱砂叶螨寄主更广，生长快，繁殖率高，抗药性强，是一种更为危险的害螨。

(4) 防治方法

①清除温室周边杂草，结合收获清除残株败叶，耕翻土地消灭虫源。

②发现有叶螨为害，可用 73%炔螨特乳油 2 000～2 500 倍液，或 5%氟虫脲乳油 2 000～3 000 倍液，或 2.5%联苯菊酯乳油 2 000 倍液，或 1.8%阿维菌素乳油 3 000～4 000 倍液喷雾防治。重点喷施叶背面，7～10 天 1 次，连续防治 2～3 次。

3. 茶黄螨

(1) 为害特点

茶黄螨又名侧多食跗线螨，全国均有分布。茶黄螨寄主广泛，主要为害辣椒、茄子、番茄、瓜类、豆类等蔬菜。成螨、若螨群集蔬菜幼嫩部位刺吸取食。为害叶片时，受害部位呈灰褐色或黄褐色，油渍状，叶片边缘向下卷曲，辣椒和番茄的叶片变小、变窄、僵硬，直立皱缩（图 1-19）。嫩茎嫩枝受害后，呈黄褐色，扭曲畸形、顶端干枯秃顶，像是病毒病症状。受害的花和花蕾变小，重者不能开花坐果，或落花落果。茄子果实受害后，果柄萼片以及果皮变为黄褐色，失去光泽，木栓化，最后果实开裂，呈开花馒头状，无法食用；辣椒果实受害后，果实呈茶锈色，木栓化。由于虫体小，肉眼难以观察，因而常将其误认为是生理病害或病毒病。

图 1-19　番茄茶黄螨为害症状

(2) 形态特征

雌成螨：体长 0.21 mm，椭圆形，腹部末端平截，羽化初为淡黄色，后渐为半透明白色，足较短，第 4 对足纤细，跗节末端有 1 条很长的鞭状刚毛。

雄成螨：体长 0.19 mm，长圆形，足较长而粗壮，第 3、4 对足的基节相接，第 4 对足胫节、跗节细长，向内侧弯曲，有 1 根特别长的鞭状刚毛。

卵：椭圆形，无色透明，长 0.11 mm，卵面有纵向排列白色小瘤。

幼螨：椭圆形，3 对足，乳白色，腹末端尖，有 1 对刚毛。

若螨：体梭形，半透明，被幼螨的表皮所包围，是静止的生长发育阶段，有称此为“静止期”。

(3) 生活习性

一年发生多代，以雌成螨在避风的寄主和杂草的根际或土缝中越冬，在温室可以周年为害。成螨活跃，有趋嫩性，当取食部位变老时雄螨携带若螨向幼嫩部位迁移；雌若螨在雄螨体上蜕皮 1 次变为成螨后，即交配产卵；茶黄螨以两性生殖为主，也有孤雌生殖。卵散产于幼嫩叶背及果实凹处，卵和幼螨对湿度要求较高，只有相对湿度在 80%以上才能孵化和生长，温暖多湿的环境有利于茶黄螨的发生。

(4) 防治方法

参见叶螨的防治方法。

4. 蝼蛄

(1) 为害特点

常见到的有两种：即华北蝼蛄与东方蝼蛄（图 1-20）。蝼蛄食性极杂，为害多种蔬菜。蝼蛄以成虫和若虫在土中咬食播下的种子、幼芽、嫩茎及根茎，造成缺苗断垄，同时将土面穿成纵横交错的隧道，使作物根、土分离，形成“吊根”，导致幼苗死亡。

图 1-20　蝼蛄

(2) 形态特征

华北蝼蛄：成虫体长 36～55 mm，黄褐色或灰色，密生细毛，头小、狭长，触角丝状，前胸背板盾形，中间有一个凹陷不明显的暗红色心脏形斑；前足开掘足，后足胫节背侧内缘有棘 1 根或消失；前翅短，黄褐色，后翅纵卷成筒状，突出腹端；腹部末端近圆筒形，尾须细长。卵椭圆形，黄褐色至暗灰色。若虫分 13 龄，初孵时乳白色至黄褐色，随生长发育色渐变深。

东方蝼蛄：外观与华北蝼蛄相似，形体小，浅茶褐色。前胸背板有明显凹陷的长心脏形斑，后足胫节背侧内缘有棘 3～4 根，腹末端近纺锤形。卵黄褐色至暗紫色。若虫分 6 龄，初孵时白色至黄色，随生长发育渐变深。

(3) 生活习性

华北蝼蛄约 3 年 1 代，以成虫及 8 龄以上的若虫在冻土层以下越冬，每窝 1 只，越冬成虫翌年 3—4 月份开始活动，平均气温和土温在 15～20 ℃，开始交配、产卵，产卵期约 1 个月，每头雌虫产卵288～368粒，卵产在深为10～25 cm、预先筑好的卵室内。夏季炎热时，若虫潜入土中越夏，入秋形成第二次为害高峰。

东方蝼蛄1～2年完成1代，其活动为害与华北蝼蛄相似，但交配、产卵及若虫孵化均较华北蝼蛄提早约20天，平均每雌产卵60～100粒，产卵场所多在潮湿处。蝼蛄均昼伏夜出，夜间9—11时是活动高峰期，雨后活动更盛，有趋光和喜湿性，对炒香的豆饼、麦麸以及马粪、农家肥等有强烈趋性。温暖湿润、多腐殖质的壤土、沙壤土、低洼盐碱地、施未腐熟厩肥多的地块蝼蛄为害重。

（4）防治方法

①秋季深翻地，杀死一部分越冬虫体。

②用黑光灯或马粪、牛粪诱集捕杀。

③在蝼蛄上升活动时形成的虚土堆，寻挖虫窝捕杀。

④用2.5%敌百虫粉剂0.5 kg，拌细土10～15 kg，在翻耕前撒于地面，施后耙地；或用90%晶体敌百虫30倍液150 mL，拌秕谷5 kg（先将秕谷煮成半熟，凉后拌药）制成毒谷；或用90%晶体敌百虫30倍液150 mL，拌入炒香的麦麸或豆饼5 kg中，拌湿为度制成毒饵，每亩施用1.5～2.5 kg撒在蝼蛄活动的隧道处。

5. 蛴螬

（1）为害特点

蛴螬为金龟甲类的幼虫（图1-21）。常见的有华北大黑鳃金龟、暗黑鳃金龟、铜绿丽金龟的幼虫。蛴螬为害豆类、茄果类、瓜类、叶菜类等多种蔬菜，以及粮食作物、果树与林木等，在地下啃食萌发的种子和幼苗根茎，造成缺苗断垄，影响作物生长，降低产量和品质。成虫金龟甲则喜食大豆、花生及果树的叶片。

图1-21　蛴螬

(2) 形态特征

华北大黑鳃金龟：成虫体长 16～21 mm，长椭圆形，黑褐色或黑赤褐色，鞘翅革质，有光泽，两翅会合处宽而隆起，每侧各有 4 条纵隆线，前足胫节外侧有 3 个齿状突起，较锋利；幼虫体长 37～45 mm，头部前顶两侧各有顶毛 3 根。

暗黑鳃金龟：成虫体长 17～22 mm，暗黑色，无光泽，前足胫节外侧 3 根齿突较钝。鞘翅及腹部有蓝白色短小绒毛；幼虫体长 35～45 mm，头部前顶毛每侧一根，肛门孔 3 裂。

铜绿丽金龟：成虫前胸背板和鞘翅均为铜绿色，具闪光，幼虫臀节肛门孔呈横裂状。

(3) 生活习性

华北大黑鳃金龟：北方多为 2 年发生 1 代，以幼虫、成虫在无冻土层中隔年交替越冬；5 月中旬至 6 月中旬为越冬成虫出土盛期，成虫白天潜伏土中，晚上 8—9 时为取食、交配活动盛期；成虫喜在寄主根际周围松软潮湿的土壤内产卵，卵散产，每雌虫产卵在 100 粒以上；初孵幼虫先取食土中腐殖质，后为害作物，秋后进入 3 龄期，土温适宜时，为害严重，随土温下降下移越冬，翌年 4 月中旬上升，造成春季为害高峰，夏季高温下移土室化蛹，羽化的成虫大多在原地越冬。

暗黑鳃金龟：1 年发生 1 代，以 3 龄幼虫在 30 cm 以下土层处越冬，翌年 4 月开始活动为害，春末夏初化蛹，6 月中旬至 8 月上旬成虫羽化出土，随即交尾产卵；成虫昼伏夜出，有群集性，当年孵化幼虫造成秋季为害。

铜绿丽金龟：1 年发生 1 代，以幼虫在 30～60 cm 土层中越冬，幼虫活动期在 3 月下旬至 10 月中旬，春、秋季为害重。成虫有假死性、趋光性、趋粪性和喜湿性。3 龄幼虫为暴食期，常把根、茎部咬断吃光后再转移为害。前茬为豆类、花生、薯类及玉米的地块，蛴螬虫量大，施用未腐熟肥料的地块受害重。

(4) 防治方法

①轮作施用充分腐熟的有机肥，减少虫源。

②利用黑光灯诱杀成虫。

③药剂防治。每亩用 50%辛硫磷乳油 150 g 加水 3 kg 加细沙土或炉渣 25 kg，或 2.5%敌百虫粉剂 2～2.5 kg，加细土 30～50 kg，充分拌匀成药土，穴施或撒施土中；或用 50%辛硫磷乳油 1 000 倍液；或 80%敌百虫可溶性粉剂 800 倍液喷洒或浇灌，每株用药 200～250 mL。

6. 地老虎

(1) 为害特点

蔬菜田常见的地老虎有 2 种，即小地老虎和黄地老虎（图 1-22）。地老虎食性极杂，主要为害蔬菜幼苗，茄果类、瓜类、豆类、葱蒜类及十字花科蔬菜受害较重。初龄幼虫只吃成缺刻或小孔，3 龄后食量大增，常从幼苗茎基咬断，造成缺苗断垄。

图 1-22　黄地老虎

(2) 形态特征

小地老虎：成虫体长 16～23 mm，翅展 40～45 mm，体暗褐色，前翅前缘及中央部分黑褐色，内横线、外横线均为黑色双曲线，中室附近肾形斑、环形斑明显，在肾形斑外侧有 3 个楔形斑，黑色，尖端相对，后翅灰白色。卵半球形，初乳白色，后变为淡黄至灰黑色；幼虫，老熟幼虫体长 37～47 mm，体黄褐色至暗褐色，体表粗糙，布满龟裂状皱纹和黑色小颗粒，腹部第 1～8 节背面各有 2 对黑色毛片，呈梯形排列，前面一对较小，臀板黄褐色，有 2 条深褐色纵带；蛹长 18～24 mm，赤褐色、有光泽，腹末有一对臀刺，呈分叉状。

黄地老虎：成虫体黄褐色，前翅各横线不明显，肾形斑、环形斑和楔形斑清晰，有黑褐色边；幼虫，体表颗粒不明显，腹部背面各节前后 2 个毛片大小相似，臀板有 2 块黄褐色斑。

(3) 生活习性

小地老虎在北纬 33°以北不能越冬，虫源来自南方，年发生 1～2 代。成虫昼伏夜出，在高温、无风、湿度较大的夜晚，活动尤盛；成虫对黑光灯、糖醋等带酸甜味的汁液特别喜好，成虫需取食花蜜补充营养。卵散产或成堆产在幼苗叶背和嫩茎或低矮的杂草上，也有产在田间枯枝上，每头雌虫平均产卵 800～1 200 粒。幼虫共 6 龄，1～2 龄幼虫大多集中在嫩叶或心叶上，咬成小米粒大小的孔洞，留下表皮如窗纸；进入 3 龄，白天藏在表土下，夜间外出活动，将叶片吃成缺刻或黄豆大的孔洞；4 龄幼虫可咬断幼苗基部嫩茎，并可将断苗拖入穴中；5～6 龄暴食期，取食量占整个幼虫期的 95%。3 龄后的幼虫有假死和互相残杀的习性，老熟幼虫潜土筑土室化蛹。小地老虎喜温暖潮湿，在地势低洼、土壤黏重、杂草丛生的菜田等地为害重，早春温暖少雨，有利小地老虎的发生，为害也重。

黄地老虎：一年发生 3～4 代，发生为害情况与小地老虎相似。

(4) 防治方法

①清除温室周边杂草，消灭卵与幼虫，减轻为害。

②诱杀成虫。用黑光灯、糖醋液（糖 6 份，醋 3 份，白酒 1 份，水 10 份，农药适量）诱杀成虫；或于移栽定植前，以小地老虎喜食的鲜菜叶拌药于傍晚撒入田间进行诱杀；或用鲜菜叶等堆集成堆诱捕，于次日清晨检查捕杀。

③地老虎幼龄期，可用 50%辛硫磷乳油 1 500 倍液或 30%敌百虫乳油 500 倍液喷雾或灌根防治。

7. 蚜虫

(1) 为害特点

蚜虫食性杂，寄主范围广泛。蚜虫吸食寄主营养物质，削弱和阻碍寄主的生长与发育，同时由于其代谢物——蜜露的排出，引发煤污类真菌的繁殖，影响寄主的光合作用（图 1-23）。更为严重的是蚜虫是多种病毒的媒体，由蚜虫传播病毒引发的病毒病给寄主作物造成的损害，远远大于蚜虫自身的为害，所以防治蚜虫，不单是控制蚜害，更重要的是防止病毒病的传播。

图 1-23　番茄蚜虫为害症状

(2) 形态特征

蚜虫虫态多型，如有翅蚜、无翅蚜、有翅若蚜、无翅若蚜、性蚜、干母、干雌等。

有翅孤雌蚜：体长 1.2～3.3 mm，体色有黄浅绿、深绿、墨绿、紫黑、黄褐、紫红等多种颜色；触角 6 节，短或长于身体，不同种各节有色泽变化；有透明的翅 2 对，腹管多为圆筒形，上有不同纹饰，尾片多为圆锥形，上有数量不等的刚毛。

无翅孤雌蚜：外观体形、体色等与有翅蚜相似，只是无翅蚜胸部没有有翅蚜发达。

若蚜：分 4 龄，形态特征基本上同于成蚜，唯体形小于成蚜，若蚜分有翅若蚜和无翅若蚜。

(3) 生活习性

蚜虫一年发生数代，受地区与气候的影响有差异，一般在10余代至20代，世代重叠；无滞育习性，只要外界条件合适，就能生长繁殖，周年为害。蚜虫有的以卵越冬，也有的以成虫、若虫在避风向阳的越冬性植物的根际或心叶处越冬。当翌年外界气候适宜时，以若虫、成虫越冬的便恢复活动，以卵越冬的便孵化成为“干母”，并胎生“干雌”，在越冬寄主上繁殖数代后，便产生有翅蚜，迁飞至适宜的寄主上继续扩散为害，直至秋天生长季节结束。蚜虫最适的发育温度在20℃左右，生长季节多行孤雌生殖，在适宜的条件下，生殖能力与平均温度呈正相关。蚜虫对黄色、橙色有强烈的趋性，绿色次之，对银灰色有负趋性；蚜虫不喜高湿，干旱易产生有翅蚜，有利蚜虫的迁移，微风便于蚜虫的迁飞扩散，强的气流能帮助蚜虫远距离迁飞。

(4) 防治方法

①彻底清除温室周边杂草，集中处理，以减少虫源。同时保护瓢虫、草蛉、蚜茧蜂等益虫，帮助消灭蚜虫。

②利用蚜虫趋性，挂黄板诱杀，每亩挂6～7张，或在田间间隔拉挂银灰色膜条，驱避蚜虫迁入。

③发现有蚜为害，可用3%啶虫脒乳油2 000倍液，或4.5%高效氯氰菊酯乳油，或10%吡虫啉可湿性粉剂2 000～3 000倍液喷雾防治。由于蚜虫繁殖速度快，又多在心叶、叶背及皱缩处为害，因此，除打药要细致外，在选药上宜选用内吸剂为好。

第三节　番茄主要生理病害

1. 番茄营养障碍（缺素症）

番茄栽培过程中，营养缺乏和过剩都会影响植株正常生长发育。番茄的主要营养除了氮、磷、钾三元素外，钙、镁、铁、硫、硼锌等微量元素也缺一不可，植株缺乏任何一种必需元素，都会引起代谢失调，影响产量产值。

(1) 缺氮

①症状特征　植株生长缓慢，呈纺锤形，全株叶色黄绿色，早衰，初期老叶黄绿色，后变浅绿色，小叶细小，直立，叶片主脉由黄绿色变为紫色至紫红色，下部叶片更加明显，茎秆细，果实小，后期下部黄色叶片出现浅褐色小斑点。缺氮也会引起中部叶片黄化，但叶的叶脉仍为绿色，黄化仅限于叶脉间。如果黄化植株在中午出现萎蔫现象，可能是土壤传染性病害，而不是缺氮症，应注意区分，正确诊断。

②发病原因　前茬施用有机肥或氮肥少，土壤中含氮量低。

③防治方法　增施腐熟的有机肥，增施氮肥，如尿素、硝酸铵等，温度低时用硝态氮化肥效果好。

（2）缺磷

①症状特征　幼苗缺磷，下部叶变绿紫色，并逐渐向上部叶扩展。番茄缺磷植株矮化瘦小，叶小而僵硬，并向后卷曲，叶色深绿，叶背面和叶脉发紫。老叶逐渐变黄，并产生不规则紫褐色枯斑，茎部细弱，结果不良，果实小，成熟晚，产量低。日光温室在生育初期容易发生缺磷，低温条件下也易缺磷，移栽时伤根、断根严重易造成缺磷。有时药害也能产生类似缺磷的症状，要注意区分。

②发病原因　苗期遇低温影响磷的吸收，此外土壤偏酸或紧实易发生缺磷症。

③防治方法　番茄育苗时，床土上要施足磷肥，土壤缺磷时可直接施用磷酸二铵、过磷酸钙等含磷肥料。同时结合叶面喷施 0.2％的磷酸二氢钾或多元液体复合肥 500 倍液效果更好。

（3）缺钾

①症状特征　番茄缺钾则植株生长缓慢，叶片小，老叶的小叶叶缘出现灼伤状，叶缘卷曲，脉间失绿，以后向叶肉扩展，最后褐变，枯死。茎木质化，不再增粗。根系发育不良，较细弱。果实畸形，成熟不均匀，果中空，与正常果相比变软，缺乏应有的酸度，果味变差。番茄除土壤缺钾外，在生育初期一般不缺钾，在果实膨大期易出现缺钾症。温室内发生有毒气体危害，也会发生失绿症，但不是缺钾症，要注意区分。

②发病原因　土壤中含钾量低或沙性土易缺钾，番茄生育中期果实膨大需钾肥多，如供应不足易发生缺钾。

③防治方法　增施有机肥，增施含钾的肥料，如土壤中施用硫酸钾，也可增施草木灰。特别是在温室冬茬栽培，日照不足、地温低时发生缺钾，可追施硫酸钾或草木灰，并结合叶面喷施 0.2％磷酸二氢钾或其他含钾较多的叶面肥料。

（4）缺钙

①症状特征　番茄缺钙植株萎缩，幼芽变小、黄化，严重时生长点坏死，距生长点较近的小叶周围褐变，并有部分枯死，果实产生脐腐病，根系发育不良，并呈褐色。缺钙植株生长点停止生长，下部叶片正常，上部幼叶异常，叶全部硬化。如果在生育后期缺钙，茎叶健全，仅有脐腐果发生；如果生长点附近的叶片黄化，但叶脉不黄化，呈花叶状，可能是病毒病而不是缺钙；如果脐腐果生有霉菌则可能是灰霉病，应注意区分。

②发病原因　施用氮肥、钾肥过量会阻碍对钙的吸收和利用；土壤干燥、土壤溶液浓度高，也会阻碍对钙的吸收；空气湿度小，蒸发快，补水不及时都会发生缺钙。

③防治方法　适当灌水，保证土壤有充足水分，避免氮肥钾肥施用过多。应及时给叶片喷施 0.3％～0.5％氯化钙水溶液，每 3～4 天 1 次，共 2～3 次。

（5）缺镁

①症状特征　缺镁时植株中下部叶片的叶脉间黄化，并逐渐向上部叶片发展，在黄化叶片上，出现许多坏死斑点。老叶只有主脉保持绿色，其他部分全部黄化，而小叶周围常有一小窄条绿边，果实无特别症状。缺镁症状一般是以下部叶开始发生，在果膨大盛期靠近果实

的叶先发生。叶片黄化先从叶中部开始，以后扩展到整个叶片，但有时叶缘仍为绿色。如果叶脉间黄化斑不规则，后期长霉，则可能是叶霉病。长期低温，光线不足，也可能出现黄化叶。

②发病原因　一般系土壤中含镁量低，有时土壤中不缺镁，但由于施钾过多或含钙较多的碱性土壤中影响了番茄对镁的吸收也会造成缺镁。生产上冬春大棚或反季节栽培时，气温偏低，尤其是土温低时，不仅影响了番茄植株对磷的正常吸收，而且还会波及根对镁的吸收，引起缺镁症状。此外，有机肥不足或偏施氮肥，尤其是单纯施用化肥的棚室，易诱发此病。

③防治方法　首先注意施足充分腐熟的有机肥，改良土壤理化性质，使土壤保持中性。采用测土配方施肥技术，做到氮、磷、钾和微量元素配比合理，必要时测定土壤中镁的含量，当镁不足时，施用含镁的完全肥料应及时，可在叶面喷洒1%～2%硫酸镁水溶液，隔2天1次，每周喷3～4次。此外要加强棚室温湿度管理，前期尤其要注意提高棚温，地温要保持在16℃以上；灌水最好采用滴灌或喷灌，适当控制浇水，严防大水漫灌，促进根系生长发育。

(6) 缺硫

①症状特征　缺硫整个植株生长基本无异常，只是中上部的颜色比下部淡，严重时中上部叶变成淡黄色。多发生在植株生育中后期。

②发病原因　在棚室等设施栽培条件下，长期连续施用没有硫酸根的肥料易发生缺硫病。

③防治方法　施用硫酸铵等含硫肥料。

(7) 缺硼

①症状特征　小叶褪绿或变橘红色，生长点发暗或变黑，茎、叶柄、小叶柄变脆，叶片易落，根系发育不良变褐色，易产生畸形果，果皮上出现褐色斑点。

②发病原因　硼素淋失，施钾肥过多或石灰施用过量均易引起缺硼。

③防治方法　如土壤缺硼，可提前施入硼肥，增施有机肥，提高土壤肥力，不可过多施用石灰肥料和钾肥，防止土壤干燥。也可在叶面上喷洒0.1%～0.2%硼砂水溶液，隔5～7天1次，共2～3次。

(8) 缺铁

①症状特征　植株顶部叶片失绿后呈黄色，初末梢保持绿色，持续几天后向侧向扩展，最后致叶片变为浅黄色。

②发病原因　土壤中磷肥多，偏碱影响铁的吸收和运转，致新叶显症。

③防治方法　可喷洒0.5%～1%硫酸亚铁溶液1～2次。

2. 番茄盐类障碍

(1) 症状特征

从植株生育初期可见叶色深绿，有硬化感，植株矮化；心叶卷翘；果肩部深绿，与果脐、果蒂部形成明显对照，严重的植株呈萎蔫状态，叶缘枯萎。

（2）发病原因

土壤发生盐类生理障碍与施用的肥料过多和肥料难于淋溶有关，尤其是棚室易发生。生产上施用畜粪尿多的有机肥，致使氯化铵、氯化钾盐类浓度增高也会导致土壤发生盐类生理障碍。

（3）防治方法

施用酵素菌沤制的堆肥或充分腐熟的有机肥；选用不易增加盐类浓度的肥料；增加浇水量；有条件的种植绿肥或休闲、灌水排盐等。

3. 番茄低温生理障碍

（1）症状特征

苗期受害，子叶上举，叶背向上反卷，叶背发紫；生长期受害，叶片叶肉褪绿变白，有的叶缘变白萎蔫干枯；花芽分化期受害形成畸形花、畸形果；持续低温，叶片暗绿无光，严重时茎叶萎蔫死亡。

（2）发病原因

由低温引起生理活动受阻的生理病害。番茄原产于热带，气温过低不能正常生长。气温在 10 ℃或低于 10 ℃即易发生冷害；长时间低于 6 ℃植株将死亡；坐果期夜温低于 15 ℃，就会引起落花落果。

（3）预防方法

①选用耐低温品种，苗期加强耐低温锻炼。

②采用高垄覆膜栽培，提高地温；增强植株抗寒力。

③根据天气预报，临时增加覆盖物保温或增温设施，提高夜间温度，或于傍晚喷洒 27％高脂膜乳剂 80～100 倍液。

④若已发生冻害，要采取缓慢升温措施，使番茄生理机能慢慢恢复。同时喷洒 72％农用链霉素可溶性粉剂 4 000 倍液，以减轻伤害程度。

4. 番茄高温生理障碍

（1）症状特征

叶片受害，初期褪色或叶缘呈漂白状，后变黄色。轻的仅叶缘呈烧伤状，重的半叶或整个叶片永久萎蔫或干枯。高温尤其是夜间高温，会引起植株徒长和落花、落果，温度超过 35 ℃，茄红素难以形成，造成果实着色不良。

（2）预防方法

加强温室的通风管理，尤其是早秋或晚春应控制室温不超过 28 ℃，超过 28 ℃应加大放风，再高还可放草苫、加盖遮阳网或采用其他方法进行遮阴降温。

5. 番茄脐腐病

(1) 症状特征

起初在幼果脐部出现水渍状，后扩大，顶部凹陷，变褐，一般大小 1～2 cm，严重的可扩展到小半个果实。后期病部可被腐生菌侵染，常长有白色、红色或黑色霉状物。病果常提前变红。

(2) 发病原因

脐腐病为生理性病害。一般认为是水分供应不足或供应失调，先是干旱果实水分被夺走，生长发育受阻，而后又遇水分过多，导致脐部组织功能紊乱，引发脐腐；或者是植株不能从土壤中吸收足够的钙与硼，影响正常的生理活动引起脐腐的发生；或者土壤中氮素营养过多，生长过旺，果实得不到钙的补充，当果实含钙量低于 0.2%时，即易发病。

(3) 预防方法

①选用抗耐病品种。

②注意均衡供水。

③采用高垄覆膜滴灌栽培技术，可改善土壤水分状况，减少此病发生。

④采用测土施肥技术及根外补钙措施。番茄坐果后一个月内是需钙关键时期，可喷洒1%过磷酸钙，或 0.5%氯化钙加 15 mg/kg 萘乙酸混合液，每 15 天一次，连续喷 2 次。

6. 番茄筋腐病

(1) 症状特征

筋腐病发生在果实着色前，表现为果实着色不均匀，表面凹凸不平，透过果皮可见果肉发乌，横切见果肉维管束呈黑褐色。发病轻的果实维管束变色不明显，果实外形无变化，但果面有一块块的不转色，至成熟时，此处果肉仍较硬。发病较重的果实，胎座发育不良，部分果实伴有空腔发生，果实不能食用。病株的茎、叶无明显症状，这与病毒引起的病果有区别。

(2) 发病原因

筋腐病是生理性病害。果实膨大期日照及积温不足易引起筋腐。这种条件往往因营养生长过旺，而无足够的糖分供应果实，时间长了引起果肉的坏死。连作、土壤黏重、土壤过湿或过干板结、根系发育不良、有机肥少、氮肥过多、缺钾、缺铁等因素都会诱发和加重病情。

(3) 预防方法

①实行轮作。增施充分腐熟的有机肥，果实膨大期增施钾肥、铁肥，控制氮肥。

②加强田间管理。改善光热条件；及时整枝打杈和清除老叶，促进果实着色；忌大水漫灌和田间积水。

③发病初期，及时进行叶面补肥。可喷洒0.3%磷酸二氢钾、0.5%～1%的白糖混合液，提高叶片糖的含量。

7. 番茄裂果

(1) 症状特征

裂果有3种类型。放射状裂果：果实绿熟开始，以果蒂为中心，产生细微的条纹，沿果肩部延伸，呈放射状，转色前2～3天裂痕明显。环状裂果：以果蒂为圆心，呈环状浅裂，多在果实成熟前出现。条纹状裂果：在果顶脐部，呈不规则的条纹开裂。

(2) 发病原因

番茄裂果是果实表皮出现的生理性病害，夏季露地、秋季保护地栽培发生裂果较多。果实在转色期遇到烈日、高温、干旱、雨淋和灌水不当等因素，导致果皮组织与果肉组织生长速度不同步，造成果皮出现裂纹，这是发生裂果的主要原因。品种间对裂果的抗性有差别，一般皮薄的多发生裂果，而长果形、果蒂小、棱沟浅的小果形品种或叶片大、木栓层薄的品种抗裂性较强。

(3) 预防方法

①选用枝叶茂密的抗裂品种。

②避免果实暴露在阳光下暴晒，小水勤灌，防止土壤水分急剧变化。

③增施有机肥，补充钙素与硼素，增强植株抗裂性。

④喷洒0.1%硫酸铜或硫酸锌液可以减轻裂果的发生。

8. 番茄畸形果

(1) 症状特征

果实有时会出现椭圆形果、多心形果、顶裂形果、横裂形果、菊花形果、指形果和尖形果等形状不整齐的果实。

(2) 发病原因

主要是花芽分化时环境因素不良引起的。在番茄花芽分化及发育期，如果温度低，光照不足，水分充足，氮肥多，致花芽分化过度，易形成多心室的子房，果实则呈桃形、瘤形或指形等。如苗龄过长，低温或干旱时间过长，植株衰弱，花器易木栓化，形成少心室的尖顶果。如后期转入适宜条件，木栓化组织不能适应内部组织的膨大需要，则形成裂果、疤果或籽外露果。使用坐果激素浓度过大或处理时温度过高也易产生畸形果。

(3) 预防方法

加强育苗期的管理技术，特别是增温管理，延长光照时间，创造适宜花芽分化的环境条件。加强肥水管理，防止土壤过干过湿，防止幼苗徒长或老化。施用坐果激素要注意适宜浓度和使用方法。

9. 番茄空洞果

(1) 症状特征

空洞果又称空心果，在日光温室冬茬、冬春茬栽培中发生较多，严重影响产量和品质。空洞果外形带棱，果肉少，味淡，品质差。横断面大多呈多角形，果皮与胎座分离，种子腔成为空腔，果肉不饱满。

(2) 发病原因

开花授粉期温度过高或过低，光照不足，授粉不良，种子退化，发育不充分而形成空洞果；坐果激素使用浓度过高及坐果激素处理后，水肥管理跟不上；生长后期植株衰老；氮肥施用过多，营养生长过旺，造成供给果实膨大的养分不足，都会产生空洞果。

(3) 预防方法

做好育苗时期的温光调控，在花芽分化前后，避免 10 ℃以下的低温出现，开花期避免 35 ℃以上高温对受精的危害。合理使用坐果激素，花期采用人工辅助授粉后，再采用坐果激素处理。加强肥水管理，特别是结果期的肥水管理，采用测土配方施肥技术，合理分配氮、磷、钾，调节好营养生长与生殖生长的平衡。

10. 番茄日灼果

(1) 症状特征

主要在果实的果肩部易发生，果实呈光泽似透明革质状，后变黄褐色，有的出现皱纹，干缩变硬后稍凹陷，果肉变成褐色块状。当日灼部位受病菌侵染或寄生时，长出黑霉或腐烂。

(2) 发生原因

一般在果实膨大期土壤缺水干旱，果实受强烈日光直接照射，致果皮温度上升，蒸发消耗大量水分，果面温度过高而引起灼伤。

(3) 预防方法

加强肥水管理，防止土壤干旱缺水，尤其是在果实膨大期定植时，第一穗果向阴面，摘心时在最后一穗果上要留 2～3 叶，尽量避免果实暴露在阳光下。

11. 番茄生理性卷叶

(1) 症状特征

番茄在果实开始采收时，叶片普遍卷曲，严重呈筒状，变脆。

（2）发病原因

与品种特性有关，垂叶型品种、抗病性弱的品种易发病，早熟比晚熟品种易卷叶。生理性卷叶的主要原因是果实大量坐住后，养分消耗大，造成植株本身营养失调和环境条件不适形成卷叶。此外，番茄整枝摘心过重，植株上留的叶片太少；土壤严重缺水干旱或土壤水分过多引起生理干旱；温度过高，土壤和空气湿度过低；土壤中缺少铁、锰等微量元素会使叶脉变紫上卷；番茄生育后期植株生长发育衰弱等都能引起生理性卷叶。

（3）预防方法

培育壮苗，合理追肥灌水，使植株生长健壮，加强温室的温湿度管理和果实膨大期的水肥管理，并在结果期叶面追肥，喷施磷酸二氢钾或多元液体复合肥，有较好的防治效果。做到适时整枝打杈，选择抗性品种等，也能有效地防止或减轻生理性卷叶。

12. 番茄落花落果

（1）症状特征

日光温室番茄栽培中，尤其是冬茬番茄栽培，落花落果现象常常普遍发生，有时第一穗花果可能完全脱落，第二穗果大部分脱落。

（2）发病原因

苗期花芽分化时夜温过高或过低，影响花芽的正常发育；夜温低于 15 ℃，日温高于 34 ℃，不能正常受精，引起落花落果；土壤养分不足，地温低，光照不足，根系发育差，整枝打杈晚，或夜温高营养消耗多，植株徒长，而使开花坐果得不到足够的营养，导致落花落果；蹲苗过重或下部果穗留果太多，疏花疏果不及时，营养生长不良，养分供应不平衡，也能引起落花落果。另外，土壤干燥，空气湿度过高或过低，坐果激素处理不及时都会引起落花落果。

（3）预防方法

加强栽培管理，培育适龄壮苗。在花芽分化期尽量保持白天 23～25 ℃，夜温不要低于 15 ℃，也不可过高，防止徒长或影响花芽分化。定植时要避免伤根，合理追肥灌水，及时整枝打杈和疏花疏果，增加光照，加强通风降湿；人工辅助授粉后，必须采用坐果激素处理花，可有效防止落花落果。

13. 番茄的有害气体中毒和烟害

（1）症状特征

棚室或反季节栽培番茄经常出现有害气体中毒或烟害。有害气体常见的有氨害和亚硝酸害。

氨害：番茄叶片受害，初呈水烫状，后变褐干枯。花受害，花萼、花瓣呈水渍状，后变成黑褐色干枯，花不再开放。严重时叶片全部枯死。

亚硝酸害：分急性和慢性两种，主要为害叶片。

急性型：叶片上形成很多白色坏死斑点，严重的斑点连片或枯焦。

慢性型：仅叶尖或叶缘先黄化，后向中间扩展，病部发白后干枯。

烟害：往往是全株受害，发病迅速，有的施放烟熏剂后几个小时就显症。病株叶片变褐焦枯，严重的全株死亡或成片死亡。

(2) 发生原因

属生理性病害。常见的有化肥分解时产生氨气和亚硝酸气，释放到棚室上空，上部氨气浓度达到0.000 5%时、亚硝酸气浓度达到0.000 2%时，番茄就会受到不同程度的毒害而发生氨气害或亚硝酸气害。氨害多发生在过量施用尿素或鸡粪的情况下，一般在施用后十几天发生。亚硝酸气害是大量施用牲畜肥或化肥，在土壤由碱性变为酸性的情况下，硝酸化细菌活动受到抑制，导致亚硝酸不能正常及时地转换成硝酸态氮而发生的。至于烟害是在防止低温冷害或霜冻时，用火炉或煤火加热时，由于烟道不畅或燃烧不完全，产生一定量的二氧化硫和一氧化碳，对番茄造成的危害。此外，使用各种防治病虫害的烟雾剂时，如用量过大或防治对象不符、靠近植株过近，或烟剂点燃后发出的烟扩散不均匀，也可造成局部烟害。

(3) 预防方法

施用充分腐熟的有机肥或酵素菌沤制的堆肥，采用测土配方施肥技术，避免偏施、过施氮肥。发现有害气体后应马上放风，发生亚硝酸气害的，马上施用石灰或硝化抑制剂，并大量浇水，使其尽快渗入土中。有炉火或用煤加温的，应选择含硫少的优质煤，使其燃烧充分并及时清理烟道。使用烟雾剂时，一定要对症下药，按说明书用量，不得任意加大用药量，燃放点应分布均匀，熏后要及时放风换气，以利于番茄正常生长。

14. 药害

(1) 症状特征

种子发芽率下降，根系发育不正常，叶、茎、果出现大小、形状不等的斑点，叶缘、叶尖焦枯，严重时叶片焦枯、坏死、早落，生长点变白死亡，以致全株枯死等。

(2) 发病原因

浸种所用药剂浓度过大或药剂泡种时间过长；生产床土消毒不均匀；喷药时浓度过大或用药量过大，或喷药时温度过高；使用2，4-D不当，浓度过大或处理过早或重复蘸花，或喷到叶片和生长点，都会引起药害。

(3) 防治方法

选择适宜农药。在使用时严格按规定浓度配制，稀释用水要用清水，避免在高温中午施药。使用坐果激素蘸花要做标记，且不可蘸花过早；蘸花时，药液浓度不能太高，用药量不宜过大，以蘸到且不下滴液为准。生产上喷错药剂或产生药害，可及时喷洒清水淋洗，温室要加大放风，排除药害。同时，加强田间管理，增强植株的抗性。

【技能实训】

番茄的病害识别

一、目的与要求

了解番茄主要病害，能够根据发病症状正确识别番茄主要病害。

二、材料与用具

图书、网络资源、视频。

三、内容与方法

1. 资源收集

通过图书和网络等方式收集番茄主要病害的图片、视频等相关资源。

2. 分组讨论

学生以小组形式整理、归纳和总结各种病害的发病症状、典型特征以及防治方法。

3. 实战演练

由老师出题，以小组PK方式进行番茄病害识别大练兵，以自评、小组互评和老师点评的方式进一步巩固知识，教师纠错答疑，帮助学生加深记忆。

四、学习任务

1. 区分番茄立枯病和青枯病。
2. 了解番茄早疫病发病症状。
3. 了解番茄灰霉病发病症状。
4. 了解番茄细菌性髓部坏死发病症状，减少发病。

【科技前沿】

不打农药的番茄未来或成可能

——浙江大学学者揭示茉莉酸调控植物生长和抗性新机制

番茄是世界上第一大蔬菜作物，番茄在整个生长周期面临各种病虫害的侵袭，可严重阻碍其生长和经济性状。近日，浙江大学农业与技术学院汪俏梅教授课题组与中国科学院遗传与发育生物学研究所李传友教授实验室等单位合作，在番茄中找到了一个新“刹车”机制，揭示茉莉酸调控植物生长和抗性途径的新机制。这项研究近期在知名期刊《植物细胞》（*The Plant Cell*）在线报道，期刊编委在述评中说，该成果提供了一种用于操纵作物生长和防御平衡的策略，在作物可持续生产中有重要理论意义和潜在应用价值。

抗性是植物抵抗逆境的重要方式。这是因为植物不能移动，各种逆境来临时无法逃跑，只能产生抵御侵害的、自我保护的“抗性”。那么，番茄是如何“逆来顺受”的呢？在应对病虫害过程中植物会产生一类激素——茉莉酸。这类防卫激素，帮助植物应对病虫害，提高植物抗性，一般通过碱性螺旋-环-螺旋（bHLH）转录因子 MYC2 启动，并级联放大茉莉酸信号转导途径从而防御病虫侵害。然而，作物生长的养分是有限的，当资源过于集中到抵御“战争”中时，用于个体发展的养分就会减少，进而抑制植物的生长和发育。然而科研人员对这个存在于植物当中的消减信号的研究一直不够深入。MYC2 是茉莉酸诱导的信号通路中的重要开关，通过 MYC2 可以激发番茄信号通道下游，并产生植物抗性，产生对外界的防御。该研究首次在番茄中鉴定到一类受茉莉酸诱导的 bHLH 蛋白，被称作 MYC2 靶向的 MTB（MYC2-TARGETED BHLH）。这一类 MTB 可以通过竞争性结合降低 MYC2 对靶标基因启动子 DNA 的结合，从而抑制 MYC2 靶标基因的表达。也就是说，MTB 因子可以抑制 MYC2 对防御通路的启动，科学家找到了防御“开关”的刹车机制。

基于抗性与生长总是在“此消彼长”中影响作物生长，因此研究人员设想，如果放大刹车机制的作用，番茄是否会健康成长呢？于是实验继续，科学家通过利用 CRISPR/Cas9 基因编辑系统，对 *MTB* 基因进行编辑并获得多个功能缺失突变体进行生测，也就是让咀嚼式口器昆虫取食番茄叶片，经过观察发现害虫长大变慢，而植株生长过程却保持正常。汪俏梅表示，该研究不仅深化了我们对植物茉莉酸介导的防御反应调控机制的理解，还构建了抗虫能力提高而生长发育不受影响的番茄株系，在分子育种和抗虫新品种选育上有潜在应用前景。那么，虫子为什么不爱吃关闭了茉莉酸途径“刹车”开关的番茄植株呢？汪俏梅解释，这是因为 MTB 蛋白被抑制后，转录因子 MYC2 激活的茉莉酸防御途径增强，产生使昆虫吃后消化不良的酶类，扰乱昆虫生长。

项目二　辣椒优质生产技术

情景一　认识辣椒

第一节　概　　述

辣椒为茄科辣椒属，能结辣味浆果的一年生或多年生草本植物，学名 *Capsicum annuum* L.，别名番椒、海椒、秦椒、辣茄（图 2-1）。辣椒和甜椒都属于辣椒属。据考证，辣椒原产于中美洲、南美洲的热带地区，是一种古老的栽培作物。1492 年，辣椒从新大陆传播到欧洲，然后从欧洲进入中东，1583—1598 年传入日本，明朝末年传入我国，在我国已有 300 余年的栽培历史。我国各地普遍种植辣椒，辣椒是重要的蔬菜之一。

根据辣椒的不同形状，将其分为 4 个种：①毛辣椒，分布于中南美洲。为多年生植物，叶表光亮，稍带革质，花紫红色，果实圆形或卵形，果长不超过 5 cm，成熟时黄色，极晚熟。属于典型的多湿热带地区的植物。②长柄辣椒，分布于南美洲。野生型、栽培型均有，叶面平滑，花冠黄色或绿白色，果柄细长，晚熟，具有较强的抗旱性及抗寒性。③木本辣椒，多年生木本植物，叶皱缩，花乳白色或绿白色，果实光亮，形状不一。果实为红色或黄色，辣味强。④一年生辣椒，叶平滑，花白色，果实成熟后红色或黄色，果形大小差异很大。一年生辣椒有 5 个变种，即灯笼椒（甜椒）、长辣椒、簇生椒、圆锥椒、樱桃椒。

辣椒的营养价值很高，堪称“蔬菜之冠”。据分析，它含有 B 族维生素、维生素 C、蛋白质、胡萝卜素、铁、磷、钙和糖等成分以及人体所需的多种氨基酸。每 1 000 g 辣椒中含维生素 C 1 950 mg，比茄子高 35 倍，比西红柿高 9 倍，比大白菜高 3 倍，比白萝卜高 2 倍，居各种蔬菜之首。每 100 g 辣椒中含维生素 A 103～235 μg，是一般蔬菜的 3～4 倍。另外，辣椒中还含有二氢辣椒碱、辣椒红素及柠檬酸，能促进消化。研究发现，辣椒不仅是营养丰富的蔬菜，同时也是保健良药。在食欲不振时适当吃一点辣椒，能刺激唾液和胃液分泌，增

图 2-1 辣椒

加食欲，促进胃肠蠕动，帮助消化。辣椒中的辣椒素能加速脂肪组织的新陈代谢，促进能量消耗，从而能防止体内脂肪过多积聚，故吃辣椒有助于减肥；辣椒刺激口腔的神经末梢，可使人的情绪高涨，因此吃辣椒有提神作用。辣椒中还含有内啡肽类物质，能缓解精神不振等症状。辣椒素还能使人心跳加快、皮肤血管扩张，并有阻断司痛觉神经纤维的功能，因此有止痛作用，堪称“痛苦杀手”。辣椒还有许多药用价值，将它与陈皮同泡在酒里饮用，可以治消化不良；把辣椒粉与凡士林等和在一起涂抹患处，可以驱除风湿、治疗关节疼痛等。故而辣椒被称为“红色药材”。

我国是世界上辣椒产量最高的国家，其次是印度、泰国等国。四川、重庆、甘肃、贵州、云南、湖南、江西等省市，几乎每餐必食辣椒，辣椒是当地居民的主要蔬菜之一。辣椒在宁夏也有一定的种植面积和规模，银北地区已形成露地脱水辣（甜）椒种植基地。特别是近几年，随着宁夏设施农业的大发展，日光温室栽培辣椒、甜椒的面积逐年增加。

第二节　辣椒生长发育规律

1. 植物学性状

(1) 根

辣椒的根系不是十分发达，根量少，分布浅，一般根群多分布在 15～20 cm 的耕层内，再生能力弱，根系发育需要的氧气多，不耐涝。由于叶小，蒸腾量少，果实含水不多，耗水量较少，有较强的耐旱力；又因果小，枝叶不茂，需肥量也不多，较耐瘠薄。因根系受伤后再生能力弱且茎部不易发生不定根，所以，在育苗时应尽量减少移植次数，并注意保护根系。

(2) 茎

主茎直立，黄绿色，具有深绿色纵纹，也有的呈紫色，基部木质化，较坚韧，茎端出现花芽后，以二杈或三杈分枝继续生长。株高多在 40～70 cm，植株的开张角度多数在 35 cm 左右，适宜密植栽培。

(3) 叶

单叶、互生，子叶披针形；真叶形状因品种而异，卵圆形、披针形或椭圆形，全缘，先端尖，叶面光滑，微具光泽。氮素充足，叶形长，钾素充足，叶幅宽；氮肥过多或夜间温度高，叶柄较长，先端嫩叶凹凸不平；夜温偏低，叶柄较短；土壤水分不足，叶柄稍弯曲，叶身下垂；土壤湿度过大，整个叶身下垂。

(4) 花

为雌雄同花的两性完全花，自花授粉，花较小，单生或簇生 1～3 朵，花冠白色或绿白色，基部合抱，先端分开五裂，基部有蜜腺，能吸引昆虫（图 2-2）。花萼基部连成筒，呈钟形，雄蕊 5～6 枚，雌蕊 1 枚，子房 2 室（少数 3 室或 4 室），花药为长圆形，纵向开裂。辣椒天然杂交率为 10%左右，属常异交作物，虫媒花。

图 2-2 辣椒花

(5) 果实

辣椒的果实为浆果，果皮光亮，果皮和胎座组织往往分离形成空隙，具有 2～4 个心室。果实形状因品种不同而不同，有灯笼形、牛角形、羊角形、圆锥形和线形等。果实颜色，嫩果时为绿色或黄色，成熟后为深红色或橙黄色。果实的大小也因品种的不同而有所差异。红果含有番茄红素、叶黄素及胡萝卜素，黄果主要含胡萝卜素。绝大多数品种果实发育由绿变黄，再由黄变红。

(6) 种子

种子肾形，淡黄色，胚珠弯曲，扁平状。千粒重 4.5～7.5 g。种子寿命 5～7 年，使用年限为 2～3 年，使用适期 1～2 年，新鲜的种子有光泽，陈旧的种子黄褐色，没有光泽。

（7）分枝结果习性

辣椒的分枝结果习性很有规律，有无限分枝型和有限分枝型两种（图 2-3）。无限分枝型植株高大，生长茁壮。当主茎长到 7～15 片叶时，顶端现花蕾，发生分杈，着生一果。随着分枝层次的增多，分枝结果数越来越多，但上层分枝规律不明确。这种类型的辣椒多为单花，绝大多数栽培品种都属此类型。有限分枝型的植株矮小，一般主茎生长到第 5～9 片叶时，顶芽形成花簇而封顶，下面的腋芽萌发分枝，分枝的顶芽再形成花簇封顶，每个花簇的花朵较多，结果多而小，很少栽培，多作为观赏用。

有限分枝型　　　　无限分枝型

图 2-3　辣椒分枝结果习性

2. 生长发育周期

辣椒的生长发育周期包括发芽期、幼苗期、开花期、结果期。

（1）发芽期

从种子萌动到子叶展开、真叶显露为发芽期。

（2）幼苗期

从真叶显露到第一花现蕾。当植株有 2 片真叶展开、苗端分化有 8～11 片叶时，生长点凸起呈圆锥体，花芽开始分化。早熟品种花芽分化较早，晚熟品种花芽分化较晚。较短的日照和较低的夜温能促进辣椒花芽分化。

（3）开花期

从第一花现蕾到第一果坐果为始花期，此期生长时间较短，一般为 20～30 天，此期又是重要的转折时期，是营养生长向生殖生长的过渡时期。在栽培中要正确加以管理，既要促进茎叶的生长，又要适度控制茎叶的生长势，促进辣椒开花结果。

（4）结果期

从门椒坐果到采收完毕为结果期。此期开花、结果交替进行，生长量大，应加强肥水管理和病虫害防治，保护好叶片，维持植株的生长，协调生长与结果的矛盾。

3. 对环境条件的要求

辣椒从种子萌发到结果结束，整个生育期对环境条件都有一定的要求，只有了解其要求，才能创造适宜的环境条件，促进辣椒生长发育，获得丰产。

（1）温度

辣椒为喜温作物，不同生育期要求的温度有所不同。

①发芽期温度　种子发芽适温为 25～30 ℃，超过 35 ℃或低于 15 ℃时都难以发芽。在 25 ℃的条件下，4～5 天就能发芽；15 ℃时需要 15 天；12 ℃时需要 20 天；10 ℃以下不能发芽。辣椒种子内有胚乳，采用变温处理可促进其提早发芽。

②幼苗期温度　幼苗生长期适宜的温度为 20 ℃左右，20 ℃左右有利于幼苗缓慢健壮生长。如果温度高于 25 ℃，则幼苗生长迅速，易出现徒长的弱苗，不利于培育壮苗；低于 15 ℃，对茎、叶生长和花芽分化都不利；低于 5 ℃则会遭受冻害。晴天，日光温室完全可以满足辣椒的温度需要，遇到阴天或灾害性天气，虽然温度偏低，但短时间的低温幼苗不致受害。

③花芽分化期温度　辣椒的花芽分化属于营养支配型。幼苗生长旺盛有利于花芽分化，而在促进幼苗旺盛生长的环境条件中温度最为关键。白天气温 27～28 ℃，夜间气温 15～20 ℃，利于花芽分化，15 ℃以下花芽分化受到抑制，并且随着夜温的降低，第一穗花之前的叶数会增加，开花延迟，但此条件会增加花的重量、子房的重量，花的品质好。

④开花授粉期温度　开花授粉以 20～25 ℃为最好，高于 25 ℃时，花器发育不全或柱头干枯不能受精而落花。

⑤结果期温度　结果期最适宜的温度为 25～28 ℃，35 ℃以上高温或 15 ℃以下低温都不利于结果。

从总体上看，辣椒对温度的适应性比较强，能忍耐一定程度的较高温度和较低温度。幼苗期对温度的要求比较严格，长成的植株适应能力较强。所以育苗时必须保持适宜的温度。

（2）光照

辣椒对光照的要求不太严格，属于中光性植物，对光照时间和光照强度的要求属于中等水平，与其他果菜类蔬菜相比属于耐弱光作物。其光补偿点为 1 500 lx，光饱和点为 30 000 lx 左右。

①发芽期与光照的关系　辣椒种子有嫌光性，自然光对发芽有一定的抑制作用，所以催芽宜在黑暗条件下进行。

②幼苗期与光照的关系　光照充足，幼苗节间较短，叶色浓绿，根系发达，植株生长健壮，不易感病，植株开花结果多。

③花芽分化期与光照的关系　辣椒对光周期要求不严，光照时间的长短对花芽分化和开

花无显著影响，10～12 h 短日照和适度的光强能促进花芽分化和发育。光照不足会造成植株徒长，茎瘦叶薄，花蕾果实发育不良，易落花、落叶及落果。所以，育苗期间提高光照强度非常重要。

④开花结果期及果实发育与光照的关系　光照不充足会延迟结果期并降低坐果率。光照过强则易引起叶片干枯，气孔关闭，光合作用反而下降，生长发育受阻，甚至导致叶片与果实被灼伤。高温、干旱、强光直射易发生果实日灼或落果。

（3）水分

辣椒对水分的要求较严格，既不能太干，也不能太湿，其单株需水量并不太多，但因根系不发达，必须经常供给水分，并保持土壤较好的通透性。种子应浸种 6～8 h，过长或过短都不利于发芽，辣椒幼苗期需水少，保持土壤湿润即可。如果土壤过湿，通气性差，则易导致根系发育不良，造成死苗。定植后要控制水分以防止徒长。初花期要加大供水量，满足开花分枝的需要。果实膨大期需水更多，如果供水不足则影响果实膨大和植株生长发育，导致畸形果增多。反之，如果水分太多，则易导致落花落果，烂果死苗。在气温和地温适宜的条件下，辣椒花芽分化和坐果对土壤水分的要求，以土壤含水量相当于田间持水量的 55%最好。干旱易诱发病毒病；淹水数小时，植株就会萎蔫死亡。对空气湿度的要求以 80%为宜，湿度过低，会引发病害，从而严重影响坐果率。

总之，辣椒既不耐干旱又怕涝，经常保持土壤适宜的水分和较好的通透性，才能正常生长发育。日光温室的土壤水分和空气湿度，完全可以进行控制，与露地相比，既可减少病害的发生，又能正常生育，容易获得丰产。

（4）养分

辣椒对氮、磷、钾的要求较高，每生产 1 000 kg 辣椒约需氮肥（N）5.19 kg、磷肥（P_2O_5）1.07 kg、钾肥（K_2O）6.46 kg。同时还需要吸收钙、镁、铁、硼、钼、锌等多种微量元素。氮肥不足，则植株矮小、叶片小、分枝少、果实小；氮肥过多，植株易徒长及感染病害。磷能促进根系的发育，提早开花结果。钾能促进茎秆健壮和果实膨大，提高抗病力。幼苗期需要肥料较少，但要求较全面，否则会妨碍开花结果。初花期氮肥偏多会引起植株徒长而导致落花落果。盛果期养分不足会引起早衰，并形成上部畸形果。

辣椒在生长的过程中，绝大部分品种都有在第一个分杈着生第一个果，以下基部位置着生侧芽长成侧枝的习性，如果不及时摘除基部以下的侧枝就会造成植株低节位枝条过多，有碍植株向上生长并影响通风透光，无谓地耗费养分。因此，要及早把基部下面的侧枝摘除，减少养分消耗，促进植株生长和开花结果。

（5）土壤

辣椒对土壤条件的要求不严格，在 pH 为 6.2～8.5 的范围内都适宜种植，肥沃的沙质壤土更为适宜。辣椒根系对氧的要求严格，因此要求土质疏松、通透性好的土壤，切忌在低洼地栽培。辣椒需肥量大，不耐贫瘠，耐肥力又较差，因此在温室栽培中，一次性施肥量不宜过多，否则易发生各种生理障碍。特别在施氮肥时，要谨防氨气中毒引起落叶。

情景二　辣椒优良品种介绍

1. 品种类型

(1) 樱桃类辣椒

叶中等大小，圆形、卵圆形或椭圆形，红、黄或微紫色，辣味很强，制干辣椒或供观赏，如成都的扣子椒、五色椒等。

(2) 圆锥椒类

植株矮，果实为圆锥形或圆筒形，多向上生长，味辣，如仓平的鸡心椒等。

(3) 簇生椒类

叶狭长，果实簇生，向上生长，果色深红，果肉薄，辣味甚强，油分高，多作干辣椒栽培，晚熟，耐热，抗病毒力强，如贵州七星椒等。

(4) 长椒类

株形矮小至高大，分枝性强，叶片较小或中等。果实一般下垂，先端尖，微弯曲，似牛角、羊角，线形。果肉薄或厚，肉薄、辛辣味浓的，供干制、腌渍或制辣椒酱，如陕西的大角椒；肉厚、辛辣味适中的，供鲜食，如长沙牛角椒等。

(5) 灯笼椒类

株形中等或矮小，冷凉地区栽培则较高大，分枝性弱。叶片较大，长卵圆形或椭圆形。果实硕大，圆球形、扁圆形、短圆锥形，具 3 棱、4 棱或多纵沟，果肉较厚，含水分多。

图 2-4 为不同品种的辣椒。

2. 选择品种的原则

我国南北各地栽培辣椒比较普遍。近些年来，在生产上推广使用的几乎都是杂交品种，它们的抗病性、丰产性、商品性和对环境的适应能力各有所长。作为商品生产，选择一个适宜的品种对生产者来说是非常重要的。现把选择品种的一些原则简单介绍如下：

(1) 要充分考虑到消费群体的食用习惯

由于消费习惯不同，各地对辣椒的果形、辣味程度、果实色泽、果肉厚度等都有着不同

樱桃椒

圆锥椒

簇生椒

灯笼椒

线辣椒

牛角椒

图 2-4　不同品种的辣椒

的要求。比如湖北、江西、江苏等地的人们多喜欢大果形的微辣椒。东北、华北等地的人们喜欢大果形的甜味椒，但是近些年微辣尖椒越来越受到北方人的喜爱。东南沿海消费者更喜欢果肉厚、果个中等、光亮翠绿的甜味椒。所以生产者在选用品种时，必须注意到消费地大多数人的食用习惯。

（2）要正确对待品种的丰产性

辣椒的丰产性直接关系到生产者的收入，在农产品短缺的年代，生产者往往特别看重品种的丰产性。但当农产品基本满足需求之后，消费者越来越注重辣椒的商品质量。因此，生产者在选用品种时，首先要注意辣椒的质量，然后再看它的产量表现，即要顺应潮流把辣椒生产从追求“产量效益型”转变为“质量效益型”。

选用品种还需要注意品种对栽培季节和栽培设施条件的适应性。有些品种在温室大棚里可能是个丰产的好品种，但是在露地栽培时产量可能就很低。同样，适于露地栽培的丰产品种，可能在保护地里由于植株长势过于旺盛，造成严重落花、落果而大面积减产。同时在保护地里栽培辣椒时，比如早春茬、秋延茬，对品种的要求是不一样的，必须依据茬次选择。另外，北方露地栽培的丰产品种，有的在南方地区可能因为不适应炎热多雨的条件而减产。所以，选用品种时应该考虑周全。在栽培辣椒时，有经验的农民往往使用上一年经过自己试种过的种子，同时把当年新买的种子进行小面积的试验，并妥为保存，这样可以避免大的失误。

(3) 品种的抗病性

由于辣椒连作，辣椒的病害日趋严重。选用抗病性好的品种，不仅可以降低生产成本，也是进行无公害生产所要求的。辣椒的病害比较多，比如枯萎病、病毒病、青枯病、疫病、软腐病、疮痂病、日烧病等，到目前还没有一个品种兼抗这么多种病害。应该说，不同的品种对上述病害的抗性是有明显差异的，必须根据不同栽培茬次发生的主导病害，选用对路品种。比如，塑料大、中棚秋延栽培，其育苗时间正在炎热多雨的 7 月，病毒病往往会导致栽培失败，因此必须选用抗病毒病能力强的品种。

(4) 注意品种的耐热性和耐寒能力

在湖北各地，大棚和露地早春茬辣椒栽培，要选择耐冷性强和耐弱光的早熟品种；越夏和秋季栽培，要选择耐热性和抗病毒能力强的品种。由于湖北夏季炎热多雨，夏季来得快，往往造成叶片脱落，落花、落果，植株早衰。

北方越冬一大茬栽培的辣椒需要经历一年之中最寒冷的季节，冬春茬辣椒有的需要在严冬时节定植，因此选用品种时必须注意它们的抗寒性或耐低温能力。

(5) 果实的耐贮和耐运输性

目前，建立辣椒生产基地，实行专业化生产，有的炎夏南运，有的隆冬北运，都对品种的耐运输和耐贮藏能力提出了比较高的要求。特别是塑料大、中棚的延秋辣椒，通常需要挂秧保鲜 2 个月以上，必须选用特别耐贮藏的品种；还有如湖北高山辣椒，采收后要装箱运输到全国各地，所选择品种的耐贮和耐运输性要强。

(6) 栽培设施及栽培季节

保护地设施栽培要求早熟、耐低温、抗病、丰产的品种，宜选择与之相应的品种，如新佳美、津椒 2 号、大将、青峰、佳丽等品种；延后栽培及反季节栽培，宜选择耐热、抗病毒病、丰产性品种。

3. 辣椒优良品种

(1) 佳美 2 号

品种来源：湖北省农业科学院经济作物研究所选育的早熟、丰产兼用品种。

特征特性：极早熟，植株生长势较强，株高 50 cm，叶片绿色，少茸毛，单叶互生，分枝力强，分枝处有紫色斑块；果实长 18 cm 左右，果实横径 4.5～5.5 cm，单果重 80～100 g，果形长灯笼形，果肩微凹渐平，果顶凹陷带尖，3 心室，单果重 50 g 左右，商品果色浅绿色，味微辣；耐病性较强，采收期较长。

栽培要点：适宜做春、秋保护地栽培。长江流域 10 月上中旬播种，保护地 2—3 月定植，露地 3 月底至 4 月初定植，每亩栽 3 500 株。采用保护地设施栽培效果更佳。

适宜地区：长江流域适合早春大棚、地膜覆盖、露地栽培和高山栽培。

(2) 薄皮王

品种来源：湖北省农业科学院经济作物研究所选育的早熟、丰产兼用品种。

特征特性：果形长灯笼形，果色翠绿，果皮皱，皮薄质脆，微辣，果长 17～19 cm，果横径 5～6 cm，单果重 70～80 g，大果可达 120 g。前期结果集中，果实生长速度快，开花后 25 天左右即可采收。适于保护地早熟栽培和春、夏季露地栽培。

栽培要点：适宜做春秋保护地栽培。长江流域 10 月上中旬播种，保护地 2—3 月定植，露地 3 月底至 4 月初定植，每亩栽 3 500 株。采用保护地设施栽培效果更佳。

适宜地区：长江流域适合早春大棚、地膜覆盖、露地栽培和高山栽培。

(3) 佳丽

品种来源：湖北省农业科学院经济作物研究所用早熟甜椒自交系和早熟大果形羊角椒自交系配制成的杂交一代品种。

特征特性：果实长 16～18 cm，果实横径 4.5 cm 左右，果肉厚 0.3 cm 左右，果形长灯笼形，果肩微凹渐平，3 心室，单果重 50 g 左右，商品果色浅绿色，味微辣。每亩产 4 500 kg 左右。

栽培要点：适宜做春秋保护地栽培。长江流域 10 月上中旬播种，保护地 2—3 月定植，露地 3 月底至 4 月初定植，每亩栽 3 500 株。采用保护地设施栽培效果更佳。

适宜地区：长江流域适合早春大棚、地膜覆盖、露地栽培和高山栽培。

(4) 豫艺墨玉大椒

品种来源：河南农业大学林学园艺学院推出的特大果、高抗病牛角椒新品种。

特征特性：早中熟，叶片深绿，株高 50～65 cm，植株开展度 65 cm，分枝上有浓密白色小茸毛，果形为粗长牛角形，顶部多为钝圆，果长 20～25 cm，横径 4～5.5 cm，单果重 120～180 g，大果可达 250 g，单株可同时结 150 g 的果 15 个以上，稳产丰产性能突出。成熟果面光滑，外观漂亮，商品性好，植株生长势强，耐高温、抗病毒病和抗疫病能力强，每亩产量 4 500 kg 左右。

栽培要点：湖北地区大棚栽培，于 10 月中下旬育苗，翌年 3 月下旬定植，并加盖地膜、小拱棚。行距 60 cm，穴距 30 cm，每穴 1 株。

适宜地区：长江流域适合露地栽培和高山栽培。

(5) 鄂椒 1 号

品种来源：湖北省农业科学院经济作物研究所选育的杂交一代品种。

特征特性：中熟，植株生长势强，株高 80 cm，开展度 65 cm，叶片卵圆形，先端渐尖，单叶互生，绿色无茸毛，始花节位 9～10 节，花冠白色，花萼平展，果形为牛角形，果长

11 cm 左右，果横径 3 cm 左右，肉厚 0.4 cm，平均单果重 42 g，平均单株结果数 36.3 个，果实 3 心室，果形顶端钝尖，肉质脆，微辣，耐热性强，耐病毒病和日灼病，耐贮运。每亩产量 4 000 kg 左右。

栽培要点：湖北地区越夏栽培，于 3 月中旬育苗，5 月上中旬定植，行距 60 cm，穴距 30 cm，7—11 月收获。

适宜地区：长江流域露地越夏栽培、油麦茬栽培及广东、广西、海南秋冬栽培。

(6) 鄂椒 2 号

品种来源：湖北省农业科学院经济作物研究所选育的杂交一代品种。

特征特性：中熟，植株生长势强，株高 60 cm，开展度 65 cm，叶片卵圆形，先端渐尖，单叶互生，绿色无茸毛，始花节位 9～11 节，分枝处有紫色斑块，花冠白色，花萼平展，果形为牛角形，果长 20 cm 左右，肉厚 0.4 cm 左右，单果重为 39 g 左右，果形顺直，顶端钝尖，肉质脆，较辣。抗日灼病，耐高温，高温下结果无间歇性，每亩产量 3 200 kg 左右。

栽培要点：湖北地区越夏栽培，于 3 月中旬育苗，5 月上中旬定植，行距 60 cm，穴距 30 cm，7—11 月收获。

适宜地区：长江流域露地栽培、越夏栽培及广东、广西、海南秋冬栽培。

(7) 湘研 11 号

品种来源：湖南省蔬菜研究所选育的极早熟杂交品种。

特征特性：株高 48 cm，株展 56 cm 左右。株形紧凑，分枝多，节密，节间短，第 1 花着生 10～11 节。极早熟，从定植到采收 41 天左右，前期果实从开花到采收约 17 天。果形粗牛角形，果长 12.5 cm，横径 3.7 cm，果肉厚 0.28 cm。果实深绿色，平均单果重 34.2 g 左右。果皮较薄，肉细软，微辣，风味佳，品质上等，以鲜食为主。一般每亩产量 2 500 kg 左右。

栽培要点：该品种适于保护地早熟栽培，保护地育苗，带花定植，参考株行距为 40 cm×45 cm；施足基肥，每亩需施饼肥 150 kg，磷、钾标准化肥各 100 kg。定植后至开花前追施稀粪水 2 次，第一批果坐稳后及每次采收后各追肥 1 次，以稀猪粪加钾肥为好。苗期防猝倒病、灰霉病、立枯病，成株期防蚜虫、烟青虫为害。

适宜地区：长江流域适合早春大棚、地膜覆盖栽培。

(8) 湘研 13 号

品种来源：湖南省蔬菜研究所选育的湘研 3 号的更新换代品种。

特征特性：株高 52.5 cm，株展 64 cm 左右。植株生长势中等，第 1 花着生在 13 节左右。果形大牛角形，果长 16.4 cm，果横径 4.5 cm，果肉厚 0.4 cm，单果重 58～100 g。果形外观漂亮，果大、果直，果表光滑，果肉厚，果实饱满，微辣，风味好。该品种从定植至采收约需 48 天，始花至采收约 27 天。挂果性强，坐果率高，采收期长，长江流域春季栽培可达 130 天，一般每亩产量 3 500～4 500 kg。

栽培要点：施足有机基肥，一般每亩施腐熟有机农家肥 6 000～7 000 kg，磷肥 100 kg，追肥应注意增施钾肥。参考株行距 0.4 m×0.6 m。

适宜地区：适于长江流域秋延后栽培和广东、广西、海南南菜北运基地栽培。

(9) 香帅C

品种来源：湖北省农业科学院经济作物研究所育成的杂交一代辣椒品种。

特征特性：植株生长势强，株形较紧凑，果形细长羊角形，果长26～30 cm，果横径1.4 cm，果肉厚0.2 cm，单果重20 g左右，果面光滑，椒条较直，青果黄绿色，红果鲜艳。对病毒病、炭疽病、疮痂病抗性强。

栽培要点：深沟高畦单株双行定植，每亩种植3 300～3 500株，亩施生物菌肥1 000 kg。定植成活后轻施一次提苗肥，重点在结果期追肥，共追肥3～4次。勤采勤收，综合防治病虫害。

适宜地区：长江流域适合春秋大棚、露地栽培和高山栽培。

(10) 镇椒6号

品种来源：江苏省镇江市蔬菜研究所选育的杂交一代品种。

特征特性：果形羊角形，青熟果绿色，老熟果鲜红色，果面光滑，果纵径16.8 cm左右，果横径2.5 cm左右，果肉厚0.2 cm左右，平均单果质量36.7 g，微辣。不易早衰，田间对病毒病、炭疽病的抗性优于对照云丰椒，耐热性较强，前期产量高，每亩总产量3 500 kg左右。

适宜地区：适于长江中下游及江苏地区早春露地种植，也可用于秋季保护地延后栽培。

(11) 湘辣4号

品种来源：隆平高科湘研蔬菜种苗分公司。

特征特性：株高56 cm左右，植株开展度94 cm，植株生长势旺。果形羊角形，果实纵径19.5 cm，横径1.79 cm，肉厚0.22 cm，果面光滑，果皮较薄，肉厚中等，果形较直，整齐标准，商品成熟果为绿色，生物学成熟果深红色，平均单果质量17.4 g，最大单果质量21.0 g，果实味辣，风味好。坐果率高，采收期长，一般每亩产量2 500 kg左右。抗炭疽病，耐疫病、病毒病，适于湿润嗜辣地区做加工腌渍、酱制栽培或鲜食丰产栽培。

适宜地区：适于湖南、江西作早春露地栽培。

(12) 枫香

品种来源：湖北省农业科学院经济作物研究所。

特征特性：中熟、植株生长强，分枝性强。叶色绿，果形细长羊角形，果长23～27 cm，果横径1.8 cm，单果重22 g左右，果面光滑，椒条较直，青果深绿色，红果鲜艳，辣味浓，品质好，抗病性、抗逆性好，丰产性好。

(13) 中椒2号

品种来源：中国农业科学院蔬菜花卉研究所培育的杂交一代甜椒品种。

特征特性：株高68 cm左右，株展73 cm。第1花着生平均在10～11节。果形长灯笼形，平均纵径8.8 cm，横径5.7 cm。果色深绿，果面光滑，果柄不弯，3～4个心室，果肉厚 0.35～0.41 cm，单果重 50～117 g，在北京地区定植后 35～40 天开始收获，平均每亩产量 2 600～4 000 kg。

栽培要点：在湖北地区春季栽培时，前期生长弱，栽后要以促为主，不要蹲苗。要小水勤浇，随水追肥，力求使茎叶充分生长，为后续结果打下基础。果个大，容易发生坠秧现象，需及时采收。

(14) 中椒 4 号

品种来源：中国农业科学院蔬菜花卉研究所培育的杂交一代甜椒品种。

特征特性：植株生长势强，株高 56.4 cm，株展约 55 cm。叶色绿，第 1 花着生在 12～13 节。果形灯笼形，果色深绿，果面光滑，单果重 120～150 g，肉厚 0.5～0.6 cm。味甜质脆，品质好，耐病毒病。中晚熟，每亩产量 4 000～5 000 kg。

栽培要点：湖北地区一般在 10 月下旬播种，2 月下旬定植于大棚。整地时可做 1 m 宽的小高畦，每畦定植 2 行，穴距 30 cm，每亩栽 4 200 穴，每穴 1 株，每亩施优质有机肥 5 000 kg。追肥要注意少施勤施。在生长季节要注意防蚜虫、茶黄螨和烟青虫为害。

(15) 甜杂 1 号

品种来源：北京市蔬菜研究中心选育的杂交一代甜椒品种。

特征特性：植株生长势强，第 11～12 节着生第 1 花序，坐果率高。果形圆锥形，绿色，单果重 50 g，果肉厚 0.4 cm，味甜，品质好。耐烟草花叶病毒。早熟种，每亩产 3 000～5 000 kg。

栽培要点：适应塑料大棚等保护地栽培。穴距 30 cm，每穴 1 株，每亩栽 4 500 穴左右，注意水肥管理，及时采收，防止倒伏，及时防治蚜虫、茶黄螨及棉铃虫。

(16) 甜杂 2 号

品种来源：北京市蔬菜研究中心选育的杂交一代甜椒品种。

特征特性：植株生长势强，茎叶绿色，多三杈分枝。第 11 节左右着生第 1 花，坐果率高。果形灯笼形，绿色，单果重 50 g。果肉厚 0.35 cm，味甜，品质好。早熟种，每亩产 2 000～3 000 kg。

栽培要点：适应塑料大棚等保护地栽培。湖北地区 10 月上旬育苗，2 月下旬塑料大棚内定植。穴距 30 cm，每穴 1 株，每亩栽 4 500 穴左右，5 月上旬开始收获。注意水肥管理，及时采收，防止倒伏。及时防治蚜虫、茶黄螨及棉铃虫。

(17) 农大 40 甜椒

品种来源：中国农业大学园艺系育成。

特征特性：植株直立，株形紧凑，株高 70 cm，株展 50 cm。茎秆粗壮，叶色深绿，叶片长 16 cm，叶宽 6 cm。主茎第 10～12 节着生第 1 朵花，同一节位可着生 1～2 朵花，果形长灯笼形，心室 3～4 个，果实长 10～12 cm，横径 8～12 cm，嫩果为浅绿色，有光泽，老熟果红色，果肉脆甜，果肉厚 0.5～0.6 cm，单果重 150～200 g，果实近花萼部位多平展。偏中晚熟品种，生长势强，果实发育迅速，抗病毒病，耐热。丰产性好，每亩产量 4 000～

5 000 kg。

栽培要点：同上。

(18) 湘研 17 号

品种来源：湖南省蔬菜研究所选育的杂交一代早熟甜椒品种。

特征特性：株高 47 cm，株展 52.5 cm。果形灯笼形，表皮光滑，肉厚，无表皮沟或沟浅。果皮绿色，果实长 8.7 cm，横径 5.8 cm，肉厚 0.4 cm，单果重 50 g。耐涝。

栽培要点：针对该品种挂果多且集中的特点，注意增施基肥，及时采摘，及时追肥。参考株行距 0.4m×0.4 m。

栽培要点：同上。

(19) 海花 3 号

品种来源：北京市海淀区植物组织培养技术实验室育成。

特征特性：早熟品种。植株较矮小，株形紧凑，连续结果能力较强。耐病，果形长灯笼形，绿色，果面较光滑，果肉厚 0.4 cm，单果重 50 g。每亩产量 2 500～4 000 kg。

适宜地区：适于湖北塑料棚早春栽培。

(20) 世界冠军

品种来源：从国外引进的甜椒品种。

特征特性：植株生长强壮，株高 55 cm，株展 45 cm，叶大，深绿色。门椒着生在第 10～11 节。果实长灯笼形，深绿色，单果重 200 g 以上。味甜，品质好，耐贮运。晚熟，每亩产量 2 500～3 000 kg。

适宜地区：东北、长江中下游、华南等地栽培。

情景三　辣椒栽培技术要点

第一节　辣椒主要栽培茬次安排

我国地域辽阔，南北跨度大，气候条件差异显著，南北方辣椒栽培茬次和生育期存在明显差别。根据气候特点可以分为四大栽培区。

1. 东北、蒙新和青藏蔬菜单主作区

本区包括黑龙江、吉林、辽宁北部、内蒙古、新疆、甘肃、陕西北部、青海和西藏

等。该区的气候特点是冬季寒冷，全年有 3～5 个月平均气温在 0 ℃以下，无霜期只有 3～5 个月。一年之中雨量少或稀少，夏季温度低，喜温和喜凉性蔬菜同时在露地生长。一年之中只能在露地栽培一次生长期较长的蔬菜，因而当地露地蔬菜供应呈现冬春半年淡、夏秋半年旺的状况。但这类地区，特别是西部高原地区，冬季日照充足，有利于发展日光温室生产。

2. 华北蔬菜双主作区

本区包括辽宁南部、河北、北京、天津、山东、山西、陕西和甘肃南部、江苏和安徽的淮河以北地区。本区为温带半干旱气候区，1 月份平均气温在 0 ℃以下，冬季有冰冻。全年无霜期 200～240 天，年降水量 400～750 mm，多集中在 7—8 月份。7 月份平均气温 20～28 ℃，形成了雨热同季和夏季炎热多雨、冬季寒冷干燥的气候特点。一年之中露地蔬菜可栽培 2 茬，典型的茬口安排是：春夏季栽培茄果类、瓜类和豆类等喜温性蔬菜；夏季换茬栽培根菜、大白菜等冬贮喜冷凉性蔬菜。该地冬季晴天较多，日光温室、大小暖窖和塑料棚蔬菜栽培比较发达。但黄淮地区常遭受连阴雾天，给本地日光温室发展带来了很大困难。本区露地蔬菜市场供应存在两淡（夏、冬）两旺（春夏、秋冬）现象，由于棚室蔬菜的发展，如今蔬菜的供应状况明显好转。

3. 长江流域蔬菜三主作区

本区包括四川、重庆、贵州、湖南、湖北、陕西的汉中盆地、江西、安徽和江苏的淮河以南地区、浙江、上海和广东、广西、福建的北部地区。本区气候温和多雨，1 月份平均气温 0～12 ℃，7 月份平均气温 24～30 ℃ ，无霜期 240～300 天，全年有 8～10 个月的月平均气温在 10 ℃以上。冬季多轻霜，很少有冰冻。年降水量 1 000～1 500 mm，且夏季雨量最多。本区适于露地蔬菜栽培的时间很长，一年之中露地可栽培主茬蔬菜有 3 茬：喜温性的番茄、黄瓜、菜豆等，可春作、秋作栽培；大白菜、小白菜、萝卜等喜冷凉性蔬菜则作为秋作；越冬茬可栽培耐寒的菠菜、乌塌菜、小白菜等。冬季栽培的主要保护设施多以塑料大、中棚为主，夏季则以遮阳网、防虫网栽培为主。和华北双主作区一样，在露地蔬菜市场供应上，一年之中也存在“两淡两旺”的问题。

4. 华南蔬菜多主作区

本区主要包括广东、广西、福建、台湾、海南等地，属于亚热带和热带夏雨气候区，全年温暖无冬。1 月份平均气温 12 ℃以上，全年无霜。由于生产时间长，同一种蔬菜一年可以栽培多次，喜温的茄果类、某些瓜类和豆类，甚至好热的西瓜、甜瓜，也可以在冬季栽培。但夏季高温多雨，夹带风暴，往往形成蔬菜供应的夏淡季。

第二节　辣椒的播种与育苗技术

现在辣椒栽培主要采用育苗移栽方式进行生产，育苗需要投入一定的人工和设备，它与直播相比具有很多优点：早春利用保护设备，在低温严寒季节人为创造幼苗生长所需的环境条件，培育出壮苗，等气候条件适合辣椒生长时，可以提早定植，延长辣椒生育期，起到早熟丰产作用；育苗使幼苗集中在小面积苗床上生长，便于管理，缩短占地时间，提高土地利用率；节省种子，降低成本。

1. 品种选择

应选择抗病、优质、高产、商品性好、适合市场需求的、适合相应茬口的品种，或者选用已通过审定且当地生产已证实的优质、高产新品种。

2. 选择适宜育苗设施

各地根据不同气候条件，不同栽培茬口，选用阳畦、温室、温床、大棚、中棚、小棚、防虫网、遮阳网等育苗设施，因地制宜进行育苗。有条件的地方可采用基质穴盘育苗或工厂化育苗，尽量创造适合秧苗生长发育的环境条件。下面简单介绍一些育苗设施。

(1) 阳畦

阳畦是只靠阳光增温而无其他人工加温设施的冷床。主要在华北、西北地区应用广泛，长江流域应用较少，只作简单介绍。

阳畦由风障、畦框、覆盖物三部分组成。阳畦一般在初冬上冻之前造好。选择背风向阳，距水源近的地方，按东西向延长，先垒畦框，边垒边踩实，先北框，再东西两侧，最后南框。在北框外侧立一道风障（可由篱笆、披风草、土背三部分组成）。覆盖物有透明覆盖物（农用塑料薄膜或玻璃）和不透明覆盖物（蒲席等）两种。

育苗播种前将畦土由南半畦翻到北半畦，将土堆成斜面，以便阳光充分晒土。播种前为促使土壤解冻，白天敞开晒土，夜间盖席保温，然后将充分腐熟的农家肥平铺于畦底，将表土层与肥料均匀掺合并耧平，盖好薄膜增温，准备播种。

(2) 温室

温室种类很多，按屋面采光材料不同可分为玻璃温室及塑料薄膜温室；按加温与否可分为加温温室和日光温室；按结构不同可分为单屋面、双屋面、单屋面二折式、单屋面三折式。目前生产上应用最多的为塑料薄膜温室。根据有无加温设备，可分为塑料薄膜加温温室和塑料薄膜日光温室。主要在北方地区利用，长江流域应用较少，塑料薄膜加温温室既可用于早春育苗，也可用于冬季喜温蔬菜栽培。塑料薄膜温室有较厚的北土墙，竹木或钢筋的拱架上覆盖塑料薄膜，使它能充分采光和严密保温，温室内按东西向做畦，平整畦面后在畦内施肥配制营养土或摆入营养钵。

(3) 温床

温床主要有酿热温床和电热温床两种。

①酿热温床　酿热温床是一种比较简易的育苗设备，除具有阳畦的防寒保温设备以外，还利用酿热物来补充日光加温的不足，我国南北各地均有应用。

温床由床框、覆盖物、床坑、酿热物四部分组成。床框可用木框、土框、砖框等，在阳畦底部挖成床穴，填入酿热物即可。

床坑用来填充隔热层、酿热物和培养土等物。床坑内温度最低的南部挖深 35～50 cm，而北部深 30～35 cm，中部偏北处深 25 cm 左右，通过酿热物的厚度来调节温床内局部温差。酿热物发热的温度高低和持续时间，取决于酿热物中微生物（对发热起主要作用的是好气性细菌）的活动能力，而好气性细菌的活动能力又取决于酿热物中碳、氮、氧、水分的含量。所以可以通过选择酿热物的种类（营养成分不同），调节酿热物的紧实度及水分状况来维持温床适宜的发热时间和温度。酿热物可分为高温酿热物和低温酿热物。高温酿热物有马粪、饼肥、鲜厩肥等；低温酿热物有牛粪、猪粪、稻草、麦秸、干青草、城市垃圾等。

北方地区一般用马粪作为酿热物，马粪碳氮比适宜，用马粪掺杂少量其他有机物，透气好，发热快，初期酿热温度高，早春一般 7 天温度可升高到 70 ℃，然后温度很快降到 50 ℃，以后温度下降缓慢，并维持时间较长，较适于栽培早春喜温蔬菜。

南方地区一般以猪、牛粪等低温酿热物为主，同时掺入部分人粪尿、鸡粪、羊粪等高温酿热物混用。播种前 10 天开始铺酿热物。先在床底铺稻草等隔热，再铺酿热物。酿热物的厚度 20～40 cm，酿热物必须是新鲜没有发酵过的，填充时酿热物的含水量以 65%～75%为宜。酿热物填充时要踏实，全床紧实要一致。紧实度不均时，发热不匀，疏的地方发热快但不持久。铺好酿热物后白天盖透明覆盖物，晚上加盖蒲席以保温和增温。当酿热温床温度达到 45 ℃时，在酿热物上盖一层薄土，然后施底药，以防地下害虫。随后将准备好的培养土填入床内，培养土厚度为：播种床 12～13 cm，分苗床 14～15 cm。当地温达到 20 ℃时就可播种。酿热温床虽成本低，但发热量有限，且酿热物供应有限，不能大面积使用。

②电热温床　电热温床是依靠电加热线给苗床加温，并装有控温仪，可以实现苗床温度的自动控制，不仅温度均匀，而且温度稳定可靠，育苗效果较好。可根据不同的天气和辣椒生长需要控制温度，结合阳畦、塑料拱棚和温室等保护设施进行育苗。

选择电热线。电热线的功率根据苗床面积来确定。南方每平方米苗床需要电热线功率 60～70 W，北方地区则需要 80～100 W。据试验，电热线效果较好的是上海农业机械研究所实验厂生产的 DV 系列电热线，长度为 60～120 m，功率为 800～1 000 W。为了安全可靠，一般在电热线上接有控温仪，控温仪可选用上海生产的 UMZK 型（能自动显示温度）或农用 KWD 型控温仪。

建床。床址必须选择在靠近电源的地方。在选好的床址上，挖深 25 cm、宽 1 m 的长方形床池，长度一般 10～15 m。在池底铺 5～10 cm 厚的麦秸、稻草或草木灰作为隔热材料，铺平踏实，再盖上 2 cm 左右厚的土。

铺设电热线。当苗床面积和电热线长度已知后，便可根据下式计算出布线条数和线距。

布线条数＝（电热线长－2×床宽）/床长（取偶数）

线距＝床宽/（布线条数＋1）

取 10 cm 长的小木棍，根据线距插在床池的两端，每端的木棍条数与布线条数相等。先将电热线的一端固定在床池一端最边的一根木棍上，手拉电热线到另一端挂住两根木棍，再返回来挂住两根木棍，如此反复进行，直到布线完毕。最后将引线留在苗床外面。铺设电热线时应注意：电热线功率是额定的，不可剪断或连接使用；电热线加热部分和接头必须埋在土中；苗床边缘容易散热，铺线时应将边缘稍密一点，中间稍稀一点。

电热线布完后，接一个控温仪，在床池中盖上 2～3 cm 厚的土并踏实，以埋住和固定电热线。这时可将两端的木棍拔出。然后通电，证明线路连接准确无误时，可以用于育苗。

3. 苗床准备及配制营养土

(1) 苗床准备

应选择背风向阳、疏松肥沃、排灌方便、最近三年来未种过茄科作物的土地，先深翻晒垡，细碎土壤。如果用大棚、中棚、小棚或温室等育苗，苗床应建立在里面。一般种植一亩辣椒需准备 6～7 m^2 的苗床，25～40 m^2 分苗畦，或 5 000 个营养钵。苗床做成宽 1～1.2 m，长 5～6 m，四周筑土埂，埂高 6～10 cm，宽 15 cm 的低墒高埂。

(2) 营养土配制

培养土由园土（或大田土壤）和优质腐熟的有机肥（或河泥、塘泥）配合而成。园土与有机肥的比例为 6∶4，另加 0.5%的过磷酸钙和 0.5%的复合肥充分混匀。一般 10 m^2 的播种床，需培养土 0.3 m^3。用杀菌剂消毒后堆沤 15 天左右待用。一般 1 m^2 苗床（播种床、分苗床）用 50%多菌灵或 50%托布津 5～7 g，均匀拌入 13～15 kg 培养土中，撒于苗床表面。配制营养土时，一定要将土打碎、过筛并混合均匀。配好的营养土可直接铺于畦内，平整消毒后待用。也可将营养土装入营养钵或育苗盘中。

4. 种子处理

(1) 晒种

选取饱满、有光泽的种子，播前将种子放在太阳光下晒 2 天。

(2) 种子处理

为使辣椒种子出芽快而整齐，增强秧苗的抗逆性，播种前可对种子进行处理。

①温汤浸种及药剂处理　晒过的种子用 55 ℃的温水烫种，并不断搅拌，直到水温降至 30 ℃为止，当温度下降到 30 ℃时停止搅动，让其自然降至常温。为了增强杀菌防病效果，将经烫种处理后的种子，搓洗干净，再用 3%磷酸三钠浸种 20 min，或用 1%次氯酸钠浸种 5～10 min，可杀死种子表面病毒、炭疽病、早疫病、枯萎等病原菌。种子经药剂处理后要用清水淘洗数遍，然后置于常温水中浸种 4～8 h，然后取出种子，洗掉种子表皮的黏液并沥干水分，然后用湿润的毛巾包好。浸种时间与种子的陈旧、水温等有关，新种子和水温较高时浸种时间可偏短。

②低温和变温处理　低温和变温处理有利于出苗整齐，促进发芽提高幼苗的抗寒力。低温处理也称冷冻处理，即把浸胀的种子，放在 0 ℃左右的冷冻环境中 1～2 天，再进行催芽；变温处理即把将要发芽的种子每天在 1～5 ℃的低温下放置 12～18 h，接着移到 18～22 ℃的

较高温下放置 6～12 h，反复进行数天，再进行正常催芽。

③干热处理　浸种前将干燥的种子置于 70 ℃恒温箱中干热处理 3～5 天，可杀死种子所带的病菌，特别是对防治病毒病效果较好。正确地掌握处理的时间和温度，不会降低种子的发芽率。

(3) 催芽

浸好的种子捞出后反复搓洗表皮的黏液，直到无辣味后进行催芽。把催芽的种子装入清洁的大碗或小盆中，上面盖湿毛巾，温度控制在 28～30 ℃ ，每天翻动 2～3 次，用清水淘洗一次，一般 3～7 天种子露白，温度降到 20 ℃左右待芽粗壮，70%左右露白即可播种。在适宜发芽温度条件不能满足时，可用恒温箱、电热毯等方式催芽。催芽时间不能过长以免芽子过长，播种时易折断。如遇天气等特殊原因要推迟播种，可将催芽温度降到 5～10 ℃，使发芽推迟。

5. 播种

(1) 播种期的确定

播期的确定应根据各地的定植期、育苗的条件和技术而定。如湖北地区早春大棚栽培，应在 10 月中旬至 11 月中下旬播种，并采用大苗龄定植。一般辣椒苗龄为 70～90 天，9～14 片叶时定植，所以播种期可由定植期减去苗龄推算。以非早熟为栽培目的，在生长期允许的范围内，可采用相应较小的幼苗定植，适当晚播。

(2) 播种量

一般品种亩用种量 100～150 g。

(3) 播种方法

可采用落水撒播法播种：播前先浇足底水（底水浇透并存 5 cm 左右的明水），待明水渗后撒上一层（约 0.3 cm 厚）过筛的培养土作为垫土，再将催芽的种子均匀撒播在苗床上，然后再覆盖 0.5～1 cm 厚的培养土。一般 10 m^2 的播种量掌握在 150 g 左右为宜。

根据不同季节气候条件，分别选用不同的育苗设施。如电热温床、大棚、小拱棚、地膜、遮阳网、稻草、松毛等。有条件的可采用育苗盘播种育苗，营养土装入育苗盘，育苗盘不能装得太满，应留出 1～1.5 cm，以便播种时覆土和出苗时再覆细潮土。播种前育苗盘用喷壶浇透水。

6. 苗期管理

育苗床的温度和湿度管理是培育壮苗的关键。生长健壮的幼苗应该下胚轴短粗，子叶肥大，根系发达，无病虫害。

(1) 温度管理

播种至出苗保持日温 28～30 ℃；幼苗拱土时降至 27～28 ℃，夜温 18～20 ℃；出苗后白天 25～28 ℃，夜温逐渐由 20 ℃降至 15～ 17 ℃。

分苗后缓苗时白天气温应保持在 25～30 ℃，夜温 18～20 ℃。缓苗后白天气温 20～25 ℃，夜间气温 15～18 ℃。定植前 7～8 天要逐渐降温，对幼苗进行炼苗，白天温度可降到 20 ℃，夜间可降到 12 ℃，但不要低于 10 ℃。

一般按照"晴天高，阴天低；白天高，夜间低；出苗前和分苗缓苗前高，出苗后和分苗缓苗后低"的原则进行管理。播种后立即用盖膜等措施尽量提高床内温度，使其迅速出苗。晴天维持在 28～30 ℃，阴天 20 ℃左右，昼夜温差 5～10 ℃，但夜温不得低于 15 ℃。应注意以下几点：当白天气温大于要求温度时开始通风，切忌过快、过大、过猛；苗子"跪腿"时要适当降低温度，于中午撒一层（约 0.3 cm 厚）培养土，既可"脱帽"，又可弥补苗床土壤缝隙保墒；当幼苗出齐，子叶基本展开至第一片真叶露尖，应适当降低温度，防止幼苗徒长、下胚轴过长，形成高脚苗；分苗前 2～3 天进行低温炼苗，利于分苗后的缓苗，白天可逐渐降到 20 ℃，夜间气温降到 10 ℃。

(2) 水分管理

出苗前一般不浇水。出苗后至分苗前要控制浇水，"宁干勿湿"。若床土显干，可于晴天上午浇水，最好用洒水壶喷水，切忌湿度过大，既要有充分的水分供应，又要防止水分过多造成幼苗徒长和猝倒病等的发生。当苗床湿度过大时，可覆干细土或干草木灰吸湿，同时加强通风换气，以减少土壤和空气湿度。分苗前一天苗床浇透水，分苗时要"随起苗，随移栽，随浇水"。分苗后当幼苗明显缺水时，选晴天中午适当浇水。

(3) 分苗

为改善幼苗生长的通风透光条件，当幼苗生长到两叶一心时要及时分苗。如分苗太晚，幼苗过分拥挤，易引起幼苗子叶黄化脱落或幼苗细弱徒长。分苗可切断主根，有利于侧根的发生。

分苗前低温炼苗 2～3 天，分苗前一天苗床浇一次水，以利于起苗。一般采用暗水分苗法，按 8～10 cm 的行距开浅沟，深 4～5 cm，要"随起苗，随移栽，随浇水"。苗应摆直，根需舒展，株距 8 cm，趁墒稳苗，保持床面平整，做到下湿上干，表土疏松。也可直接分苗到营养钵或营养盘内，装入营养土，栽好幼苗后浇水，以浇透营养钵为度，每穴 1～2 苗。

(4) 分苗床管理

根据分苗后幼苗的生长状况和栽培管理的特点，可把分苗床管理分为缓苗期、旺盛生长期和炼苗期三个阶段。

①缓苗期　分苗后一周内，应保持较高的温度以利于缓苗。平均地温为 18～20 ℃，白天气温 25～30 ℃，夜间 20 ℃。当地温低于 15 ℃时，不利于根系恢复生长。分苗后 5 天，土壤可及时中耕一次，在幼苗四周中耕深约 3 cm。一周后幼苗新叶开始生长时，表明幼苗已开始发生新根，此时可适当通风降温，以防幼苗徒长。

②旺盛生长期　缓苗后幼苗根系恢复生长，为防止徒长，温度要适当降低，白天气温20～25 ℃，地温16～18 ℃，夜间气温15 ℃，地温13～14 ℃。新叶开始生长后，随气温升高，苗床水分蒸发增加，应适当浇水。每次浇水量不宜过大，浇水后要及时中耕，以减少水分蒸发，提高地温，降低空气湿度和减少病害发生。此时中耕以不伤根为度，宜浅中耕。分苗床中应施入大量有机肥作为基肥，苗期一般不再追肥。可在定植前15～20天追一次化肥，以利于定植后生长，一般用浓度为0.2%的尿素或复合肥，随水施入。如苗床下部叶片发黄脱落，表明肥水不足，应及时追肥浇水，也可进行叶面施肥，通常喷施浓度为0.1%～0.2%的尿素或磷酸二氢钾水溶液。在气温条件满足的情况下，要逐步早揭晚盖覆盖物，尽量增加幼苗光照时间，在阴天也要掀开覆盖物。

③炼苗期　定植前为增加幼苗对早春低温等不良环境适应性，要对幼苗进行低温锻炼。定植前7～10天，逐步降温至白天气温15～20 ℃，夜间5～10 ℃，在幼苗不受冻害的限度内，应尽可能地降低夜温。但低温锻炼应逐步进行，不能突然降温过度，以免幼苗受冻害。

低温锻炼时，白天逐步揭开覆盖物，逐步加大通风量，定植前3～4天，尽量使幼苗处于与准备定植地的条件相一致的环境条件下。

定植前2天进行叶面喷药喷肥，做到带肥带药定植，可用0.2%的磷酸二氢钾，75%的百菌清可湿性粉剂600倍液，10%吡虫啉可湿性粉剂3 000倍液进行喷施，育壮苗防治病虫。

第三节　辣椒的栽培技术要点

1. 辣椒大棚春季栽培技术

(1) 整地定植

①整地施基肥　整地至少应在定植前半个月进行。整地要求深翻1～2次，深度需达30 cm，并抢晴天晒土降低土壤湿度，提高地温，最后一次翻地在定植前7～10天进行。畦宽一般1.1 m（连沟），畦面要做成龟背形。大棚农膜应在定植前10～15天覆盖。施基肥与整地作畦相结合。辣椒早熟栽培宜施大量优质腐熟的有机肥，并加入适量人粪尿与过磷酸钙，以保证养分供应，能改良土壤，减轻病虫害。每个标准大棚（180 m^2）基肥的施用量为腐熟堆肥1 000～1 300 kg，过磷酸钙和饼肥分别为27 kg和20 kg或复合肥13 kg。一般采用沟施法，即在畦中间挖深沟，将基肥均匀施入，然后整平畦面。沟施基肥利于秧苗根系及时吸收养分，以促进植株的迅速生长，提高早期产量。

②定植期　辣椒的早熟栽培中，因有较好的保护条件，受气候因素的影响较小，定植期主要是依据秧苗苗龄大小和天气状况来确定。为便于集中管理和降低生产成本，应提倡适龄大苗定植。实践证明，在保护地环境中定植辣椒，应具有9～10片真叶，并开始发生分枝，带数个花蕾为宜。据试验观察，移栽后的辣椒苗，当地表下5 cm深处的地温低于13 ℃时，发根十分缓慢；地温达到15 ℃时，3～4天即发生新根；地温达到17 ℃ 时，2～3天即发新根；地温达到19 ℃时，1～2天就发新根。一般年份，当土温为13～15 ℃时，定植期一般在11—12月或2月下旬以后；若地膜覆盖，同期地温可比露地提高2～3 ℃，一般可分别延

迟或提前 7～10 天；若大棚套中棚套小棚栽培，则分别可延迟或提前 15～20 天。所以，长江中下游地区，辣椒定植的时间或者在 12 月上中旬，当外界气温较低时秧苗已经成活，或者在 2 月下旬以后，一般不宜在 12 月下旬至翌年 1 月中旬之间定植。另外，在宜栽期内，最好有 3 天以上的晴天，并应争取在“冷尾暖头”抓住好天气及时抢种，不可在大风、大雨天移栽。

③定植密度　为改善植株的通风透光条件，宜采取宽行密植。即在宽为 1.1 m（连沟）的畦面上栽 2 行，株距 30 cm，每穴栽 1 株，每亩约 4 200 株。定植时大小苗应分级分区定植，以利于定植后的农事管理。定植时强调浅栽，以根颈部与畦面相平或稍高一些为宜。移栽后，可适当浇点根肥并覆盖地膜，然后覆盖小棚膜以利保温，促进新根发生，及早缓苗。

(2) 田间管理

①温湿度管理　定植后 5～7 天，为促进缓苗，应保持较高的空气湿度，不通风，而且要力争做到日温达 25～30 ℃，夜温达 15～20 ℃，地温在 16 ℃以上，有利于新根的发生和促进对养分的吸收。缓苗期后，植株进入正常生长阶段，生育适温白天为 20～25 ℃，夜温不低于 15 ℃，夜间地温不低于 13 ℃。

开花结果初期遇低温寒潮天气要注意保温。为了达到上述温度要求，夜间常需要进行多层覆盖，包括不透明覆盖材料。白天大棚内气温在 25 ℃以上时即应进行揭膜通风，以防植株徒长，并能起到加强光照的作用；晴天一般是在上午 9—10 时开始揭膜通风，到下午 3—4 时停止通风；阴天同样必须通风，但通风时间可略为缩短。随着温度的提高，通风时间应适当延长，当夜间气温在 15 ℃以上时，可昼夜通风。进入 4 月下旬至 5 月上旬后，可将大棚裙膜拆除。

②肥水管理　一般在采收 2 次辣椒后追肥一次，每次每个标准大棚追施复合肥 3 kg，可采用穴施或条施。施肥后应加强通风，避免氨毒害。如果采用膜下滴灌装置施肥则效果更好。一般土壤相对湿度应保持在 80%左右，满足果实发育的需要。有条件的地方，在保护地设施内可安装滴灌装置，利用滴灌装置补充水分。

③防止落花、落果、落叶　一般来说，辣椒落花、落果、落叶是一种生理现象。即在花柄或叶柄的基部组织形成一离层，与着生组织自然分离脱落，而不是机械损伤。引起离层形成，造成落花、落果、落叶的原因很多，如花器官雌蕊、雄蕊及胚珠发育不良或缺陷，开花期间的干旱、多雨，低温（15 ℃以下）及高温（35 ℃以上），日照不足或肥料使用不当等都可造成辣椒不能正常授粉受精而落花、落果。此外，病虫害、有害气体或某些化学药剂也能造成大量落花、落果和落叶。

辣椒落花、落果、落叶主要通过农业综合措施防治：选择耐低温、耐弱光品种，合理密植，科学施肥，加强水分管理，及时防治病虫害以及使用生长调节剂等。防止落花、落果的措施除要加强栽培管理外，对于因低温引起的落花最有效的措施是适时地应用植物生长调节剂。常用的植物生长调节剂有 2，4-D、防落素（PCPA）等，使用的浓度应根据植株的生长势、温度等加以调节。

④调整植株　大棚栽培的辣椒一般长势较旺，为防止倒伏可在每株辣椒旁插上一根小竹竿以支撑植株，也可在畦沟两侧距地面 40 cm 处架一道铁丝或横杆防止辣椒倒伏，并便于田间作业。为了改善通风透光条件，保持理想的个体及群体结构，需对辣椒进行植株调整，减

少营养物质的消耗，调节营养生长和生殖生长的矛盾。植株调整主要包括摘叶、摘心（打顶）和整枝等。摘叶主要是摘除底部的一些病残老叶，整枝是剪掉一些内部拥挤和下部重叠的枝条，打顶是在生长后期为保证营养物质集中供应果实而采取的有效手段。调整植株都要选择晴天进行，有利于伤口愈合，减少病虫害发生。

⑤病虫害防治　大棚辣椒栽培上的主要病害有猝倒病、立枯病、病毒病、炭疽病、疫病，虫害主要有蚜虫、茶黄螨、蓟马等，应及时防治。

(3) 采收

春季大棚进行辣椒早熟栽培应适时采收。一般前期宜尽早采收，生长瘦弱的植株更应注意及时采收。采收的基本标准是果皮浅绿并初具光泽，果实不再膨大。及时采收既能保证较高的市场价格，又能促进植株继续开花结果。辣椒初次采收一般在定植后 30 天左右。开始采收后，每 3～5 天可采收一次。由于辣椒枝条脆嫩，容易折断，故采收动作宜轻，雨天或湿度较高时不宜采收。通常，春季大棚辣椒栽培在 6 月下旬至 7 月中旬即可采收结束，也可根据市场行情提前罢园，抢种其他蔬菜。

2. 辣椒地膜覆盖栽培技术

(1) 地膜覆盖的效果

地膜覆盖，就是将厚度 0.015～0.02 mm 的聚乙烯或聚氯乙烯薄膜覆盖于畦面，以增加土壤温度，保持土壤水分，加速根系及地上部植株生长发育，实现蔬菜提早成熟，增加产量，提高品质，降低成本，增加经济效益。近年来，地膜覆盖栽培发展迅速，在蔬菜生产中应用非常普遍。

辣椒尤其是甜椒，春季露地栽培近年来普遍减产。其原因是早春定植后土温偏低，根系发育不良，植株生长缓慢；高温季节来到时植株尚未封垄，地表温度高，根部容易木栓化，吸水吸肥能力降低，生长失调，引起落花、落果、落叶，植株抗病能力降低，易发病毒病。而早春辣椒露地栽培覆盖地膜，可以明显地提高地温，可使 0～10 cm 的地温比裸地提高 3～6 ℃，克服由于地温低引起的所有危害，保护辣椒的根系，促进植株生长（图 2-5）。覆盖地膜还可减轻雨水冲击，防止土壤板结，促进养分转化，减少养分流失和水分蒸发，减少病虫害，因而可提早上市 7 天左右，产量增加 30%左右。

①提高土温　地膜覆盖最显著的效果是提高土温。春季定植初期，覆盖地膜后 0～10 cm 深的地温比不覆盖地膜增高 3～6 ℃，最高可达 11 ℃，这对早春辣椒定植后根系的恢复和生长极为有利。根系活力高可促进植株地上部的生长。在高温干旱气候来到之前植株已经封垄，阳光不能直射地面，可使地温下降 0.5～1.0 ℃，最多可降低 3～5 ℃，保护了辣椒的根系，使植株不因高温干旱而过早衰弱，并增强了对各种病害的抵抗能力，最终促进了辣椒早熟并提高产量。

②保持土壤湿度　地膜覆盖可以减少土壤水分的蒸发使土壤含水量比较稳定，在辣椒整个生育期可减少灌水次数。早春灌水次数少，可以提高地温。灌水次数的减少，还可以防止土壤养分的流失。而且，由于覆盖地膜不直接在地表浇水，从而畦土不致板结，土壤疏松，容重轻，团粒结构好，土壤通透性也好。由于覆盖地膜后土壤潮湿、土温增高，有利于土壤

图 2-5　地膜覆盖

中微生物的繁殖，加快腐殖质的分解，可使土壤内速效氮增加 50%，速效钾增加 20%。

③减少劳力投入　由于覆盖地膜后减少了灌水次数，并可减少中耕，防止杂草丛生，因而能减少灌水、中耕、除草的部分劳力投入。

④减少病虫害　由于土壤水分的蒸发受抑制，田间的空气湿度降低，使因湿度过高而引起的病害（辣椒疫病等）发生减少。薄膜的反光对驱除蚜虫的效果也较明显，因而可减少由蚜虫传毒引起的病害。

(2) 辣椒地膜覆盖栽培技术要点

①品种的选择　地膜覆盖栽培以早熟丰产为目的，所用品种首先应具有较好的早熟性，那些在露地栽培中表现较好的早熟品种，都可以用作地膜覆盖密植早熟栽培。较好的品种有洛椒 4 号、福椒 4 号、楚椒 808、苏椒 5 号、湘早秀等。不同地区对椒形有不同的消费习惯，在选择品种时应首先考虑。

②育苗　辣椒地膜覆盖栽培的育苗方法、时期和步骤，大体与露地栽培的育苗技术相同，但要充分发挥地膜覆盖栽培的作用，培育健壮的幼苗。在育苗方法上最好采用温室育苗，并采用营养钵或营养土方式育苗，以保护根系不受损伤；在苗期管理上，通过温度的调节控制幼苗生长速度，培育壮苗。定植时不但幼苗健壮，而且带有小花蕾，定植后在地膜覆盖的良好小气候条件下，幼苗能很快恢复生长，促进早熟。

③定植前的田间准备　定植前的田间准备是地膜覆盖栽培的一个关键。它包括整地、施肥、做畦、铺膜等，以创造一个耕层深厚，水分充足，肥沃疏松的土壤环境，然后再盖上地膜，保护这个环境不被破坏，或者进一步发挥这些良好条件的作用。

施肥。在春季整地前，全面铺施和沟施相结合进行。铺施定量的 2/3 农家肥，另 1/3 沟施，土肥充分混匀，以确保辣椒各生育期对肥料的需求。施肥量一般应比无地膜覆盖的减少 20%～30%氮肥，并适当增施磷钾肥。

整地做畦。整地质量是地膜覆盖栽培的基础。在充分施用农家肥的前提下，提早并连续进行耕翻、灌溉、耙地、起垄等作业。耕地前先清除前茬秸秆及其他杂物，耕地后如墒情不好则应进行灌溉，待地表见干后立即耙平、碎土，紧接着起垄，随即铺盖地膜。辣椒多用垄栽，垄的高度一般不超过 15 cm，过高会影响灌水，不利于水分横向渗透，过低则影响地温的增温效果。垄向一般以南北方向延长为宜，东西向延长光照不均匀，地表温度北侧比南侧低。

铺膜。整地做畦之后，要紧跟着进行铺膜作业，这样有利于保持土壤水分。人工铺膜作业最好 3 人一组。首先在垄头将薄膜用土压紧，然后由一人将薄膜展开，并拉紧薄膜使其紧贴地面，另两人将膜的两侧用土压严，这样才能充分发挥地膜保水、增加地温、抑制杂草生长的作用。

垄沟底一般不覆盖薄膜，留作灌水和追肥用。覆盖地膜的面积占 60%～70%。在铺盖薄膜之前，要根据垄宽选择适合幅宽的薄膜，以免浪费。辣椒高垄栽培一般选用 90 cm 宽的地膜。

④定植　辣椒地膜覆盖栽培有两种定植方法：一种是先铺膜后定植；另一种是先定植后铺膜。两种方法各有优缺点。先定植后铺膜是植后灌水，待地面稍干后按幼苗位置的需要，将薄膜切成十字形的定植孔，然后把苗子从定植孔处套过，再将薄膜平铺于垄上，四周用泥土压紧。这种方法定植的速度较快，但容易碰伤幼苗的叶片，也不容易保持垄面的平整。先铺膜后定植是按株行距用刀划出定植孔，将定植孔下的土挖出、栽苗，再将挖出的土覆回，压住定植孔周围的薄膜即可。

辣椒地膜覆盖的株行距与不覆膜的相同，但由于覆盖地膜后植株无法培土，故植株应栽在垄背上而不栽在沟内。由于地膜覆盖并不能避免晚霜或者低温对幼苗的危害，因此，地膜覆盖与无地膜覆盖的幼苗定植期都应该是一样的。

⑤定植后的管理

a. 定植后至盛果期以前的管理。这一阶段以营养生长为主。地膜覆盖可以抑制土壤水分的蒸发，因此，刚定植的幼苗根系弱，外界气温低，地温也低，因此定植时浇水量不宜过大，以免降低地温，影响缓苗。定植后，在辣椒生长前期，灌水量要比无地膜覆盖的少。随后由于地膜覆盖促进了植株的生长发育，植株高大，特别是叶面积大，加大了水分的蒸腾量，所以辣椒生育中期以后，灌水量和次数应稍多于无地膜覆盖栽培，否则植株易遇旱害而早衰。在辣椒生长期由于地膜覆盖，不便于追肥，可用磷酸二氢钾、尿素等进行叶面喷肥。辣椒进入盛花期，开花坐果与空气湿度有关。当空气相对湿度达 80%，辣椒坐果率可达 52%；空气湿度下降到 22%，坐果率只有 0.78%。在长江中下游地区 5—6 月份空气平均相对湿度较大，对辣椒坐果影响极小；在北方地区，5—6 月份空气平均相对湿度一般在 50%～58%，个别年份低于 40%，对辣椒坐果影响极大。因此，蹲苗期不能太长，及时浇水不仅增加土壤湿度，也可增加田间的空气湿度，有利于开花坐果。第一层果实达到 2～3 cm 大小时，植株茎叶和花果同时生长，要及时浇水和追肥，每亩施腐熟人粪尿 500～1 000 kg 或 10～15 kg 化肥（硫酸铵或尿素）。施肥后应及时中耕，改善土壤的通透性，并提高土壤的保肥能力。

b. 盛果期的管理。进入盛果期，植株生长高大，发秧和结果同时进行。为防止植株早衰，要及时采收下层果实，并要加强浇水追肥，保持土壤湿润，以利于植株继续生长和开花坐果。进入雨季，植株封垄以前，应进行培土，以防雨季植株倒伏。同时也能降低根系周围的地温，有利于根系发育。结合培土可以追施优质农家肥，如饼肥、麻渣等。在南方地区，高温季节到来之前，为保护根系可在畦面撒盖一层稻草或麦壳，降低地温。

c. 高温雨季管理。南方6月下旬至9月上旬、北方7月至8月中旬是高温干旱或多雨季节，光照强度高，地表温度常超过38 ℃甚至出现50 ℃以上高温。地表温度过高会抑制辣椒根系的正常生长。这时期要保持土壤湿润，浇水要勤浇、轻浇，保护辣椒根系越夏，以便高温过后恢复植株生长，出现第二次开花坐果高峰。

辣椒根系怕涝，忌积水。雨季中土壤积水数小时，辣椒根系就会窒息，植株萎蔫，形成沤根死秧。轻者根系吸收能力降低，导致水分失调，叶片黄化脱落，引起落叶、落花、落果。因此，在雨季前要疏通排水沟，将雨水及时排掉。晴天骤然降雨，或久雨后暴晴，都易造成土壤空气减少，引起植株萎蔫。因此，雨后要及时浇清水，随浇随排，以降低土壤温度，增加土壤通透性，防止根系衰弱。雨季土壤营养淋失较多，7月上中旬要重施1次化肥，每亩施硫酸铵20～25 kg。雨季高温，杂草丛生，要及时清除杂草。

d. 结果后期缓秧复壮管理。高温雨季过后的八九月份气温凉爽，日照充足，适合辣椒的生长，是辣椒第二次开花坐果的高峰时期，所以要加强肥水管理，促使发新枝，多结果，增加后期产量。追肥可与浇水交替进行。浇1～2次清水后追施1次速效化肥，每亩10～15 kg硫酸铵。每隔7～8天浇1次水，9月份以后天气转凉，可追施稀粪水，往后浇水间隔时间应延长。生长好的植株秋后产量可占总产量的30%～35%。

e. 中耕除草。地膜覆盖栽培，可不进行中耕除草。一般情况下，如能保证整地、做畦和覆膜的质量，其膜下土壤表面温度可达40～50 ℃，大部分杂草生长受到抑制。为彻底消灭杂草，定植前可在畦面上喷洒除草剂，浓度要比露地栽培减少1/3。

f. 搭架支撑。地膜覆盖栽培辣椒，由于地上部分生长旺盛，土壤疏松，加上生长期不能培土，因而往往容易发生倒伏，应及时搭架支撑。在栽培上应少施氮肥，适当增施磷钾肥，控制灌水量，以防地上部徒长。

g. 薄膜的保护。辣椒幼苗定植后，覆盖在畦面上的薄膜常常因风、雨及田间操作等原因遭到破坏，有的膜面出现裂口，有的垄四周跑风漏气，造成土壤水分蒸发，地温下降，失去地膜覆盖的作用。因此，在进行各种田间操作时，要保护薄膜，一旦发现破裂，要及时用土压严。在大风多的地区应加风障防风。

h. 整枝和引枝。传统的辣椒栽培是不需整枝的，植株放任生长，一般株冠枝条繁多，植株直立性好，不需支架。但从田间调查来看，主枝的结果率可达80%，而侧枝仅为50%。鉴于此，目前生产上已开始采用整枝技术，多数实行的是四干或双干整枝。对主枝上的侧枝都是在一节时摘心，这样做主枝结果率高。从开花数和花的质量来看，以四干整枝为好。而从果实膨大来看，又以双干整枝为好。在密植的情况下，为了提高单位面积产量，可以考虑采用双干整枝。

据有关资料介绍，在一般常规栽培的情况下，1 m^2 土地上栽植8株的不如种植4株采用双干整枝的产量高。在实行整枝栽培时，植株的直立性差，对主枝则需要进行扶持或牵引。比较常用的方法是采用单篱壁架，每2个单篱壁架用木棍连接起来。也有的采用吊绳的方法，做法是先在栽培行的上方拉上南北向3道铁丝，用尼龙线（撕裂膜）吊引枝条，但牵引宜斜向呈45°角为好。

⑥采收　半辣型辣椒一般多食用青果。开花后25～30天，果实充分长大，绿色变深，质脆而有光泽时即可采收。辣椒是陆续开花结果，需分批分次采收，下层果实应及早采收，

以免坠秧影响上层果实的发育和产量的形成。干制辣椒要待果实完全红熟后采收，红一批收一批。

3. 辣椒夏秋栽培技术

在长江中下游地区，3 月中下旬播种，5 月上中旬定植，6 月下旬至 12 月收获；在黄淮海地区，春分到清明播种育苗，小满到芒种定植，立秋到霜降收获。因此，称夏秋茬栽培，也叫越夏或抗热栽培。这一茬的辣椒集中在天气比较冷凉的九、十月份收获，便于长途运输或通过保鲜延迟到秋后甚至元旦供应。

(1) 适宜品种

这茬辣椒栽培生长期主要在高温多雨的三伏天，高温多湿容易引起多种病害，因此必须选用耐热、抗病的中晚熟品种。如果安排长途运输和做保鲜处理的，还需要根据销往地的消费习惯，选用果形大、果肉厚、商品性状好、耐贮运的品种。目前比较好的品种有中椒 6 号、鄂椒 1 号、湘研 16 号、湘研 10 号等。

(2) 培育适龄壮苗

①育苗时间　这茬辣椒从播种育苗到开花结果需要 60～80 天。在长江流域、黄淮海地区一般与小麦、油菜籽等夏收作物接茬，育苗一般在 3 月下旬至 4 月上旬。种植辣椒有“宁叫苗等地，不叫地等苗”的习惯，故应适期早播，以求主动。

②育苗设施　播种床和分苗床都设在露地，但前期温度尚低，需要采用小拱棚短期覆盖，晚霜过后撤除棚膜。

③关键技术　为了减少分苗伤根和防止引发病害，一般采取一次播种育成苗的办法，因此需要适当稀播。出苗后要分 2～3 次间苗，到长有 1～2 片真叶时定苗，苗距达到 12 cm 左右。每撮留苗多少可视栽培方式而异：与油菜、小麦和大蒜接茬的一般留单株苗；与甜瓜套种的留双株苗；与西瓜套种的留 3 株苗。水分管理要充足，防止因缺水而影响生长。

(3) 施肥整地

①灭茬施肥　上茬作物收获后，要抓紧灭茬施肥，每亩需用优质农家肥 4 000～5 000 kg，过磷酸钙 50～75 kg，硫酸钾 20～25 kg。底肥铺施地面后，深翻整地，起垄或做小高畦，以利于排水防涝。

②株行距配置　夏秋茬辣椒行株距一般 60 cm×33 cm，每穴单株。适当密植，可以早封垄，降低地温，保持地面湿润，创造一个有利于辣椒生长的小气候条件，防止日灼发生。

(4) 定植

①时间　选阴天或晴天下午 3 时后进行，尽量减少秧苗打蔫。

②方法　起苗前一天浇足水，起苗须多带宿根土，运苗防止散坨，尽量减少伤根。栽后立即覆土，随栽随浇水。缓苗期需要连浇 2～3 次水，以降低地温，促进缓苗。

(5) 肥水管理

①追肥　夏秋茬辣椒定植后，科学运用肥水，促进茎叶迅速生长是取得高产丰收的关

键。为此，缓苗后要随即追肥浇水，一般每亩用人粪尿 1 500 kg 或尿素 15 kg，顺水冲入。“门椒”坐住后，再追人粪尿 2 500 kg 或尿素 25 kg，达到促果又促秧的目的。结果盛期还要追肥 1～2 次，防止植株早衰。

②浇水　除了追肥结合浇水外，在整个辣椒生长期间，基本掌握“开花结果前适当控制浇水，做到地面有湿有干；开花结果后，适当浇水，保持地面湿润”的原则。七、八月份温度高，浇水要在早、晚进行，以降低地温，控制病毒病发生。

③排涝防灾　遇有降雨田间形成积水时要及时排出；遇有热闷雨后要及时用井水浅浇快浇快排。雨水过多，土壤缺氧，叶色发黄时，要及时锄划放墒，同时叶面喷洒磷酸二氢钾，以提高植株的抗逆性。

(6) 保花保果

“门椒”“对椒”开花坐果时正是高温多雨时期，很容易引起落花、落果。为此，当有 30％的植株开花时，需用 25～30 mg/kg 的辣椒灵涂抹花柄或喷花，3～5 天处理 1 遍，但喷花不要把药液喷到茎叶上，天气冷凉后就可以不再处理。花期喷用 500 倍的磷酸二氢钾有较好的保花、保果的作用。

(7) 病虫害防治

夏秋茬辣椒栽培成功主要的一项工作是严防病毒病的发生和蔓延，必须从育苗开始就进行预防。这一时期主要的虫害是棉铃虫和烟草夜蛾，具体防治方法见病虫害部分。

(8) 采收和保鲜

辣椒以青果上市为主，一般来说，春夏季节以绿果上市较多，而秋冬季绿果、红果均可，以满足不同消费者的需要。但凡是进行贮藏保鲜的，必须采收绿果，以延长保鲜期。冬贮的辣椒或甜椒，一般是霜降前一次性采收，采用砂藏、窖藏等方法，温度保持 8 ℃左右，最低不能低于 0 ℃，可以贮藏 60 天以上。

4. 温室辣椒生产技术

(1) 选择品种

宜选用耐寒、耐弱光、生长势强、坐果能力强、抗病、丰产、味甜或微辣的品种，甜椒主要优良品种有中椒 4 号、冀研 12、冀研 13、甜杂 1 号、茄门甜椒、格鲁西亚、麦卡比等；辣椒品种有湘研 1 号、湘研 9 号、苏椒系列、中椒 6 号、冀研 7、冀研 19、鲁椒 3 号等品种。选择 2 年内的种子，种子质量应不低于 GB 16715.3—2010 中规定的最低质量标准。

(2) 育苗

①苗床准备　采用容器育苗。育苗土的农家肥、非重茬土壤用量比例为 4∶6，1 m^3 土内再混入氮、磷、钾复合肥 1 kg 左右，另加入多菌灵 100～200 g。把过筛的农家肥、土和农药充分混拌均匀，备用。

②播种与管理　底水浇过以后，每容器中央点播 1～2 粒经过浸种催芽的种子，播后覆

过筛细潮土厚约 0.5 cm。出苗后及时揭去床面覆盖物。1～2 叶时疏苗，疏除病苗、弱苗，每容器内留一壮苗。苗龄 60～70 天，苗高 20 cm，9～11 叶时定植。

(3) 定植

①整地做畦　每亩施入腐熟优质粪肥 5 000 kg、磷酸二铵 50～100 kg、饼肥 100～200 kg、硫酸钾 20 kg、硫酸铜 3 kg、硫酸锌 1 kg、持效硼肥 1 kg。深翻使肥料与土充分混匀。采用小高畦地膜覆盖栽培。小高畦间距 1.1～1.2 m，每畦栽双行，采用大小行栽培，小行距 0.45～0.50 m、大行距 0.65～0.70 m，穴距 35 cm。

②定植技术　辣椒一般为每亩 2 700 株左右。生长势较弱的早熟品种每亩 3 000 株左右。深度以苗坨与畦面相平为宜，栽后封严定植穴，并覆盖地膜（图 2-6）。甜椒定植密度应比辣椒稀些。

图 2-6　辣椒定植

(4) 田间管理

①温度管理　定植后缓苗阶段要注意防高温，晴天中午前后的温度超过 35 ℃时要通风降温或遮阳降温。缓苗后对辣椒进行大温差管理，白天温度 25～30 ℃，夜间温度 15 ℃左右。开花结果期夜间温度应保持在 15 ℃以上。冬季要注意防寒，最低温度不要低于 5 ℃。翌年春季要注意防高温，白天温度 30 ℃左右，夜间温度 20 ℃左右。

②肥水管理　缓苗后应及时浇一次水，促发棵。开花坐果期要控制浇水，大部分植株上的门椒长到核桃大小后开始浇水，结果期间要勤浇水、浇小水，经常保持地面湿润。缓苗后结合浇发棵水追一次氮肥，每亩 15 kg 左右。结果期每 10～15 天追一次肥，尿素、复合肥与有机肥交替施用。有机肥要先沤制，浇水时取上清液冲施。

③整枝　大果形品种结果数量少，对果实的品质要求较高，一般保留 3～4 个结果枝；小果形品种结果数量多，主要依靠增加结果数来提高产量，一般保留 4 个以上结果枝。辣椒整枝不宜过早，一般当侧枝长到 15 cm 左右长时抹掉为宜，以后的各级分枝也应在分枝长到 10～15 cm 长时打掉。

④绑蔓　在每行辣椒上方南北向各拉一道10号或12号铁丝。将绳的一端系到辣椒栽培行上方的粗铁丝上，下端用宽松活口系到侧枝的基部，每根侧枝一根绳。用绳将侧枝轻轻缠绕住，使侧枝按要求的方向生长。

(5) 再生栽培

结果后期，将对椒以上的枝条全部剪除，用石蜡将剪口封涂，同时清扫干净地膜表面及明沟的枯枝烂叶。腋芽萌发并开始生长后，喷施一次30 mg/kg赤霉素。及时抹去多余的腋芽。新梢长至15 cm左右时，每株留4～5条新梢，其余剪除。新梢长至30 cm时进行牵引整枝，及时剪除植株中下部节间超过6 cm的徒长枝。

(6) 采收

门椒、对椒及长势弱的植株上的果实适当早收，其他各层在果实充分膨大，果肉变硬、色变深且保持绿色未转红时采收为最适期。秋、冬季节当外界最低气温降至5 ℃以前，要将全部果实及时采收，以免受冻。选择晴天早晨或傍晚采收。田间使用的容器应洁净，内表平滑。辣椒枝条较脆，采摘时应注意，以免折断枝条，影响产量。果实经过预处理后，分级包装上市。贮运时做到轻装轻卸。最好用冷藏车进行运输，冷藏温度控制在7～9 ℃，空气相对湿度保持在90%～95%。

情景四　辣椒主要病虫害及防治技术

第一节　侵染性病害

1. 辣椒疫病

(1) 发病症状

辣椒疫病苗期、成株期均可发生，茎、叶、果都可染病。苗期发病，茎基部呈暗绿色水浸状软腐或猝倒，又称苗期猝倒病。果实染病始于蒂部，初生暗绿色水浸状斑，迅速变褐软腐，湿度大时长出白色霉层，即病原菌孢子囊梗及孢子囊，干燥后形成暗褐色僵果留在枝上。茎部染病，分杈处变为黑褐色或黑色，其中茎基部受害最为严重，病斑初为水浸状，后出现环绕表皮扩展的褐色或黑色条斑，病部明显缢缩，造成地上部折倒（图2-7）。主要危害成株，植株急速凋萎，农民称之为“死棵”，是一种毁灭性病害，在某些冬暖大棚甚至造成绝产。

图 2-7 辣椒疫病

(2) 发病规律

辣椒疫病属真菌性病害，病菌主要以卵孢子、厚垣孢子在病残体或土壤、种子上越冬，其中土壤中病残体带菌率最高，为主侵染源。此病为土传病害，病菌生长发育适温 30 ℃，阴雨天后病害易发生流行，发病周期短。土质黏重、田间排水不畅、易积水的地块发病重。浇水过勤，浇水量过大的地块也易发生。此外，植株定植过密，通风透光不良，发病重。

(3) 防治措施

①培育无病壮苗 种子先用清水预浸 10 h，再用 1%硫酸铜溶液浸种 5 min，用 72.2%普力克水剂 600～800 倍液浸种 12 h，捞起洗净后催芽播种。辣椒育苗一定要做好苗床土壤消毒。育苗床土选用两年未种过茄果类蔬菜的大田土，苗床整好后，1 m^2 苗床用 70%杜邦克露 10 g 与 10～15 kg 细干土混匀拌成药土，留 1/3 药土作为播种后的覆盖用土，2/3 药土撒于苗床内。这样，播种后种子上下都是药土，能有效预防苗期病害。成苗后在苗床上选用无病壮苗移栽。

②实行轮作 发病田不要与瓜类、茄果类蔬菜连作，可与十字花科、豆科等蔬菜轮作，轮作时间在 3 年以上。据调查，大棚蔬菜种植中，辣椒疫病重茬地发病率高达 30%，轮作发病率可降低至 1%以下。

③地膜覆盖高垄栽培 地膜覆盖可提高地温，减少水分蒸发，促进幼苗前期生长健壮，提高植株的抗病能力。行间覆地膜，可明显降低棚内湿度，高垄栽培（垄高 15～20 cm）可避免根部积水而引发疫病。

④加强田间管理 施足腐熟的基肥，避免偏施氮肥，适当增施磷钾肥，避免施用未腐熟的人粪尿、鸡粪等有机肥。防止大水漫灌，尤其在高温条件下，严禁浇大水，以防出现高温高湿。据观察，在持续高温期内浇水，特别是连浇 2～3 次大水时病株率高达 80%，而小水灌溉时病株率仅 10%左右。

⑤科学合理用药 在发病初期及时施药，用 50%瑞毒铜 1 000 倍液或绿乳铜 800～1 000

倍液均匀喷雾，效果较好。也可用50%甲霜铜500倍液、64%瑞毒铝铜250倍液进行防治，每隔7～10天喷一次，视病情可连续喷施2～3次。也可选用烟熏法或粉尘法防治，发病初期每亩用45%百菌清烟雾剂250～300 g或5%百菌清粉尘剂1.0 kg，隔7天左右一次，连续防治2～3次，这样既可防病，又可适当降低室内湿度。

⑥控制中心病株　出现中心病株应及时拔除，喷施与浇灌并举，用72%杜邦克露可湿性粉剂600～700倍液或72.2%普力克水剂800倍液等进行病穴处理，每隔7～10天一次，连续防治2～3次。

⑦灌根防治　大棚辣椒生产过程中，灌水要在晴天进行，尽量采取膜下暗灌。灌水前每亩均匀撒施硫酸铜晶体1～2 kg，随水流入田间。浇水以不超过垄高的2/3为标准，切忌大水漫灌，灌水后要及时通风。清洁田园，可减少土壤中疫病的病原菌数量，减轻病害的发生。

2. 辣椒灰霉病

(1) 发病症状

辣椒灰霉病自苗期至成株期均可发生，主要为害叶片、茎秆、花、果实。苗期发病，初始子叶顶端褪绿变黄，后扩展至幼茎，幼茎变细缢缩，使幼苗病茎折断枯死。叶片发病，初始叶外缘褪绿变黄并产生灰白色霉层，发病末期可使整叶腐烂而死（图2-8）。茎秆发病，初始在茎秆上产生水浸状小斑，扩展后呈长椭圆形或不规则形，病部呈淡褐色，表面有灰白色霉层。严重时，病斑可绕茎秆一周，引起病部上端的茎、叶萎蔫枯死。果实发病，初期被害部位的果皮呈灰白色水浸状，后发生组织软腐，后期在病部表面密生灰白色霉层。

图2-8　辣椒灰霉病

(2) 发病规律

病菌喜温暖高湿的环境，最适发病温度为20～28 ℃，相对湿度90%以上，最适感病生育期为始花期至坐果期。辣椒灰霉病主要发病盛期为12月中下旬至5月。早春温度偏低、多阴雨、光照时数少，易发病。连作地、排水不良、与感病寄主间作、种植过密、生长过旺、通风透光差、氮肥施用过多的易发病。保护地栽培春季阴雨连绵、气温低、关棚时间长、棚内湿度高、通风换气不良，极易引发病害。

(3) 防治措施

通常的防治方法是喷药、熏蒸、蘸花和降湿升温。

喷药应在初发期进行，重点喷好花果部分，因为灰霉病先侵染花瓣，然后到达萼片和果实。开始时病部呈褐色腐烂，之后生出灰毛，继而扩散危害枝叶等部分，所以要重点喷好花果。效果较好的药物有40%嘧霉胺（施佳乐）1 200倍液、40%百可得900倍液、50%多霉清（多霉威、万霉灵）600倍液、25%啶菌恶唑3 000倍液、50%扑海因1 000～1 500倍液以及速克灵、农利灵、咯菌腈等。这些药物多同600倍的百菌清一起喷施，以防产生抗药性，并能提高对灰霉病的防效。

熏蒸最好在喷药的基础上进行，可以用百速烟剂，每亩200 g。在实践中发现用菌核净效果更好，方法是用木柴或玉米芯点燃，等冒过烟火后移到棚中，在上面撒上菌核净即能发烟熏棚，亩用量为40%菌核净200 g，不可整夜熏，应从半夜开始，避免时间过长（以5～6 h为宜），产生药害。

蘸花是在灰霉病严重时或喷药效果欠佳时的有效措施，用咯菌腈400倍液、异菌脲（扑海因）或腐霉利500倍液把花及幼果蘸湿，能阻止病害向果实发展，效果良好，但较费时费力。如果落花落果现象严重，为保花保果并兼防灰霉病，可用0.2 kg水加2，4-D 1支（5 mL）＋赤霉素3～4 mL＋咯菌腈1包（10 mL），直接蘸已开放8～9成的花朵，效果显著。

棚室拉开草苫以后可等温度升高再逐步放风，升到31～33 ℃时再放风最好，这样能抑制灰霉孢子产生，使病情不再扩展。另外，地面盖地膜、膜下浇水等也是综合防治措施。

3. 辣椒菌核病

(1) 发病症状

辣椒自幼苗至成株期均可感病，主要为害茎基部，也能为害茎、叶、叶柄、花、果实和果柄。茎发病，初始为褐色水浸状斑，后病斑绕茎变黄。湿度高时病部长出一层白色棉絮状菌丝体，软腐无气味，田间湿度低时病斑呈灰白色，稍凹陷，易折断（图2-9）。受害后茎秆内髓部被破坏，腐烂而中空，剥开可见白色菌丝体和黑色菌核。

(2) 发病规律

病菌喜温暖高湿的环境，最适发病环境温度为20～25 ℃，相对湿度90%以上，最适感病生育期为成株期至开花坐果期。发病潜育期5～8天。辣椒菌核病的主要发病盛期为2—6月，早春多雨、寒流侵袭、作物受冻、天气忽冷忽热变换频繁或梅雨期间多雨发病重。排水不良、种植过密、通风透光差、氮肥施用过多、茎叶过嫩或受霜害、冻害和肥害的易发病，保护地通风换气少、大水大肥浇灌的易发病。

(3) 防治措施

与禾本科作物或葱蒜类蔬菜轮作。在春季寒流侵袭前要及时加盖塑料薄膜，并在棚室前

图 2-9　辣椒菌核病

裙盖草苫，防止植株受冻。控制保护地栽培棚内的温湿度，及时放风排湿。在发病初期开始喷药，每隔 7～10 天喷 1 次药，连续喷 2～3 次，药剂可选用 43%戊唑醇（好力克）悬浮剂 3 000～4 000 倍液、50%腐霉利（速克灵）可湿性粉剂 1 000 倍液、50%农利灵可湿性粉剂 1 000 倍液、50%扑海因可湿性粉剂 1 000 倍液等。发现病茎可用 50%农利灵可湿性粉剂 50 倍高浓度液涂病茎防治。

4. 辣椒枯萎病

(1) 发病症状

辣椒枯萎病发病时茎基部皮层呈水浸状腐烂，维管束褐色（图 2-10）。发病后下部叶片黄色，萎蔫干枯脱落，继而全株枯死。有时病害只在植株一侧发展，形成纵向条纹斑坏死。根系呈水浸状软腐，在潮湿条件下，病部常产生白色或粉红色霉状物。

(2) 发病规律

一是连作致病。作物栽培种类单一，同种同科蔬菜长期连作，致使土壤中的病菌积累，数量增加，故连作时间越长，发病率越高，病情越重。二是种子带菌。带菌种子和带有病原体的有机肥是病害的初侵染源，播种前种子、营养土等未进行处理，或选用的消毒药剂不对，均为病害的发生条件。病菌从幼苗的根部或茎基部皮孔和伤口侵入，在维管束内繁殖蔓延，引起萎蔫。三是措施不当。采用平畦栽培，不利于田间积水的排出。灌溉时大水漫灌或浇水次数偏多，导致土壤含水量过多，湿度过大，透气性差，为病害的发生创造了条件。四是盲目施肥。过多施用氮素化肥，忽视钾肥、微肥及优质农家肥的施用，造成植株徒长，植株根系长期处于一种不良的土壤环境中，抗病能力下降，发病率增加。

(3) 防治措施

①轮作　合理轮作换茬，避免与瓜类、茄果类蔬菜连作。

②培育无病壮苗，严格土壤消毒　一是要注意种子消毒，可用 50%多菌灵 500 倍液浸种防病。二是要注意苗床土壤消毒。三是要注意营养钵或穴盘育苗时，减少移栽出现的伤根现象，防止病菌从伤口侵入，培育无病壮苗。

图 2-10　辣椒枯萎病

③实行高垄栽培，坚持科学灌水　平整土地，起垄栽培，既有利于排灌，又可以增强土壤的透气性。浇水时要采用小水浇灌或膜下浇水，不能大水漫灌。

④做到平衡施肥，加强田间管理　多施用经过充分腐熟的优质农家肥，适量增施磷、钾肥料，合理配施锌、硼等微量元素，要控制氮肥用量，使植株健壮生长，提高自身的抗病力。在辣椒生长期间，注意观察生长状况，发现病株及时拔除，集中烧毁，并将病穴及周围植株进行灌药处理，防止土壤中的病菌蔓延危害。

⑤药剂防治　发病前和发病初期及早用药防治，可用多菌灵 500 倍液混加福美双 500 倍液进行灌根，每 7～10 天 1 次，连续 2～3 次。

5. 辣椒白粉病

白粉病主要侵害辣椒叶片，是引起辣椒落叶的一个重要病害。保护地栽培在夏秋季节天气干旱、灌水过少的情况下较易发病，发病后大量落叶，果实不易肥大。

（1）发病症状

发生初期，先在叶片正面产生褪绿的小黄斑点，然后逐渐发展成为边缘不明显、较大的淡黄色斑块。严重时整个辣椒叶片全部染病，沿叶脉的组织坏死，产生褐色小点，并在叶片背面产生很薄一层白色霜状霉层，即病菌的分生孢子梗和分生孢子（图 2-11）。病叶发黄，极易脱落。

图 2-11　辣椒白粉病

(2) 发病规律

病菌随病叶在地表和土壤中越冬。病菌分生孢子在 10～35 ℃条件下均可萌发，气温低于 30 ℃最适合侵染。病菌孢子萌发后以芽管通过寄主侵入气孔，侵入后内生菌丝，在寄主细胞间扩展并吸收寄主养分。随后分生孢子梗从气孔内伸出，形成白粉状的分生孢子。分生孢子在田间主要靠气流传播扩散。分生孢子萌发需在水滴内进行，但病害流行却在空气相对湿度低于 60％的较干燥环境中发展较快。一旦侵入，气温高于 30 ℃时可加速症状的出现。昼夜温差大时，有利于白粉病发生发展。

(3) 防治措施

保持田间适宜的空气湿度，防止土壤干旱和空气干燥。发病初期可喷 15％三唑酮 800～1 000 倍液，或 50％硫黄悬浮剂 300 倍液，或 50％甲基托布津 1 000 倍液，每 7 天左右喷 1 次，连续喷 2～3 次。

6. 辣椒叶霉病

(1) 发病症状

辣椒叶霉病主要侵害叶片，最初在叶片上产生浅黄色不规则的褪绿斑块（图 2-12），叶背部初生浅白色霉层，不久叶正面产生浅黄色至黄色大斑，数量较多，不受叶脉限制，叶背部霉层逐渐变为浅灰色至黑褐色绒毛状霉，即病原菌的分生孢子梗和分生孢子。病叶无明显变脆增厚和上卷现象，后期叶片也很少脱落。发病初期由下部叶片开始，发病严重时整片叶形成花斑，变黄干枯。经调查，国外品种较国内品种发病重。

(2) 发病规律

病菌主要以菌丝体和分生孢子随病残体遗留在地面越冬，第 2 年环境条件适宜时，病组织上产生分生孢子，通过气流传播，在寄主表面萌发后从伤口或体表侵入，病部又产生分生

图 2-12　辣椒叶霉病

孢子，进行再次侵染传播。栽培过密、田间生长郁闭、干湿交替或有白粉虱等虫害发生时，均易感染此病。该病菌孢子随风传播极为迅速。

(3) 防治措施

①选用抗病品种　栽培中应选用抗性较强的品种，选用国外品种时，应先进行抗病性试验，然后再进行选择。经试验筛选，寿光长羊角椒、长剑等品种抗病性好，而荷兰彩椒白公主、紫贵人等品种易感染此病。

②及早清洁田园　防治该病应突出一个“早”字，发现病株及病叶应及早清除，集中深埋或烧毁，收获后及时清除植株残体，以断绝循环侵染途径。

③合理密植，加强管理　栽植密度应依照品种特性及要求适当安排。尽量避免忽干忽湿现象出现，严禁大水漫灌，注意降低田间湿度，尤其是保护地中的空气相对湿度。

④实行轮作　辣椒叶霉病主要是病残体在土中或病菌孢子直接落入土中进行循环侵染，故应与其他作物轮作。

⑤增施石灰和腐熟的有机肥　由于该菌喜酸性环境，整地时每亩应撒施生石灰 150～200 kg，并施用经充分腐熟的有机肥，以避免“生肥发酵”产生“烧根”而造成伤口发病。

⑥药剂防治　发病前或发病初期用 47%春雷·王铜可湿性粉剂 800 倍液，或 10%多抗霉素 800 倍液，或 65%万霉灵可湿性粉剂 1 200 倍液，或 75%百菌清 600 倍液进行喷施，每隔 7～10 天喷 1 次，连续喷 3～4 次。发病期，上述药剂可适当加大浓度进行防治。但在采收前 15～20 天应停止喷药，以防果实中农药残留过量而影响销售。除喷雾防治外，还可使用 6.5%甲霉灵粉尘剂或 5%百菌清粉尘剂，每亩用量为 1.5～1.8 kg，喷粉防治。

7. 辣椒霜霉病

(1) 发病症状

辣椒霜霉病主要侵害叶片、叶柄及嫩茎（图 2-13）。叶片染病，病斑略呈浅绿色，不规则，叶背有稀疏的白色薄霉层，病叶变脆较厚，稍向上卷，后期叶易脱落。叶柄、嫩茎染病，呈褐色水浸状，病部出现白色稀疏的霉层。

图 2-13　辣椒霜霉病

(2) 发病规律

病菌以卵孢子越冬。翌年条件适宜时产生游动孢子，借气流、灌水传播蔓延，进行再侵染，经多次再侵染该病流行。一般棚内气温 20～24 ℃时发病重。

(3) 防治方法

选用抗病品种，实行 2 年以上轮作。清洁田园，病残体集中烧毁，及时耕翻土地。发病初期开始喷洒 72%克霜氰可湿性粉剂 800 倍液，或 72%克露可湿性粉剂 800 倍液，或 1∶1∶200 倍波尔多液，或 90%三乙膦铝可湿性粉剂 500 倍液，或 60%琥·乙膦铝可湿性粉剂 500 倍液，防治 1～2 次。

8. 辣椒炭疽病

辣椒炭疽病有 3 种，即黑色炭疽病、黑点炭疽病和红色炭疽病。其中黑色炭疽病发生普遍，黑点炭疽病仅部分地区发生，红色炭疽病发生较少。

(1) 发病症状

辣椒叶上 3 种炭疽病的症状相似，区别如下：一是黑色炭疽病危害叶片和果实，成熟果实和衰老叶片受害更重（图 2-14）。叶片发病初期呈现褪绿色水浸状斑点，然后逐渐变成褐色，以后变成边缘为深褐色、中间为浅褐或灰白色的近圆形或不规则形斑，上面轮生黑色小点，即病菌和分生孢子盘。发病叶片易脱落，严重时只剩顶部小叶。果实上的病斑长圆形或不规则形，初呈水浸状，后呈褐色、凹陷，有稍隆起的同心轮纹，其上也密生小黑点，病斑的边缘有湿润的变色圈。干燥时病斑干缩，似羊皮纸状，易破裂。二是黑点炭疽病成熟果实受害严重。病斑很像黑色炭疽病，但病斑上的小黑点较大，色较深，在潮湿条件下，小黑点能溢出黏质物。三是红色炭疽病幼果和成熟果均能受害，病斑圆形、黄褐色、水浸状、凹陷，病斑上有橙红色小点，略呈同心环状排列，在潮湿条件下，整个病斑表面溢出红色黏质物。

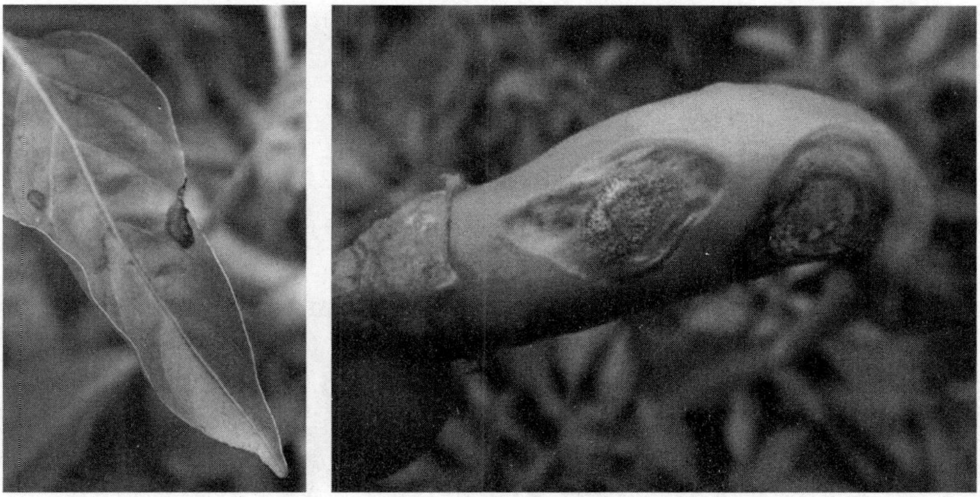

图 2-14　辣椒炭疽病

(2) 发病规律

温暖高湿有利于炭疽病发生和发展。本病菌孢子萌发、侵染需要相对湿度 95%以上，发育温度为 12～33 ℃，最适温度为 27 ℃，如果相对湿度低于 70%，则不利于发病。植株根系发育不良发病重，辣椒根系发育不良致使植株生长衰弱是发病的重要因素。凡不利于辣椒根系生长发育的栽培条件都能促进发病，如栽植过深、地温低、中耕不及时、肥料不足或施用氮素化肥过多，以及栽植密度过小，枝叶不能封行，使土壤温度过高等。地势低洼、土壤黏重、排水不良的地块发病早而重，往往成为发病中心。有辣味的辣椒品种中辣味强的比较抗病。果实日灼或有机械损伤可加重炭疽病的发生。

(3) 防治措施

①轮作　连续多年实行轮作可不发病或少发病，应在发病重的地区实行轮作。

②种子处理　消灭种子上的病菌，要在播种前进行种子处理。一是温汤浸种。用清水洗净种子，然后用 55 ℃温水浸种 10 min 后立即移入冷水中冷却，然后催芽播种。二是硫酸铜溶液浸种。先将种子在清水中浸泡 6～15 h，再用 1%硫酸铜溶液浸种 5 min，捞出后拌少量石灰或草木灰中和酸性；或硫酸铜浸种后，用清水洗 3 遍，再播种。

③促进根系发育　在深耕的基础上，每亩施腐熟的有机肥 5 000 kg，最好分层施较长效的氮磷钾复合肥 60～80 kg 作底肥，代替追肥。用营养钵育苗，减少移植伤根。定植深度从茎基部算起，一般以 4～5 cm 为宜，定植次日开始中耕，灌水后适时中耕，防止土表裂缝，最后一次中耕要多培土。灌水时，如果气温低要选晴天进行，气温高时要在早晚进行，追肥不要离根太近，追肥后要及时灌水。

④防止果实日灼和机械伤害　定植密度以成株期枝叶相接而不拥挤为原则，田间操作避免碰伤果实。

⑤大棚卫生　果实采收后，要彻底清除田间病残体，集中烧毁或深埋，并结合深耕促使病菌死亡。

⑥化学防治　发现病株及时喷药防治，常用药剂有1∶1∶200波尔多液、70%甲基托布津可湿性粉剂1 000倍液、75%百菌清可湿性粉剂500～600倍液、50%福美双可湿性粉剂500倍液等。

9. 辣椒细菌性叶斑病

辣椒在冬暖大棚中栽培若遇高温高湿，易导致细菌性叶斑病的发生，使辣椒大量落叶、落果、落花，对产量影响很大（图2-15）。

图2-15　辣椒细菌性叶斑病

(1) 发病症状

该病在田间点片发生，主要为害叶片。成株叶片发病，初生黄绿色不规则的水浸状小斑点，扩大后变为红褐色或深褐色至铁锈色，病斑膜质，大小不等。干燥时，病斑多呈红褐色。该病一旦侵染，扩展速度很快，一株或个别叶片或多数叶片发病，植株仍可生长，严重时叶片大部分脱落。细菌性叶斑病病健交界处明显，但不隆起，区别于辣椒疮痂病。辣椒细菌性叶斑病是由丁香假单胞杆菌侵染引起的，病菌主要在种子及病残体上越冬，在田间借风雨或灌溉水传播，从辣椒叶片伤口处侵入。病菌生长发育适温为25～28 ℃。高温高湿时蔓延快，排水不良、瘠薄缺肥地病害严重。

(2) 发病原因

冬暖大棚内没有进行熏蒸消毒或消毒不彻底，室内的病株残体没有清理干净，种子带菌、在播种前未进行种子消毒处理。冬暖大棚内灌水后没有及时通风排湿，导致室内高温高湿。前茬蔬菜收获后，土壤不进行深翻暴晒直接进行下一茬栽培也容易引发病害。

(3) 防治措施

①实行合理轮作　与非茄科蔬菜轮作2～3年。前茬蔬菜收获后及时彻底清除病残体，结合深耕晒垡，促使病残体腐解，加速病菌死亡。

②种子消毒　播前用种子重量0.3%的50%琥胶肥酸铜可湿性粉剂拌种，可有效防止辣椒细菌性叶斑病的发生。

③加强管理　定植前要平整土地，深翻土壤，并采用高垄栽培，辣椒生长过程中及时中

耕松土和施肥。防止积水，避免大水漫灌。土壤灌水后室内温度升高时应及时通风排湿。冬暖大棚内的蓄水池要用薄膜覆盖，防止室内温度升高时水分蒸发增加空气湿度。发现病叶及时清除到室外深埋或烧毁。

④药剂防治　发病初期，喷新植霉素 4 000～5 000 倍液、47%春雷・王铜可湿性粉剂 600 倍液、12% 松脂酸铜乳油 500 倍液、铜大师 1 000 倍液或氢氧化铜 800 倍液。隔 7～8 天喷 1 次，连续防治 2～3 次。

10. 辣椒疮痂病

辣椒疮痂病也叫细菌性斑点病，保护地栽培危害较普遍，苗期和成株期均可发病，可造成大量落花、落果、落叶（图 2-16）。

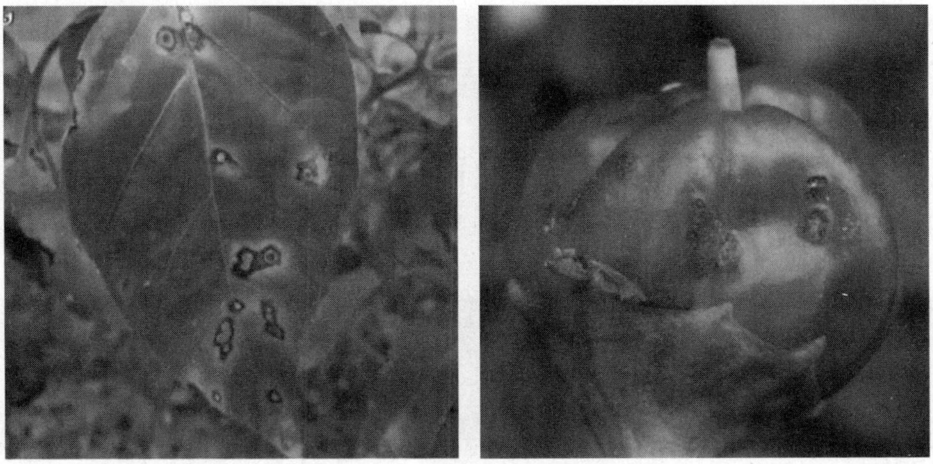

图 2-16　辣椒疮痂病

(1) 发病症状

疮痂病主要发生在叶和茎上，有时也侵染果实。叶片染病，初期出现水浸状黄绿色小斑点，扩大后呈不规则形。病斑边缘暗绿色，稍隆起，中间淡褐色，稍凹陷。病斑表皮粗糙，呈疮痂状。受害重的叶片，边缘、叶间变黄，干枯脱落。如果病斑沿叶脉发生，常使叶片变成畸形。茎部和果柄染病，出现不规则条形病斑或斑块，颜色暗绿色，逐渐木栓化或纵裂成疮痂状。果实被害，开始有褐色隆起的小黑点，随后扩大为稍隆起的圆形或长圆形黑色疮痂病斑。潮湿时，疮痂中间有菌液溢出。辣椒幼苗染病时，子叶上出现水浸状银白色小斑点，后变为暗色凹陷病斑。发病严重时常引起幼苗全株落叶，最终植株死亡。

(2) 发病规律

辣椒疮痂病由细菌侵染引起，病原菌附着在种子表面或随病残体在土壤里越冬，翌年随灌溉水、农事操作传播，从叶片气孔或植株伤口处侵入。病菌生长发育最适温度为 27～30 ℃，最低 5 ℃，最高 40 ℃，遇 59 ℃高温 10 min 病菌死亡。空气相对湿度 90%以上有利于发病。高温、高湿是诱发辣椒疮痂病的重要条件。冬暖大棚夏秋茬栽培，气温高、浇水多、放风量小、缺肥等条件下容易发病。

(3) 防治措施

种子播种前进行消毒处理，一般先将种子在清水中浸泡 6～15 h，再用 1%硫酸铜溶液浸 5 min，捞出后拌少量石灰或草木灰中和酸性。或用 55 ℃温水浸种 10 min 后立即用冷水冷却，然后催芽播种。定植后加强管理，促进植株根系发展，提高抗病能力。冬暖大棚内注意通风降温，防止高温高湿，及时把病叶、病果、病株清除到室外深埋或烧毁。发病初期可喷 1∶1∶200 波尔多液，或新植霉素 4 000～5 000 倍液，7～10 天喷 1 次。各种农药交替使用，连续喷 3～4 次。

11. 烟青虫

烟青虫是蔬菜上蛀食性害虫，全国各地均有分布。大发生年份，蛀果率可高达 30%～50%。

(1) 发病症状

主要以幼虫蛀食果实为主，也可为害嫩茎、叶片和芽；蕾、花受害可引起大量落蕾、落花；幼虫钻入果实内蛀食果肉（图 2-17），造成果实腐烂和大量落果，易诱发软腐病。果内积满虫粪和蜕皮，使果实不能食用。

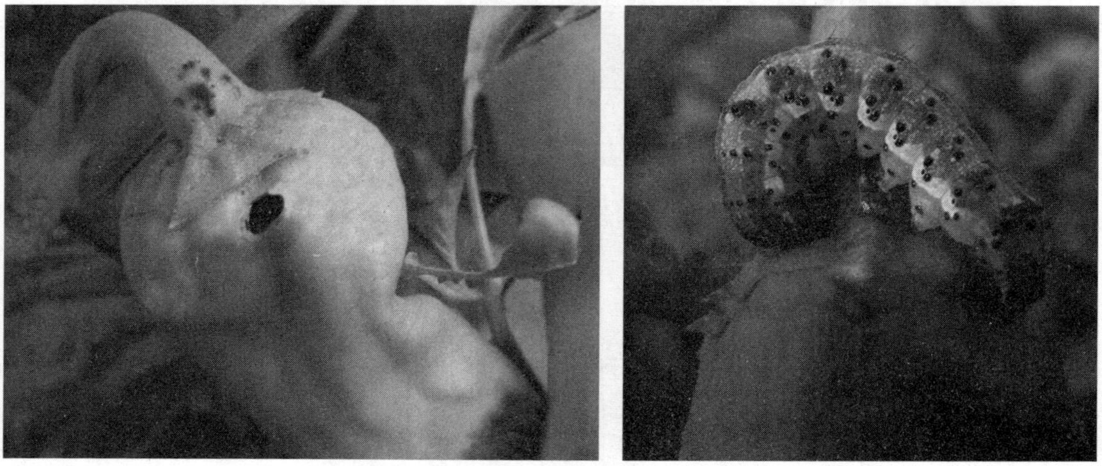

图 2-17　烟青虫为害辣椒

(2) 发病规律

烟青虫是烟夜蛾的幼虫，它在形态和习性上与棉铃虫很相似。在东北地区一年发生 2 代，华北 3～4 代，西北、西南、华中地区及上海年发生 4～5 代。卵期 3～4 天，幼虫期 12～23 天，蛹期 14～18 天，成虫期 5～7 天。以蝇在土中越冬。前期成虫卵散产于植株上中部叶片背面的叶脉处，后期产在萼片和果实上。9 月中下旬大棚秋延辣椒坐果盛期，时值烟青虫第 3 代幼虫为害期。幼虫昼伏夜出。

(3) 防治措施

①及时整枝打杈　把嫩叶、嫩枝上的卵及幼虫一起带出田外销毁；收获结束后深耕土

壤，破坏土中蛹室，增加蛹的死亡率。

②生物防治　成虫产卵高峰后3～4天，喷洒Bt乳剂、HD-1苏云金杆菌或核型多角体病毒，或25%灭幼脲悬乳剂600倍液，连续喷洒2次，防治效果最佳。

③物理防治　用黑光灯、杨柳诱杀，将杨柳枝剪下0.7～1 m长，每6大根捆成一把，上部捆紧，下部绑30 cm长的木棒，用90%杀螟松乳油500～800倍液或80%敌敌畏乳油1 000倍液喷洒，用药时间掌握在幼虫未蛀入果实以前进行，每隔7～10天喷1次。还可释放赤眼蜂或草蛉，对于烟青虫的卵和幼虫密度减退有效，防治效果好。

④化学药剂防治　生产上应在烟青虫发生前期密切调查，当百株卵量达20～30粒时即应开始用药，如百株幼虫超过5头，应继续用药。一般在果实开始膨大时开始用药，可采用以下杀虫剂进行防治：20%虫酰肼悬浮剂1 500～3 000倍液、5%氟啶脲乳油1 000～2 000倍液、24%甲氧虫酰肼悬浮剂2 000～4 000倍液、1%甲氨基阿维菌素苯甲酸盐乳油3 000～4 000倍液、8 000 IU/mL苏云金杆菌可湿性粉剂1 000～1 500倍液、2.5%多杀霉素悬浮剂1 000～2 000倍液、10亿PIB/g棉铃虫多核型角体病毒可湿性粉剂700～1 500倍液、2.5%溴氰菊酯乳油1 500～2 500倍液，均匀喷雾，视虫情每周1次，连续防治3～4次。

12. 茶黄螨

茶黄螨主要在温室、大棚中为害，导致辣椒生长停滞，植株早衰，果实畸形。一般造成辣椒减产15%～30%，严重的甚至达40%以上。茶黄螨虫体极小，不易被发现，早期调查需根据被害植株进行判断。

(1) 发病症状

茶黄螨以刺吸式口器吸取植物汁液为害。可为害叶片、新梢、花蕾和果实。叶片受害后，变厚变小变硬，叶反面茶锈色，油渍状，叶缘向背面卷曲，嫩茎呈锈色，梢顶端枯死，花蕾畸形，不能开花。果实受害后，果面黄褐色粗糙，果皮龟裂，种子外落，严重时呈馒头开花状（图2-18）。具趋嫩性。茶黄螨喜欢在植株的幼嫩部位取食，受害症状在顶部的生长点显现，中下部没症状；病毒病除在顶部为害外，有时全株表现症状。

图2-18　茶黄螨为害辣椒果实

(2) 发病规律

每年可发生几十代，主要在棚室中的植株上或在土壤中越冬。棚室中全年均有发生，而露地菜则以6—9月份受害较重。生长迅速，在18～20 ℃下，7～10天可发育1代，在28～30 ℃下，4～5天发生1代。生长的最适温度为16～23 ℃，相对湿度为80%～90%。以两性生殖为主，也可进行孤雌生殖，但未受精的卵孵化率低，且均为雄性。单雌产卵量为百余粒，卵多散产于嫩叶背面和果实的凹陷处。成螨活动能力强，靠爬迁或自然力扩散蔓延。

(3) 防治措施

茄果类蔬菜与韭菜、生菜、小白菜、油菜、香菜等耐寒叶菜类轮作能减轻为害。加强田间管理，培育壮苗壮秧，适当增加通风透光量，防止徒长、疯长，有效降低田间空气相对湿度，从生态上打破茶黄螨发生的气候规律，减轻为害程度。清除渠埂和田园周围的杂草，前茬蔬菜收获后要及早拉秧，彻底清除田间的落果、落叶和残枝，并集中烧毁。同时深翻耕地，消灭虫源，压低越冬螨虫口基数。加强冬春季节温室大棚内的药剂杀螨工作。

保护天敌，避免使用高效、剧毒等对天敌杀伤力大的农药，以保护天敌，维护生态平衡，可用人工繁殖的植绥螨向田间释放，可有效控制茶黄螨为害。田间发现为害时，及时施药控制，田间卷叶株率达到 0.5％时就要喷药控制，可采用下列杀虫剂进行防治：15％哒螨灵乳油 1 500～3 000 倍液、5％唑螨酯悬浮剂 2 000～3 000 倍液、1.2％烟碱·苦参碱乳油 1 000～2 000 倍液、5％噻螨酮乳油 2 000～3 000 倍液、30％嘧螨酯悬浮剂 2 000～3 000 倍液、50％溴螨酯乳油 1 000～2 000 倍液、30％乙唑螺螨酯悬浮剂 1 500 倍液，对水喷雾，为提高防治效果，可在药液中混加增效剂或洗衣粉等，并采用淋洗式喷药。喷药时，重点喷洒植株上部的幼嫩部位，如嫩叶背面、嫩茎、花器、幼果等。保护地可用 10％哒螨灵烟剂 400～600 g/亩，熏烟。

【技能实训】

辣椒整枝技术

一、目的与要求

了解辣椒整枝的目的和作用，能够根据辣椒习性，选择辣椒整枝打杈方法，并掌握操作规程。

二、材料与用具

辣椒植株、喷雾器、剪刀、消毒药剂、吊秧绳。

三、内容与方法

1. 三干整枝

门椒坐果后，把门椒以下的所有枝条摘除。门椒以上只保留 3 个方位好且健壮的枝条做主枝，每个主枝保留 2 个方位好、且枝条粗壮的一级分枝，每个一级分枝再保留 2 个相对强壮的枝条做二级分枝。在不影响通风透光的前提下，我们可以尽量多地保留枝叶，以利于开花结果的正常进行。这种整枝方式适合较大果形品种的高产优质栽培，单株的株形小，适合密植，利于早期产量。

2. 四干整枝

当门椒摘除后对椒已经坐果时，保留植株上 4 个角度好、且粗壮的枝条做主枝，每个主枝再保留 2～3 个枝条作为一级分枝，一级分枝上的所有侧枝全部疏除掉。四干整枝由于所留的辣椒枝条相对比较少，这种整枝方法比较适合甜椒、牛角椒等大型辣椒品种。

四、注意事项

（1）门椒以下的侧枝应及早全部抹掉。

（2）为减少发病，要选晴天上午整枝，不要在阴天及傍晚整枝。

（3）打杈不要太早，侧枝长到 10～15 cm 时开始抹杈。

（4）要用剪刀将侧枝剪掉，不要硬折硬劈，避免伤口过大。要从侧枝基部 1 cm 左右处将侧枝剪掉，留下部分短茬保护枝干。

（5）及时抹杈，辣椒侧枝生长较快，要勤抹杈。

（6）抹杈后最好叶面喷洒一次农药，保护伤口，免受病菌侵染。

【科技前沿】

首款辣椒育种液相芯片成功研发

2023 年湖南省完成全国首款辣椒液相芯片研发，为辣椒精准育种提供“利器”。该液相芯片由中国工程院院士、湖南农业大学校长、岳麓山实验室主任邹学校指导，湘研种业、湖南农业大学、湖南第一师范学院、湖南省蔬菜研究所及长沙椒盛农业等联合研发，已申请国家知识产权局专利。

一堆辣椒种子摆在面前，哪些植株长势更好、纯度更高？辣椒液相芯片可提供准确信息。辣椒液相芯片是基于 365 份核心辣椒种质的全基因组重测序数据，筛选到核心 50K 位点，并对同一个位置进行深度测序。液相芯片主要标记辣椒素、首花节位、耐冷性等信息，准确率更高，获得的遗传信息更多，且检测成本低廉，灵活度高。

辣椒是我国产值最大的蔬菜作物。我国辣椒的种植面积有 3 000 多万亩，占蔬菜总种植面积的 1/10，是名副其实的第一大蔬菜品种。辣椒品种资源是辣椒育种的基础，我国辣椒种子没有被“卡脖子”的原因之一是种质资源多。辣椒育种芯片的开发，可对 4 000 多份辣椒种质进行基因型鉴定，进而根据辣椒基因组设计育种。辣椒育种芯片的开发使用，有助于提高育种效率，设计培育不同育种目标的辣椒新品种，对提升我国辣椒生物育种水平具有重要意义。

项目三　茄子优质生产技术

情景一　认识茄子

第一节　概　　述

1. 茄子栽培历史

茄子（*Solanun melongena* L.），又名落苏、酪酥、矮风、茄瓜、昆仑瓜、小菰、紫膨亨等，为茄科茄属，以浆果为产品的一年生或多年生小灌木状草本植物，起源于亚洲东南热带地区，在印度最早进行驯化栽培。至今印度、缅甸以及我国海南、云南、广东和广西仍有大量野生种和近缘种。中世纪传入非洲，13 世纪传入欧洲，后传入美洲，18 世纪由中国传入日本。

一般认为，中国和日本是茄子的第二起源中心。我国栽培茄子历史悠久，最早可追溯到西汉时期，唐宋已遍及全国，且还培育出了很多适合我国自然条件、高产优质的地方品种。《齐民要术》中有关于茄子栽培的记载，对茄子的栽培、采种和需水量等有详细的叙述。在《大业拾遗录》中有隋炀帝改称茄子为昆仑紫瓜的记载。

2. 茄子栽培分布

茄子是世界上重要的蔬菜之一，在全世界都有分布，以亚洲栽培最多，欧洲次之。东南亚是世界茄子种植面积最大的地区。目前，我国是全球茄子栽培面积最大、产量最多的国家，面积和产量都占世界总和的 50%以上。尤其在近几年，我国茄子种植面积逐年增加，各类保护地种植模式相继出现，茄子在蔬菜生产中占有越来越重要的地位。

茄子产量高、适应性强、栽培技术相对简单，是我国目前栽培较广的茄果类蔬菜之一。

茄子是喜温蔬菜，北方广大地区无霜期短，冬季漫长，生产季节性与消费均衡性矛盾突出，靠南方运输很难保证其鲜嫩的品质，所以很长一段时间北方冬春季茄子栽培始终处于空白状态。20世纪90年代以来，随着保护地及蔬菜栽培技术的发展，茄子的生产和供应时间不断延长，茄子生产也由原来单一的露地生产发展为露地与各种类型的保护地生产共存。北方可利用日光温室或加温温室进行冬季生产；华北地区需要日光温室、塑料棚、地膜覆盖与露地相配合，实现全年生产；长江中下游及其以南地区通过塑料棚（包括塑料大、中、小棚）、地膜覆盖及遮阳网覆盖栽培，实现全年生产、周年供应。近年来，由于种植茄子效益较高，产品上市价格相对稳定，种植面积增长很快。

3. 茄子的食用价值

茄子以食用嫩果为主，可炒、煮、炸、蒸、煎食。茄子含有丰富的蛋白质、维生素、钙、盐等成分，还含有丰富的维生素P（芦丁），每100 g紫茄鲜果中维生素P含量可达700 mg，在果蔬中含量最高。这种物质能增强人体细胞间的黏着力，增强毛细血管的弹性，降低毛细血管的脆性及渗透性，防止微血管破裂出血，使心血管保持正常的功能。茄子果实中还含有少量特殊的苦味物质，有降低胆固醇、增强肝脏生理功能的效应。中医认为，茄子性味苦寒，有散血淤、消肿止痛、治疗寒热、祛风通络和止血等功效。

第二节　茄子的植物学特征

1. 根

茄子的根系发达，为纵型直根系的深根性蔬菜，吸收能力强（图3-1）。茄子的根由主根和侧根构成，主根能深入土壤达130～170 cm，水平伸展达100～130 cm。在主根上首先分生侧根，再分生二级、三级侧根，共同组成根系，主要根群一般分布在30 cm内的土层中。茄子根系木质化较早，发生不定根能力弱，再生能力不及番茄，因而不宜多次移植，应一次性成苗。茄子主根虽扎得比较深，但由于叶片面积较大，蒸腾散发的水分较多，故抗旱性弱。茄子根系对氧的要求严格，在排水不良的土壤中易造成根系腐烂。因此，栽培茄子应选

图3-1　茄子的根系

择土层深厚、排水良好的土壤。

2. 茎

图 3-2　茄子的茎

茄子的茎为圆形，半直立或半蔓性，幼苗时为草质，随着植株生长，成苗后逐渐木质化，尤以下部的茎木质化程度比较高（图 3-2）。一般圆茄品种和果实粗大的卵圆茄品种茎更粗壮，直立性更强；长茄品种茎较细弱，直立性差。茄子分枝习性为假二权分枝，主茎生长到一定节位时，顶端分化为花芽，花芽下面的两个侧芽分别生成两个一次分枝，在一次分枝上的第二叶或第三叶分化后，顶端又形成花芽，其下位的两个侧芽又以同样方式形成两个二次侧枝，如此反复，无限生长。茄子茎的颜色与果实、叶片的颜色有相关性。一般果实为紫色的品种，其嫩茎及叶柄、叶脉都带紫色，果实为白色或绿色的品种，其嫩茎及叶柄多带绿色。

3. 叶

茄子的叶为单叶，互生，有长柄，形状多为卵圆形或椭圆形（图 3-3）。叶片边缘呈波浪状，其大小与品种有关。一般株形紧凑、高大的品种叶片狭长；而株形开张、矮小的品种叶片较宽。多数品种叶面较粗糙而有茸毛，叶脉和叶柄有刺，同一品种叶刺的多少因气候的不同也有差异。叶子的颜色与果实的颜色有相关性，紫色品种的嫩枝和叶柄呈紫色；白色和青色品种的嫩枝和叶柄呈绿色。一般而言，氮肥充足、温度稍低时，叶色变深。茄子的嫩叶中含有花青素，在低温、多肥条件下，花青素累积量会增加，且顶芽也会出现钩状弯曲，这种症状实际是与硼的吸收受阻有关。

图 3-3　茄子的叶片

4. 花

茄子的花为两性，多为单生，有的品种为簇生，总状花序（图 3-4）。花色呈紫色或淡紫色，也有白色。花由花萼、花冠、雄蕊和雌蕊 4 部分组成。萼片内着生蓝紫色或淡紫色花瓣，一般花瓣数目与萼片数目相等，花瓣基部合生连成筒状，称为花冠。雄蕊包围着雌蕊，雌蕊基部膨大部成为子房，子房上端是花柱，花柱顶部为柱头，柱头是接受花粉的器官。根据花柱长短，可分为长柱花、中柱花和短柱花。长柱花的花柱往往高于花药，花大、色深，为健全花，能正常授粉，有结果能力。短柱花的花柱低于花药或退化，花小、色淡、花梗细，为不健全花，其花粉不易落在柱头上，一般不能正常结果。中柱花的授粉率低于长柱花，但还是较易授粉。

图 3-4　茄子的花

5. 果实

茄子的果实为浆果，以嫩果作为食用部分（图 3-5）。果实形状有圆球形、扁圆形、卵圆形、棒形和线形等。果实颜色有紫色、绿色、白色等。果实肉厚，胎座特别发达，为海绵薄壁组织，是茄子的主要食用部分。圆茄品种果实的果肉比较致密，细胞排列呈紧密结构，间隙小，含水分较少，食用口感较清爽。长茄品种果实的果肉细胞排列呈松散结构，含水分较多，食用口感柔嫩细腻。

图 3-5　茄子的果实

6. 种子

茄子的种子呈扁圆形，外皮光滑而坚硬，嵌置于海绵状的果肉中，发育较晚，果实生理成熟时，种子才成熟（图 3-6）。所以在留种时应等果实充分成熟再采收，并进行后熟，保证种子质量。每个果实内含 500～1 000 粒种子，种子占果实重量的 1%，千粒重一般 3.5～5.0 g。种子使用年限 2～3 年，若保存适当，发芽能力可达 4～5 年。

图 3-6　茄子的种子

第三节　番茄生长发育周期

茄子的生长发育周期分为发芽期、幼苗期和开花坐果期 3 个时期。

1. 种子发芽期

从种子吸水萌动到第一片真叶出现为发芽期。种子发芽首先要吸足水分，在 30 ℃的温度下，需要 7～8 h 才能达到饱和。发芽期能否顺利完成，主要决定于温度、湿度、通气状况及覆土厚度等。播种后应注意提高地温，保证土壤湿度，防止土壤板结，覆土厚度适宜。

2. 幼苗期

从第一片真叶显露到第一花显蕾为幼苗期，需要 50～60 天。茄子幼苗期经历基本营养生长阶段和花芽分化及发育阶段。在真十字期（4 片真叶期）是营养生长与生殖生长的转折期。第一片真叶出现至 2～3 片真叶展开即花芽分化前为基本营养生长阶段，茄子幼苗的生长量很小，水分、养分需要量较少。生产中分苗应在花芽分化前进行，以扩大营养面积，保证幼苗迅速生长发育和花器官的正常分化；2～3 片真叶展开后，花芽开始分化，进入花芽分化及发育阶段，幼苗的生长量猛增，苗期生长量的 95%是在这个阶段完成的，生长量大，水分、养分需求量逐渐增加，应加强肥水管理，幼苗 5～6 片叶时现蕾。

3. 开花结果期

从门茄现蕾至门茄开花坐住需要8～12天。这一时期正处于由营养生长为中心向生殖生长为主的过渡时期，应对营养生长适当控制，促进营养物质向果实转移。要适当控制水分，促进根系生长，控制秧苗生长，促进营养物质向生殖器官分配。门茄坐果到达瞪眼期后，幼果长至核桃大小，营养生长逐渐减弱，生殖生长逐渐加强，即植株的营养物质分配已转到以果实生长为中心。果实与生长点之间、下层果实与上层果实之间相互争夺养分。这一时期要加强肥水供应，并通过整枝、打杈和适时采收等技术措施，保证茎叶持续生长和果实膨大，防止植株出现早衰，以达到高产优质的目的。

茄子的结果习性相当规则，这与茄子的分枝规律有直接关系。每1次分枝结1层果实，按果实出现的先后顺序，习惯上称之为门茄、对茄、四门斗、八面风、满天星。从下向上，随着开花数目的增加，呈几何级数增长。

第四节　茄子对环境条件的需求

1. 温度

茄子原产于热带地区，性喜高温，不耐寒冷，对温度的要求比番茄、辣椒要高，耐热性较强，但在高温多雨季节易产生烂果。茄子在不同生长发育阶段，所要求的适宜温度有所不同。

(1) 发芽期

茄子发芽期适宜温度为25～30 ℃，最高温度不要超过40 ℃，最低温度不能低于15 ℃。出苗期，白天保持30 ℃左右，夜间维持在20 ℃左右，这样能够保证出苗整齐。而在恒温条件下，种子发芽不良，生产中利用变温处理以达到发芽齐、快、壮的目的。通常采用30 ℃条件下16 h、20 ℃条件下8 h的交替变温进行催芽。一般4～5天即可整齐出芽。

(2) 幼苗期

茄子幼苗期生长最适温度为22～30 ℃，最高温为40 ℃，最低温为15～16 ℃。超过这个范围，对幼苗生长不利。气温低于10 ℃，会引起幼苗新陈代谢失调，甚至生长停滞；低于8 ℃，茎叶就会受冷害，－2～－1 ℃时，幼苗就会被冻死。茄子幼苗期温度管理，不仅要考虑幼苗的营养生长，还要考虑后期的花芽分化、发育对温度的要求。在温度管理过程中要保持一定的昼夜温差，白天要保证充足的温度和光照来促进叶片的同化作用，制造更多的干物质；夜间又要略降低气温，以利于叶片中的同化物质向植株内部运转和保持低水平的呼吸消耗，为花芽分化打好物质基础。夜间温度过高，植株呼吸消耗增加，干物质积累少，幼苗容易徒长，抗逆性下降，不利于培育壮苗；夜间温度过低，物质运转慢，对苗子的正常生长也不利。因此，白天适温为25～28 ℃，夜间适温为13～18 ℃。

(3) 花芽分化期

昼夜温差对茄子花芽分化的影响比较大，白天 30 ℃左右、夜间 25 ℃左右，秧苗生长旺盛，花芽分化早。温度偏低时，花芽分化推迟，但长柱花形成多；温度偏高时，花芽分化提前，中柱花比例大。

(4) 结果期

茄子进入结果期后，控制好温度有利于获得高产。白天温度控制在 20～30 ℃，以 25 ℃左右为宜，高于 35 ℃左右时易产生结果障碍；夜间温度控制在 18～20 ℃，长期低于 15 ℃时植株生长缓慢，易产生落花，同时不利于果实发育，低于 10 ℃时会影响植株根系伸长。夜温过高植株呼吸消耗增加，同化物质运转到生长部位的量减少，导致徒长，叶子发黄，会出现营养不足的症状，严重时可致落花落果，影响后继花果的生长发育。

2. 光照

茄子是喜光性作物，对光照的长度及强度要求较高，光照时间和光照强度影响其光合强度。茄子的光补偿点为 2 000 lx，光饱和点为 40 000 lx。光照不足，花芽分化和开花期推迟，花器发育也不良，短柱花增多，造成落花，果实着色也差，特别是紫色品种更为明显。光照时间长，生长旺盛，尤其在苗期，日照时间越长，越能促进发育，花芽分化快，开花早。

(1) 发芽期

茄子种子一般是嫌光性的，在明处发芽慢，在暗处发芽快。

(2) 幼苗期

茄子幼苗的光饱和点为 40 000 lx。一般在光照时间为 15～16 h 的条件下，幼苗初期生长旺盛，所以保护地栽培时上午要尽早揭去草苫，使植株早受光，早进行光合作用。

(3) 花芽分化期

花芽分化主要与光照长短有关。在 15～16 h 的自然日照条件下，苗的生长发育从初期就旺盛、花芽分化早，着花节位降低。在 8～12 h 的自然日照条件下，随着日照长度的缩短，生育变劣，花芽分化也逐渐推迟，所以要求保护地栽培尽量早揭去草苫，晚盖苫，保证幼苗充足的光照时间，以期达到提早收获的目的。

(4) 开花结果期

光照强，开花数多，落花数少；光照不足，光合作用产生的干物质少，植株体内积累物质少，开花数减少，落花数增多。结果期如遇连阴天，光照严重不足，也会导致落果，植株长势弱，叶片变黄、脱落。由于茄子植株枝叶繁茂，消光系数较大。夏季露地栽培的茄子，旺盛生长的植株群体顶部自然光照达到 60 000～70 000 lx，距顶部 20 cm 处的光照度只有 10 000 lx，所以整枝打叶是必要的。冬季早春棚室栽培茄子，除了安排合理的种植密度外，及时整枝打叶和人工补光是提高产量、增进品质的重要措施。

3. 水分

茄子枝叶繁茂，蒸腾作用强；产量高，茎叶和果实生长较快，需水量大。水分不足，结果少，且果面粗糙、品质差；而水分过多，土壤湿度过大，通气不良，易引起沤根，土壤中适宜的含水量在60%～80%为宜；空气湿度大时，容易发生病害，适宜的相对湿度为80%左右为宜。茄子对土壤水分的要求，随着生长发育的不同阶段而有差异。

（1）发芽期

茄子种子含水量一般只有5%～6%，而在发芽时吸收的水分接近其重量的60%，在生产上普遍采取浸种催芽。同时应选择保水能力强的壤土做床土，浇足底水以减少播种后的浇水次数，稳定苗床温度，利于出苗整齐。

（2）幼苗期

幼苗生长初期，要求水分充足。随着苗子的长大，根系吸收水分的能力不断增强，但如遇阴雨天气时水分过多会导致幼苗徒长，甚至出现病害。

（3）花芽分化期

温度与光照适宜的条件下，充足的水分能够促进幼苗生长和花芽分化。但若水分过多，夜温过高，幼苗徒长，虽然花芽易分化，但不易形成有效花，从而导致结果少，产量低。水分不足，幼苗生长缓慢，花芽分化慢，也会导致产量降低。

（4）开花结果期

由于茄子处于从营养生长向生殖生长过渡的阶段，为了维持营养生长与生殖生长的平衡，避免营养生长过盛，在水分管理上，应以控为主，不旱不浇水。

门茄迅速生长后需水量逐渐增多，直到茄子收获前后需水量最大，栽培上要尽量满足茄子对水分的需求，否则果实发育不良，易形成小果、僵果，也会导致落花、落果。茄子果实中含有93%～94%的水分，水分对果肉细胞的膨大起着十分重要的作用。若水分不足，则果实发育不良，多形成无光泽的小果，不但品质变劣，还会落花、落果、落叶，导致减产。果实发育时期需供应充足的水分，保证果实发育对水分的需要，才能提高产量和品质。

4. 土壤及养分

茄子对土壤的要求不太严格，一般性质的土壤都可以正常生长发育，所以能在全国各地广泛栽培。沙质土壤地温易回升，根系生长快，但植株易早衰；土质过于黏重，土壤含氧量不足，根系不能正常活动，植株生长势往往较差。茄子比较耐肥，耐旱性较差，所以要想获得高产，栽培上宜选用富含有机质、土层深厚、通透性好的土壤为宜。这样的土壤，一方面可以给茄子生长发育提供必需的营养物质；另一方面有利于茄子根系深扎，形成强大的根系群，增强耐旱及吸水吸肥的能力。地下水位高，排水不良的潮湿土壤和耕层浅的黏重土壤都不利于茄子的生长发育。

(1) 发芽期

主要利用种子内部的贮藏物质生长，吸收土壤中营养元素很少，通常茄子的苗床土都是特别配制的，因而完全可以满足其发芽的需求。

(2) 幼苗期

茄子的根系弱，对土壤营养元素的含量要求较高，而对溶液又很敏感，所以要求苗床土中的营养成分应以有机肥料为主，以利于幼苗吸收。土壤的酸碱度以弱酸性为好。

(3) 开花结果期

植株逐渐长大，根系发达，吸收能力增强，需要不断供给足够的氮、磷、钾等营养元素来满足其生长发育。进入结果期以后，果实迅速膨大，要求供应大量的营养元素，尤其对磷、钾肥的需求量增大，这个时期如果氮肥不足，植株就会发育不良，同时上层花的短柱花比例增加。门茄收获后，吸收量急速增加，进入收获高峰期后，钾的吸收要比氮多得多。磷也是越到后期吸收越多。据试验，每生产 1 t 茄子需吸收氮 3.3 kg、磷 0.8 kg、钾 5.1 kg、钙 1.2 kg、镁 0.5 kg。生育后期，果实和茎叶的生长量都减少，植株衰败，根系吸收能力减弱，不必再追肥。茄子对某些微量元素也很敏感，如果土壤缺少镁，就会使叶脉附近特别是主脉周围变黄失绿；如果土壤缺少钙，叶片上的网状叶脉就会变枯而出现“铁锈”状叶。

5. 气体

茄子不仅从土壤中吸收营养，还从空气中吸收二氧化碳用于光合作用，合成植株生长发育的基础物质——碳水化合物。因此，空气中二氧化碳的浓度直接影响茄子的生长发育。在保护地栽培中，冬季早春外温低，在温室不能通风的条件下，二氧化碳浓度较低而影响光合作用的正常进行。温室中通过人工施用二氧化碳来促进光合作用强度增加，进而促进茄子生长发育，可以达到增产的目的。茄子对氨气比较敏感，空气中氨气的含量达到 5 mg/kg 时，植株叶片发黄，叶子脱落。所以在棚室生产过程中施肥时，忌施未腐熟的鸡粪和其他畜禽的粪肥，也不宜施碳酸氢铵。

情景二　茄子优良品种介绍

第一节　茄子的品种选择原则

茄子在我国栽培历史悠久，种类繁多，品种资源丰富。茄子的果实颜色有紫色、红色、绿色、白色等；果实形状有长棒形、圆形、椭圆形等；果实成熟时间有早熟、中熟、晚熟等；对温光需求分耐热的、耐寒的、耐弱光的、不耐弱光的等。在众多的茄子品种中，每一个品种都有它自身的特性与栽培要求，即品种的生态适应性。由于茄子各个品种的生态适应性不同，每个品种都有它的适栽地区和范围。因此，在选择茄子品种时，生产者必须根据栽培目标、栽培方式和当地的消费习惯，因地制宜地选用优质、抗病的品种，才能达到预期的生产目的，获得较高的经济收益。

1. 选择符合市场需求的品种

茄子消费种类繁多，有很强的地域性，各地消费习惯差异较大，主要选择习惯表现在茄子的果实形状和颜色上，对茄子的皮色而言，南方地区比较喜欢红紫色的茄子，中原地区偏爱绿色的茄子，而北方地区更喜欢紫黑色的茄子；在果形方面，华北、西北及黄河流域地区以圆茄为主，南方地区以长茄为主，东北地区长茄栽培也较多。各地生产者要根据本地的特点和消费习惯，即根据市场的需要选择适销对路的优良品种。

2. 根据不同的栽培方式选用品种

不同的栽培方式下，温度、光照、空气湿度等环境条件都会有所变化，选择的茄子品种与所选用的栽培方式要相适应。如有些品种适宜用作露地栽培，而有些品种则适宜用作保护地栽培，生产上不能随便将露地品种用作保护地栽培。设施栽培大都反季节栽培，一般光照不足、湿度大，植株常处在低温弱光季节，应选用耐低温、耐潮湿、耐弱光能力强和植株开张度较小的品种，以利于通风透光，合理密植，提高设施内的土地利用率。

3. 所引进的新品种应适宜当地的气候条件

通常情况下，气候条件越相似的地区引种越易成功。如南种北引由于地区间温度差异较大，营养生长期和果实成熟期相对延长，从而缩短果实采收期，降低产量，故南种北引时以早熟品种较易成功。相反，北种南引有缩短营养生长期、提早成熟的趋势，但有些种类品种则可能由于不耐高温、昼夜温差小而生长发育不良。

4. 合理选配品种熟性

应选择早熟、抗寒、耐热和抗病的品种。夏秋茬茄子应选择耐热、抗病、高产的中晚熟品种。塑料大棚和日光温室冬春季栽培以选用中早熟或早熟品种为宜。

5. 根据销售方式选用品种

茄子果实如需要远距离销售，就要选择果皮较厚、果肉较硬的品种和抗褐纹病及绵疫病的品种，以减少运输和销售中的损失。

6. 根据生产管理水平引种

生产管理水平的不同对于品种的主要性状要求是不一样的。如果种植者生产管理水平较高，在引种、试种新品种时应先考虑选择上市早、丰产性好的品种。若生产者管理水平较低，则应优先考虑选择抗病性及适应性强的品种。

7. 引进品种要先试种后推广

为了避免造成较大的经济损失，从外地初次引种时应先进行小面积试种试验，经过实际试种验证，并与本地主栽品种进行对比后才能决定引入品种能否在当地推广应用。各地生产者可根据自己的生产需要，重点考虑某几项原则进行新品种大面积示范与推广。

第二节　茄子的分类

茄子在我国有着悠久的栽培历史，分布广泛，种类繁多，品种资源十分丰富。目前大约有 200 多个地方品种，近 4 000 份品种资源。茄子的分类方法有很多种，按照植株的形态，茄子可分为直立型和横蔓型两类；按果皮的颜色划分，茄子可分为黑茄、紫茄、绿茄、白茄四类。紫茄有深紫色、浅紫色、黑紫色、紫红色，也有紫绿相间条纹色；绿茄有深绿色、浅绿色、青绿色，也有白绿相间条纹色；白茄有纯白色、黄白色等。按成熟期划分，茄子可分为早熟种、中熟种和晚熟品种 3 类。目前多数人习惯按果实的形态进行分类，把茄子分为圆茄类、长茄类和卵（矮）茄类，也就是植物学上的 3 个变种。

1. 圆茄类

圆茄类植株高大，直立性好，生长势强；叶片大而肥厚，叶色浓绿，叶缘缺刻，呈波浪状；花形较大，淡紫色为多，花柄粗壮；果实大，呈圆球形、扁球形或椭圆球形；果色多为黑紫色、红紫色或绿白色；果实肉质紧密。多属中、晚熟品种，在空气湿度小、光照充足的气候条件下生长良好。适应于土质肥沃的沙质壤土栽培，我国华北地区、黄河流域和西北部分地区栽培的茄子多为圆茄类。

2. 长茄类

长茄类植株高度中等，分枝较多，株形较开张；叶较狭窄，叶色多为绿色或浓绿色；花形较小，颜色多为淡紫色；果实形状有长棒状、细长形或稍弯曲，长的达 30～35 cm，横径 4～6 cm；果皮较薄，颜色多为紫色或紫红色，也有绿色和白色品种；果肉松软，种子较少。单株结果数多，单果重量轻。长茄类多为早中熟品种。在温暖、湿润、阴天多、光照较少的气候条件下生长良好。对气候条件的适应性较强，不仅在我国南方栽培较普遍，北方各省区也有较大面积的种植。

3. 卵（矮）圆茄类

卵（矮）茄类植株较矮小，生长势中等；茎叶细小，叶片薄，边缘呈波浪状，叶色深绿，叶面平展；花多为浅紫色，花形小，花梗细长；坐果节位低，果实较小；果形有卵圆形、长卵形和灯泡形；果皮多为紫黑色或红紫色，有的品种为绿色或白色；果肉较疏松，种子较多。多为早、中熟品种，产量较低。

第三节　优良品种介绍

茄子品种图片

1. 圆茄类

(1) 京茄 2 号

此品种由北京市农林科学院蔬菜研究中心育成，是丰产、抗黄萎病的中早熟圆茄杂交种，植株生长势强，后期不易衰老，再生能力强，茎粗壮直立。叶色浓绿，叶片大。花器官较大，果实发育速度快，连续结果能力强，平均单株结果数 10 个以上。果实近圆球形，略扁、果皮紫黑发亮，果肉浅绿白色，肉质致密细嫩，品质佳，单果重 500～750 g，每亩产量 4 500 kg 以上。抗黄萎病，对环境适应性广，特别是结果后期植株也能保持较强的生长势。适于大棚、小拱棚、露地早熟栽培，也可进行越夏栽培。

(2) 京茄 5 号

此品种由北京市农林科学院蔬菜研究中心育成，是早熟、高产的圆茄杂交种，始花节位 7 片叶左右。果实扁圆形，果色紫黑发亮，果肉青绿色，商品性状极佳。该品种耐低温、弱光，易坐果、果实发育速度快，畸形果少，前期产量集中，单果重 500～800 g。适合保护地、早春露地、小拱棚覆盖栽培。

(3) 茄杂 1 号

此品种由河北省农业科学院蔬菜花卉研究所育成，是早熟、抗病的杂交种。株高 80～90 cm，叶色深绿，生长势强，始花节位 8～9 节。果实膨大速度快，从开花到收获需 15～17 天，比早熟品种北京六叶茄、天津快圆茄早收 2～3 天，比短把黑早收 7 天。果实高圆形，紫黑色。果面光滑，果柄紫黑色，果肉浅绿白，肉质细腻，味甜。果实种子少，商品性好，单果重 500～800 g，单株结果数多。抗逆性及抗寒能力强，宜作早熟栽培。一般每亩产 4 000～5 000 kg。全国各地均可种植。

(4) 茄杂 2 号

此品种由河北省农林科学院经济作物研究所选育，株高 80 cm 左右，茎直立，且分枝多。叶片绿紫色，果实圆形，果皮紫红色，果面光滑。果肉细嫩，软硬适中，味甜，种子少，品质上等。平均单果重 546.7 g，连续坐果能力强。早熟，定植到始收 47 天，每亩产 4 000～6 000 kg。抗逆性较强，较抗寒，抗黄萎病，耐绵疫病。适宜华北各地露地或保护地栽培。

(5) 茄杂 12 号

此品种由河北省农林科学院经济作物研究所育成，2008 年通过河北省品种鉴定。早熟性好，耐低温、弱光。植株生长势中等，株形紧凑，门茄节位 6 节，果实紫黑色，扁圆形。

果肉内种子少，果肉紧实，浅绿色。果面光滑，光泽度好。单果重 650～800 g。易坐果，连续结果能力强，产量高，抗病性好，一般每亩产量 6 000 kg 左右。适合温室、春棚栽培。

(6) 博杂 1 号

博杂 1 号是由河南省农业科学院园艺研究所选育的中晚熟一代杂交紫圆茄品种。植株生长势强，果实黑紫色、圆形，果肉白色、细嫩、味甜、口感好，不易老，不褐变，种子较少，商品性佳。平均单果重 750 g，最大可达 2 300 g，每亩产量 5 500 kg。适宜在华北地区日光温室、塑料大棚及露地栽培。

(7) 紫光大圆茄

紫光大圆茄是由河北省紫光蔬菜研究所选育的中熟紫圆茄品种。该品种植株高大，生长势强，叶片绿色，叶脉浅紫色，始花着生于 9～10 节。果实近圆球形，紫萼片，果面光洁、紫黑色，无白顶、美观，果个大，单果重 700～1 000 g。果肉乳白略带浅绿色，细嫩味美，密度适中，熟后不黑汤，商品性佳。该品种喜温耐热、喜肥耐涝。适于露地栽培，是夏秋茬（麦茬）栽培的理想品种之一，也可作秋延后栽培，一般每亩产量 6 000 kg 以上。

(8) 郑茄 2 号

郑茄 2 号是由郑州市蔬菜研究所选育的中早熟一代杂交紫圆茄品种。植株生长势强，抗逆性强，株高约 86 cm，开展度约 76.6 cm，第一花序着生节位 8 节左右。生育期约 173 天，春季露地定植至始收约 53.7 天。果实圆形，果皮紫黑色，果面光滑，果肉浅绿白色，果肉致密、细嫩，果实平均纵径约 12.3 cm、横径约 12.8 cm。平均单果重 560 g，最大可达 1 600 g。抗病性强，一般每亩产量 4 500～5 000 kg，高的达 6 000 kg 以上。适宜国内喜食圆茄地区早春保护地和露地栽培。

(9) 快圆茄

快圆茄是天津市地方品种。植株生长势较强，株形紧凑，一般在主茎 6～7 节着生门茄。果实圆球形，单果重 400～500 g，膨大生长较迅速，果皮艳紫色，有光泽。果肉白色，质地致密，品质好。早熟，耐寒性和抗病性较强。为天津等地保护地主栽品种，每亩产量 4 000～4 500 kg。

(10) 六叶茄

六叶茄是北京农家品种，又称火茄子。植株生长势中等，株高 70 cm 左右，开展度 90 cm 左右，叶绿色，门茄着生在第六节至第七节上。果实扁圆形，单果重 400～500 g，果皮黑紫色，有光泽。果肉浅绿白色，肉质致密细嫩，但含种子较多，采收稍晚种皮易硬化变老，影响食用价值。每亩产量 2 000～3 000 kg。六叶茄早熟、耐寒，适于华北地区，尤其北京、天津、山东等地春夏季露地以密植为主的早熟栽培及保护地栽培。

(11) 七叶茄

七叶茄是北京农家品种，又称灯笼红茄。植株生长势强，株高 80～90 cm，开展度

100 cm 以上，门茄着生于第七节至第八节处。果实扁圆形，单果重 600～800 g，果皮黑紫色，具光泽，果肉浅绿白色，肉质致密细嫩，品质好。七叶茄中早熟，耐热性较强，但耐涝性、抗绵疫病差。每亩产量 3 000～5 000 kg。在北京远近郊区栽培较为广泛，适于华北地区春夏季露地栽培，或作保护地栽培。

(12) 郑州早紫茄

郑州早紫茄是郑州市郊区地方品种。早熟，株高 65～75 cm，开展度 60～70 cm，茎秆紫色，叶绿色，叶脉紫色，主茎第六至第七叶着生第一果。果实圆形或椭圆形，果皮深紫色，光亮，单果重 350～450 g，最大单果重可达 1 000 g，果肉白色，肉质细密，品质较佳。抗病性较强，适合保护地早熟栽培，也可作春露地地膜覆盖早熟栽培。一般每亩产量 5 000 kg。是郑州市郊区紫圆茄主栽品种，每年春、夏季上市，畅销东北、华北等地区。

(13) 丰研 4 号

丰研 4 号是北京市丰台区农业技术推广中心培育的中晚熟茄子杂交种。植株生长势较强，坐果率高，门茄着生于主茎 9 节。叶灰绿色。果实扁圆形，果皮黑紫色，光泽度好。果肉浅绿白色，致密细嫩，品质佳。单果重 800 g 左右，每亩产量 4 000 kg 左右，适宜喜食紫黑色圆茄的地区夏秋季栽培。

2. 长茄类

(1) 辽茄七号

辽茄七号是辽宁省农业科学院园艺研究所培育的保护地专用茄子品种，该品种耐低温、弱光，在弱光下果实着色良好，高产、优质、耐贮运、商品性极佳。果实长筒形，长约 20 cm，横径约 5 cm，单果重 120～150 g，每亩产量 5 000 kg 左右。果皮紫黑色，有光泽，果实肉质紧密，商品性好，品质佳，口感好，耐运输。植株直立，叶片上冲，适于密植栽培，适于越冬栽培和早春早熟栽培。早熟栽培，用营养钵育苗，从播种到始收 100～105 天。

(2) 辽茄 15 号

辽茄 15 号是由辽宁省农业科学院蔬菜研究所育成的。株形直立，平均株高 91.5 cm，茎紫色。叶片中等大、绿紫色，无叶刺，花紫色。果实长棒状，平均果长 20.5 cm，横径约 5.5 cm，果顶为圆形，单果重约 178 g。商品果皮紫黑色、光泽度好，果面无条纹，果实无棱。果萼中等大、紫色，果萼下果皮颜色为深粉色。对黄萎病和绵疫病的抗性强，一般每亩产量 4 900 kg 左右。适于辽宁省保护地栽培，依地区不同可选择春大棚或日光温室早春茬栽培。

(3) 龙杂茄 2 号

龙杂茄 2 号是由黑龙江省农业科学院园艺研究所育成的。株高 65～68 cm，开展度约 64～68 cm。始花节位在第七节至第八节。果实长棒形，果顶稍尖；果皮紫黑色，有光泽；果肉绿白色，细嫩、松软、品质较好。果长 25 cm 左右，果实横径为 4.5～5 cm，单果重

100～150 g。早熟，从播种到始收 100 天左右。生长势强，较抗黄萎病，果实生长速度快，丰产，前期产量高，一般每亩产 3 000～5 000 kg。适合黑龙江、辽宁、吉林、内蒙古等北部地区春季露地地膜早熟栽培及保护地栽培。

(4) 黑丽人长茄

黑丽人长茄是济南茄果种业发展有限公司选育的早中熟一代杂交紫长茄品种。植株生长强健，分枝力强，坐果率高，果实生长速度快。果实为长直棒状，果长 28～30 cm，横径 7～8 cm，平均单果重 450 g，果色黑亮，无青头顶，无阴阳面，畸形果少，耐运输，商品性好，货架期长。耐低温、弱光，耐黄萎病，适宜冬暖大棚周年栽培，每亩产量最高可达20 000 kg。

(5) 茄杂 7 号

茄杂 7 号是由河北省农林科学院经济作物研究所育成的杂交种。中晚熟，植株生长势强，株形紧凑，叶片上冲，门茄节位 10～11 节。果实长筒形，略带尖，果长 28～30 cm，果粗 8～10 cm。果面光滑、果色紫黑，光泽度好。单果重 630～700 g，商品性好。每亩产量 5 500～6 000 kg，抗黄萎病能力强，适合保护地及露地栽培。

(6) 杭茄 1 号

杭茄 1 号是杭州市蔬菜研究所选育的一代杂种。生长势和耐寒性强，苗期生长快，低温期坐果性好。株高 70 cm 左右，开展度 75 cm 左右，第一雌花出现在 10 叶期，每株结果约 30 个。果实细长且粗细均匀，平均果长 35 cm、横径 2.1 cm，单果重 48 g 左右。果皮紫红色、光亮，果皮薄，果肉白色，品质糯嫩，不易老化，商品性佳。抗病性较强。一般每亩产量 2 500 kg 左右，适宜早春大棚栽培。

(7) 杭茄 3 号

杭茄 3 号是由杭州市蔬菜科学研究所选育的。该品种早熟，耐寒性好，果长可达 40 cm 以上，皮色紫红，每亩产量 3 000 kg 左右。果皮淡紫色、肉质柔嫩、品质佳、抗性较强，是杭州、嘉兴、湖州等地广为栽培的传统品种。适合作秋冬茄保护地栽培，秋冬茄专用品种。

(8) 杭茄 6 号

杭茄 6 号是由杭州市蔬菜科学研究所选育的，该品种株形紧凑、早熟、耐寒，果长约 40 cm，皮色紫红鲜艳，适宜春、秋保护地栽培，每亩产量约 3 000 kg。

(9) 苏崎 4 号

苏崎 4 号是由江苏省农业科学院蔬菜研究所选育的早熟一代杂交紫长茄品种。果实长棒形，果顶部较圆，果实顺直，平均纵径 32 cm、横径 4.5 cm，单果重约 170 g。商品果皮黑紫色，着色均匀，光泽度好。果肉紧实，耐贮运，食用品质佳。生长势强、株形直立，株高约 100 cm。叶片长卵形、绿色带紫晕，始花节位 10 节。耐低温、弱光能力强，早期产量高，适于保护地栽培。

(10) 引茄 1 号

引茄 1 号是由浙江省农业科学院蔬菜研究所选育的。植株生长势旺盛，株高 100～120 cm。早熟性好。第一雌花着生于第九节至第十节。花酱紫色，中等大小。平均单株坐果 25～30 个，最多可达 48 个。果实细长，果长 30 cm 以上，横径 2.4～2.5 cm，平均单果重 60～70 g；果形直，果皮紫红色，光泽度好，皮薄，肉质厚，口感佳，商品性好。抗青枯病和绵疫病能力强，在高温条件下坐果率较高。每亩产 3 000～4 000 kg。适宜喜食长茄地区的早春保护地和春夏露地栽培。

(11) 苏长茄

苏长茄是由中国农业科学院江苏分院育成的优良杂交种。植株高大，主茎与分枝均为紫绿色，叶绿色，叶缘微波状。果实长棒形，单果重 150 g，果皮黑紫色，光泽好，果皮薄，果肉脆，种子少。苏长茄早熟，耐热性强，丰产性好，适于江苏省及气候条件相似的地区栽培。

(12) 川茄 805

川茄 805 是由四川省农业科学院园艺研究所选育的早熟一代杂交紫长茄品种。主茎 9～11 叶着生门茄，定植至始收 56 天。植株生长势中等，株高 90～95 cm，开展度 72.5 cm 左右。果实长棒形，果长 39 cm 左右，横径 4.7 cm 左右，果形指数 8 左右，果皮墨黑色、有光泽，果肉月白色，单果重 198～220 g，种子少，品质好。耐寒性较强。每亩产量 3 468 kg 左右，适宜四川省露地或保护地早熟栽培。

(13) 秦皇绿长茄

秦皇绿长茄是由西安秦皇种苗有限公司选育的早熟杂交一代绿茄品种。该品种株高 60～80 cm，早熟性好，6～7 叶着生门茄，果实长棒形、鲜绿色、有光泽，果实顺直，肉质细嫩。果长 25～30 cm，横径 8～10 cm，单果重 450～650 g。植株生长势强，坐果集中、耐寒耐热。抗病性好，每亩产量 5 000 kg 左右。适宜温室、大棚及露地栽培。

(14) 兰竹长茄

兰竹长茄是由甘肃省兰州市西固区农技站育成的杂交种。生长势强，株高 128～138 cm，叶大，卵圆形，门茄着生在第七节至第八节，果实长棒形，单果重 150～160 g，果皮紫色，果肉松，质细嫩，不易老。兰竹长茄早熟、丰产，适于甘肃省蔬菜产区栽培。

(15) 红丰紫长茄

红丰紫长茄是由广东省农业科学院蔬菜研究所选育的早熟一代杂交紫长茄品种。植株生长旺盛，坐果多，高产，单果重 250～300 g，平均每亩产量 4 500 kg。果皮色紫红，果肉白色，果实长棒形，果长 30 cm，果粗 6 cm，头尾均匀，较直，商品价值高。抗青枯病，耐绵疫病、黄萎病，耐雨水。早中熟，适合全国各地种植。

(16) 布利塔

布利塔是由荷兰瑞克斯旺种苗集团公司选育的一代杂交紫长茄品种。植株开展度大，无限生长型，花萼小，叶片中等大小、无刺，早熟，丰产性好，生长速度快，采收期长。果长25～35 cm，横径8～10 cm，单果重400～450g，皮紫黑色、光滑油亮，绿萼片，绿把，味道鲜美，耐贮存，商品价值高。适宜冬季温室和早春大棚栽培，每亩最高产量达15 000 kg。

(17) 安德烈

安德烈是由荷兰瑞克斯旺种苗集团公司培育的，果实灯泡形，紫黑色，绿把，绿萼片，质地光亮油滑，比重大，味道好，耐运输。单果重350～400 g。无限生长型品种，叶片中等大小，耐低温，耐弱光，早熟，每片叶一朵花，坐果多，产量高，长季节栽培每亩产量15 000 kg以上。

(18) 朗高

朗高是由荷兰瑞克斯旺种苗集团公司培育的。果实长形，紫黑色，绿把，绿萼片，质地光亮油滑。无限生长型品种，叶片中等大小，耐低温，耐弱光。早熟，单果重400～450 g。产量高，长季节栽培每亩产量10 000 kg以上。

3. 卵圆茄

(1) 辽茄3号

辽茄3号是由辽宁省农业科学院园艺研究所选育的早中熟一代杂交紫卵圆茄品种。植株为直立型，株高约84.5 cm，开展度约52.5 cm。叶脉、花冠、果皮均为紫色。果实椭圆形，纵径约18 cm、横径约9.5 cm，果面有光泽，单果重约250 g，品质优良，商品性好。一般每亩产3 000～4 000 kg。抗病性较强，前期产量和总产量均较高，稳产性较好，适应性广，我国大部分地区均可用于露地栽培或保护地栽培。

(2) 辽茄5号

辽茄5号是由辽宁省农业科学院园艺研究所选育的早熟杂交一代绿茄品种。植株生长势强，株高约70 cm、株幅约60 cm。叶片、叶柄、叶脉均为绿色，花序单生，花冠浅紫色。果实长椭圆形，纵径约18 cm，横径约6.5 cm，单果重约300 g。果皮油绿色、有光泽，果肉乳白色，肉质嫩。较抗黄萎病，抗绵疫病。每亩产量5 000 kg左右。适于辽宁省各地及东北、华北部分地区露地及保护地栽培。

(3) 沈茄5号

沈茄5号是由辽宁省沈阳市农业科学院育成的。该品种中熟，生长势强，植株直立，平均株高80.5 cm。茎绿色。叶片大，叶色绿，叶缘波浪形，叶脉绿色，无叶刺，浅紫色花。果实长椭圆形，平均果长19.2 cm，平均横径6.4 cm，果顶为圆形，平均单果重213.5 g。商品果皮色深绿，光泽度强。果面无条纹，果实无棱。果萼中等，绿色，果萼下颜色为绿色。一般亩产量 4 600 kg 左右，适合保护地、露地栽培。

(4) 茄杂 5 号

茄杂 5 号是由河北省农林科学院经济作物研究所育成的绿茄杂交种。生长势强，结果集中，前期产量高，始花着生在 7～8 节。果实卵圆形，果皮绿色。果肉浅绿色，致密，有甜味，品质好。单果重 500～700 g，每亩种植 1 800～2 000 株，一般每亩产量 5 000～6 000 kg，适宜早春保护地及露地栽培。

(5) 鲁茄 3 号

鲁茄 3 号是由山东省济南市种子公司育成的。植株生长势强，株高 1.4～1.6 m，开展度 1.2m 左右。主茎第九节至第十片叶处着生花序。果实卵圆形，果形指数 1.8 左右；果皮紫黑色，单果重 500～600 g。属中晚熟品种，定植后 55～60 天开始采收，采收期达 140 天以上。耐热、耐涝、耐运输，抗病性、适应性较强，但品质一般。适宜山东省各地栽培，每亩产量为 7 000 kg。

(6) 郑茄 1 号

郑茄 1 号是由郑州市蔬菜研究所选育的一代杂交绿茄品种。平均生育期约 177 天，定植至始收平均 48.1 天。植株生长势中等，平均株高约 70.6 cm，平均开展度 66.7 cm，叶色绿，第一花序平均着生节位 6.3 叶节。果实卵圆形，果皮绿色，果肉绿白色，果皮光滑，商品性状好。果实平均纵径约 15 cm，平均横径约 10.5 cm。平均单果重 460 g，最大可达 1.3 kg，果实肉质细腻。硬度适中，味甘，适口性好，品质佳。每亩产量 4 000～5 000 kg。适宜春秋保护地和春露地种植。

(7) 郑研早紫茄

郑研早紫茄是由郑州市蔬菜研究所选育的早熟紫卵圆茄品种。株高 60～70 cm，开展度 65～75 cm，茎秆紫色，叶片绿色，叶脉紫色，熟性早，主茎 6～7 叶着生第一果。果实灯泡形，果皮黑紫色，着色均匀、光亮，单果重 350～450 g，最大可达 1 000 g 以上。果肉白色、肉质细密，品质极佳。抗病性较强，丰产，一般每亩产量为 5 000 kg 左右。适合保护地早熟栽培，也可春露地地膜覆盖早熟栽培，适于华北、东北、西北等地区种植。

(8) 新乡糙青茄

新乡糙青茄是河南省新乡市地方品种。株高 80～90 cm，开展度 70～80 cm。首花着生于主茎 7 节。茎绿色，叶椭圆形、绿色，花紫色，果实卵圆形，商品果纵径约 18 cm，横径约 13 cm。果皮绿色，老熟果皮黄色，果面光滑油亮，果脐小，外观美，单果重约 350 g。果肉致密、绿白色，品质佳。中熟，从定植至始收 55～60 天。一般每亩产量 5 000 kg 左右。抗逆性、抗病性较强。适合春露地和春保护地早熟栽培。

(9) 西安绿茄

西安绿茄是陕西西安市地方优良品种，早熟。植株生长旺盛，6～7 节位着生门茄。果实长卵圆形，个大而油绿，光洁度极佳，肉质洁白细嫩、弹性好，品质优，单果重 700～900 g，最大可达 1 500 g，商品性极佳。抗茄子绵疫病、褐纹病、黄萎病。坐果性特强，丰产潜力大，每亩约产 5 000 kg。特别适于西北地区棚室春早熟栽培。

(10) 绿罐 2303

绿罐 2303 是西安桑农种业有限公司选育的极早熟一代杂交绿茄品种。生长势强，株形紧凑，耐低温，抗高温，低温条件下不易畸形。果面光滑无棱沟，果实长卵圆形，皮色极其亮绿，果实硕大，单果重 700～1 500 g，商品性极佳。对早疫病、灰霉病、晚疫病、菌核病和褐纹病抗性强。果肉细密，比重大，耐贮藏和运输。易坐果，果实发育快，四门斗连续结实能力强。早春大拱棚栽培。每亩产量可达 15 000 kg。

(11) 湘早茄

湘早茄是湖南省农业科学院园艺研究所育成的极早熟一代杂交紫卵圆茄品种。株高约 85 cm，开展度约 53 cm，株形较紧凑。第一果着生于主茎 6～8 叶节。果实长卵圆形，果皮紫黑色，果肉白绿色，肉质疏松，品质中等，单果重 200 g 左右，极早熟，早期坐果率高。适于春季露地早熟栽培，也可作越夏栽培。每亩产量 4 000～5 000 kg。适于湖南省种植。

情景三　茄子栽培技术要点

第一节　茄子春茬露地栽培

1. 品种选择

露地春茬茄子应选择早熟、抗寒、耐热、抗病、高产的品种，各地区可根据消费习惯和市场销售状况选择适销对路的优良品种。华中地区可选用郑研早紫茄、郑茄 1 号、茄杂 2 号、世纪新茄 2 号等品种；京津地区可选用二苠茄、快圆茄等品种；东北地区可选用辽茄 1 号、辽茄 4 号等品种；西南地区可选用渝早茄等品种。

2. 培养壮苗

(1) 育苗期的确定

露地春茬茄子的育苗时期为 2—4 月份寒冷季节，外界气温低，大部分地区需要在保护地育苗，播种适期应根据当地终霜期的早晚、栽培品种与目的、苗床、设备条件及育苗技术确定。为了防止恶劣天气造成低温危害，需采取一系列保温措施，除了必要时采用临时人工加温外，还应进行多层覆盖，以满足幼苗生长所需要的温度。长江流域一般于 10 月下旬冷床育苗。若用温室或温床育苗，播种期可推迟至12 月中下旬。东北地区可于1月中下旬温室或温床育苗。华北地区早春在日光温室内育苗，一般在 2 月初播种，苗龄 100 天左右；若用冷床育苗，一般在 1 月中旬播种。苗龄 110～130 天。各地可根据实际情况确定合适的播种期。

(2) 种子处理

①晒种。浸种前 2～3 天，将种子置于阳光下晒种。

②浸种

温汤浸种：在容器内用 50～55 ℃热水浸种 20 min，其间不断搅拌，待温度降至 30 ℃后浸泡 6～8 h。

药液浸种：用 10%磷酸三钠浸种 20～30 min 或 0.2%高锰酸钾浸泡 10 min，捞去漂浮种子，再用清水冲洗干净。

③催芽。将浸泡好的种子用纱布或湿毛巾包住，置于 25～28 ℃条件下催芽，待 80%以上的芽尖变白时即可播种。

3. 整地做畦

茄子对土壤的适应性较强，但以选择地势平坦、土层深厚、富含有机质、微酸至微碱性、保墒、排水良好的沙壤土为宜。地下水位高，排水不良的黏土栽培茄子，透水性差，易积水沤根。茄子忌连作，不宜与茄科作物如番茄、辣椒、马铃薯等连作，需间隔 3～5 年及以上。

茄子是深根性作物，根系发达，成长植株的根群达 100～120 cm，横向伸长 100 cm 以上。但主要根系分布在 30 cm 以内的土层中，为了使根系充分生长和发育，吸收更多的养分与水分，必须深耕。于上一年秋冬季深耕晒垡一段时间，使土壤松散，有利于风化和养分的分解。定植前，再翻耕一次，整地时每亩施腐熟农家肥 5 000 kg、磷肥 50 kg、钾肥 30 kg 或草木灰 200 kg 作基肥。

各地做畦方式不尽相同，一般做成小高畦，畦高 10～15 cm，宽 60～65 cm，每畦栽两行，用 90～100 cm 幅宽的地膜覆盖。

4. 定植

(1) 定植时期

露地春茬茄子应在日平均气温 15 ℃以上定植，可根据当地的气候条件及育苗情况而定。为争取早熟，一般春季露地栽培常在当地终霜期后，在不受冻害的情况下应尽量早栽。北方地区多在 4 月下旬至 5 月中旬，南方地区多在 3 月下旬至 4 月上旬定植。茄子根系再生能力差，定植时应尽量带土移栽，最好是采用容器育苗。定植要尽量安排在晴天，忌栽湿土，移栽湿土缓苗慢，难发新根。

(2) 定植密度

茄子以采收嫩果为栽培目的，结果习性又很有规律，合理密植是提高茄子产量的重要措施。一般早熟品种比晚熟品种密，株形紧凑的品种比植株开展度大的品种密，土壤肥力差的比土壤肥力高的密。一般生产中，早熟品种每亩栽植 3 000～3 500 株，中、晚熟品种每亩栽植 2 500～3 000 株。在生长期较短，采用生长势中等的品种，每亩栽植株数可增加至 4 000～5 000 株。

(3) 定植方法

茄子露地栽培时利用地膜覆盖能加快秧苗缓苗速度，促进根系生长。北方地区可先开深 26 cm、宽 40 cm 的上宽下窄的平整倒梯形沟，将苗坨码到挖好沟的穴内，留苗坨 1～2 cm 高埋严，边栽边盖膜，栽后顺沟浇水，地膜四周用土盖严，以防风吹而发生撕裂。当沟内温度升到 25 ℃时，开始扎孔放风；当幼苗叶片触及地膜时，用刀片划“十”字掏苗，落“天”膜为地膜。用此方法可起到很好地防寒防霜作用，可提早 10 天定植；南方地区，可先将地膜铺在提前做好的畦面上，然后按照固定的株距打孔，并将茄子苗栽进孔内，栽苗后淋足定根水，并用细土把秧苗的四周封严，以利于返苗。茄子根系再生能力弱，定植时应尽量带土，生产中最好采用容器育苗。定植也不宜过深，以与子叶节平齐为标准。

5. 田间管理

(1) 中耕

露地茄子定植后温度低，多次中耕松土可提高土壤温度，加速返苗，促进幼苗生长，对茄子丰产有重要作用。中耕大致分以下几个时期：在浇过缓苗水后或雨后天晴后，抓紧时机进行第一次中耕蹲苗，深度 7～10 cm，保持土壤疏松；过 10 天左右在门茄开花之际，如果土壤湿度太大、茄子营养生长过旺，会引起落花，要结合除草进行第二次中耕，深锄植株行间，对幼苗周围土壤划破表土即可，以利于促进植株根系向土壤深层生长；在植株封垄之前进行一次大中耕，并进行培土，培成小高垄或小高畦，这样不仅防止植株倒伏，而且还可以消灭杂草。植株枝叶封垄后，不再进行中耕。地膜覆盖的春茬茄子只要保证整地做畦和铺膜质量，膜下地表的杂草基本上不再滋生，一般不需要中耕、除草和培土。

(2) 浇水

茄子枝叶繁茂，叶面积大，水分蒸发多。土壤相对湿度要求保持在 80%左右。浇水不足，植株生长缓慢，还常引起落花，而且长出的果实果皮粗糙、无光泽、品质差。因此在茄子生育期要保证充分的水分供应。

茄子生长前期需水较少，北方地区春季多风、少雨、干旱，定植后在少灌水的原则下，应特别注意供给足够返苗和幼苗生长的水分；南方雨水较多，不必单独浇水，雨水充足，应注意及时排出积水。当茄子第一朵花开放时要控制水分，门茄瞪眼时表示已坐住果，此时植株茎叶和果实同时生长，需水最多，要及时浇水，以促进果实生长。

(3) 追肥

茄子生长周期长，枝叶繁茂，需肥量较大，追肥是保证茄子丰产的主要措施之一。定植初期至开花前主要以促苗为主，每隔 10 天在晴天上午随水冲施平衡性水溶肥；开花至坐果前主要控制肥为主，如果植株长势良好，可以不施肥。若植株长势差，可在天晴土干时用10%～20%人畜粪液浇施一次；门茄坐稳果后，对肥水的需求量开始加大，应及时浇水追肥，肥随水浇，每亩追人粪尿500～1 000 kg或磷酸二铵15 kg；对茄和四门斗茄相继坐果膨大时，对肥水的需求达到高峰；对茄瞪眼后3～5天，要重施一次粪肥或化肥，每亩施人粪尿4 000～6 000 kg或尿素15～20 kg，可随水浇施，视天气干湿情况决定掺兑浓度；四门斗茄果实膨大时，重施一次粪肥或氮素化肥；门茄瞪眼后，每隔5～7天将尿素与钾肥按1∶1的比例穴施深埋，整个结果期可进行2～3次；四门斗茄采收后，天气已渐炎热，土壤易干，主要以供给水分为主，一般以20%～30%浓度的淡粪水浇施，应做到每采收一次茄子追施一次肥水。结果后期可进行叶面施肥，以补充根部吸肥的不足，一般喷施0.2%尿素和0.3%磷酸二氢钾溶液，喷施时间以晴天傍晚为宜。

6. 植株调整

茄子分枝比较有规律，叶腋发生分枝能力差，一般可不整枝。但门茄以下各叶腋的潜伏芽在一定条件下极易萌发成侧枝，为了减少养分消耗，改善植株通风条件，通常在门茄“瞪眼”前，分次摘除门茄以下的侧枝。一般早熟品种多采用三杈整枝，除留主枝外，在主茎上第一花序下的第一叶和第二叶腋内抽生的2个较强大的侧枝保留，连主枝共留三杈，基部的侧枝全部摘除。当对茄开始膨大时，摘除门茄下部的老叶；当四门斗茄开始膨大时，摘除对茄下部的老叶，以此类推，有利于提高植株通风透光条件，减少落花和下部老叶对营养物质的无效消耗，促进果实着色。茄叶是制造养分的器官，因此摘叶时要根据植株长势和果实发育状态，如果植株生长旺盛，可适当多摘；若摘叶过多会影响植株发育，开花结果慢、果实小、产量低。天气干旱，茎叶生长不旺时要少摘，以免烈日晒伤果实。在植株生长中后期要把病、老、黄叶摘除，以利于通风透光和减轻病虫危害，并将摘除的叶片集中深埋或烧掉。

7. 保花保果

茄子开花过程中有不同程度的落花现象。其主要原因有花器结构缺陷、光照不足、土壤干燥、营养不良、早春温度低（15 ℃以下）、进入三伏天高温多雨以及病虫危害等。生产上应采取针对性措施加强田间管理工作，从苗期培育壮苗、保护植株根系做起，加强肥水管理，改善植株营养状况，为开花时的授粉受精创造适宜的环境条件。另外，使用防落素能有效地防止因温度引起的落花。防落素即番茄灵、坐果灵（PCPA，化学名称为对氯苯氧乙酸），使用浓度为30～40 mg/kg，可用小型喷雾器直接向花上喷洒，对茄子的枝叶无害。使用防落素的最佳时期是含苞待放的花蕾期或花朵刚开放时，对未充分长大的花蕾和已凋谢的花处理效果不大。

8. 适时采收

茄子以嫩果采收，早熟品种定植后40～50天开始采收，中熟品种需50～60天，晚熟种需60～70天。适时采收关系到茄子的产量和品质。采收过早，果实发育不充分，会降低产量；采收过迟则种皮变硬老化，降低食用品质，影响商品性。判断果实采收的适宜时期，可根据萼片与果实相连处（称为“茄眼”）的宽度来定。“茄眼”较宽，表明果实正在迅速生长，不宜采收；“茄眼”不明显，表明果实生长转慢或已停止生长，应及时采收。门茄应稍提前采收，既可提早上市，增加种植者的收入，又可防止门茄与上部果实争夺养分，促进植株的生长和后继果实的发育，增加后期产量。增加茄子采收的次数，可以增产，尤其是对长茄类品种，增产效果更为明显。雨季要及时采收，以减少病烂果对产量的影响。茄子采收的时间以早晨为好，果实新鲜柔嫩，除了能提高商品性外，还有利于贮藏、运输。采收时最好用剪刀剪下茄子，不带果柄，以免装运过程中互相刺伤，不利于贮藏、运输。

第二节　茄子夏茬露地栽培

1. 品种选择

露地越夏栽培的茄子生长前期正值高温干旱季节，全生育期经历高温多雨的夏季，宜选用耐热性强、生长势强、耐湿、抗病、高产的中熟或中晚熟品种，如郑研晚紫茄、博杂1号、紫光大圆茄等。

2. 育苗

夏茬茄子一般采用露地育苗，4 月上旬至 4 月下旬播种，土壤温度为 12～15 ℃。苗床要选择地势高燥、排水良好、土壤肥沃的地块，周围最好没有茄果类或马铃薯田块。将配制好的营养土作床土，浇足水后苗床划成 12 cm 见方的营养土坨，每坨中央摆放 2～3 个发芽的种子，然后覆土 1 cm 厚。幼苗长到一叶一心时，每坨留一株健壮苗，其余的苗拔掉。幼苗期浇水后或降雨后要及时在床面上撒干营养土，苗期不干旱不浇水。如果发现缺肥，可结合喷水喷施 0.1％尿素和 0.15％磷酸二氢钾的混合液。苗期注意中耕控水，防止徒长，苗龄 50～60 天即可定植。越夏茄子育苗期正处于高温时期，应搭遮阳棚或在畦上设立小拱架，架上覆盖遮阳网等，做到既能防大雨冲刷，又能防太阳暴晒。

3. 整地做畦

夏茬茄子生育期要经历高温多雨季节，黏土因通透性差而引起沤根，不利于植株生长和开花坐果，应选择富含有机质、土层深厚、保肥保水力强、排水良好、微酸至微碱性的壤土为宜。因夏季雨水较多，易造成养分流失，所以要重施基肥。基肥多用腐熟的有机肥，每亩施厩肥 1 500～2 000 kg 或堆肥 3 000～5 000 kg、磷酸二铵 40 kg、氯化钾 20 kg。南方采取深沟高畦，雨季有利于排水；北方最适宜的畦型为小高垄栽培，这也是茄子顺利越夏的关键。

4. 定植

茄子的定植期可根据当地的气候条件及育苗情况而定。一般在 5 月下旬至 6 月上旬定植，在当地终霜期后，日平均气温 12 ℃以上，不受冻害的情况下应尽量早栽。定植密度要和选用品种的长势、当地生长期的长短相适应，一般垄距 70～100 cm，株距 30～45 cm。南方地区采取深沟高畦栽培，畦面宽 1 m 左右，沟深 15～20 cm，双行种植，行距 60 cm，株距 40 cm。栽植时秧苗不宜太大，4～5 片真叶即可。茄子根系再生能力差，定植时应尽量带土移栽，最好是采用容器育苗。定植宜在下午 4 时后进行，如果是阴天，也可在上午进行。

定植前5～7天，秧苗要喷施一次杀虫、防病药剂，定植后及时浇水。

5. 定植后管理

(1) 中耕培土

夏季高温多雨，杂草生长旺盛，加强中耕除草是夏季栽培茄子管理的重要工作。缓苗后及时中耕松土2～3次，封行前完成培土。

(2) 浇水施肥

夏茬正处于天气炎热时期，蒸发旺盛，在茄子定植后要及时浇水，每隔2～3天，连浇2次缓苗水，后续保持土壤见干见湿，门茄坐住后，茄子生长旺盛，需水量开始大增，根据天气确定浇水量及频率，如遇雨季也要及时排水防涝。夏茬茄子如果施足基肥，追肥可适当减少。在定植缓苗后至坐果前一般不追肥，大部分植株开始坐果后，每亩结合浇水追施尿素20 kg。以后每层果坐住后都要追一次肥，每次每亩可追尿素20 kg，钾肥10 kg。茄子封垄后，提倡"随水施氮"，不仅可使氮肥渗到耕层中下部，便于根系吸收，而且还避免了氮素的挥发损失。中后期增施钾肥，少施磷肥，可避免缺钾造成植株感病倒伏和磷过多引起果实僵硬。

(3) 植株调整

夏茬茄子的整枝打叶及果实采收与春茬茄子相同。由于夏季植株生长快，各项措施都要及时、精细。

6. 采收

门茄应适当早收，对茄以上果实要及时依标准采收。

第三节　大棚茄子早春茬栽培技术

1. 品种选择

塑料大棚春季早熟栽培育苗期正值严冬，定植时又逢早春，气温低、光照不足且光照较弱，因此选择的品种必须耐低温、耐弱光、生长势强、抗病力强、早熟、前期产量高、着色好。品种的选择还必须适应当地或外销地的消费习惯。生产上推荐紫圆茄品种类型有北京六叶茄、北京七叶茄、天津快圆茄等，砧木品种可选用刺茄或托鲁巴姆。

2. 育苗

塑料大棚春季茄子以早熟栽培为主，所以也要尽可能地提前定植，同时为了保证早熟，定植时要现大蕾。一般11月中旬至1月上旬播种育苗，大棚内加盖小拱棚和地膜，翌年2月下旬至3月上中旬定植，苗龄在80～100天。冬季温度低，为保证秧苗正常发育，最好利用电热温床和护根育苗的方式，保护茄子苗根系，防止茄子苗定植时伤根严重。

3. 整地做畦

茄子忌连作，凡种过番茄、辣椒、马铃薯等茄科作物的田块要间隔 3～5 年才能再种茄子，以免土壤中的病菌交互传染。早春栽培的大棚应于冬前准备好，如果大棚内种秋延后作物，秋季应将土壤翻挖起来晒土、冻垡并于定植前 20～30 天扣膜以提高地温。另外，还应及时清茬并将棚内残枝病叶等彻底清理干净，以免留下虫源和病菌。定植前必须对温室空间和土壤进行消毒。消毒可采用熏蒸和药物土壤消毒结合的方法。结合耕地，每亩施优质农家肥 5 000～6 000 kg，复合肥 30 kg，深翻两遍，使土肥掺和均匀，方可做畦。底墒严重不足时要在施肥前浇底水，水量要小。做畦前浇足底水，土壤水分适宜时做畦。畦面宽 70 cm，高 20 cm，间距 40 cm。

4. 定植

(1) 定植期

茄子喜温，不耐寒，定植时要求棚温不低于 10 ℃，棚内 10 cm 地温稳定在 13 ℃以上。茄子定植越早，上市也就越早，经济效益也就越高，但风险也就越大。因此，不能单纯为了追求经济效益而盲目定植，否则得不偿失。一般来说，东北、西北和华北北部地区，定植期在 4 月中上旬；华北中南部地区，定植期在 3 月上中旬；江南一带定植期在 2 月中下旬。

(2) 定植方法

每畦定植两行，株距 40 cm。先开定植穴，将秧苗栽入定植穴内，苗坨应略高于畦面，回土后苗坨与床面齐平或略高。选晴天上午定植，定植后用土将穴口盖严，然后通过膜下暗灌浇足定植水。定植后立即扣严塑料薄膜，夜间加盖草苫子保温，提高大棚内的温度。有条件的地方，栽苗前覆盖地膜，栽苗后按畦扣小拱棚，提高地温，促进缓苗。

(3) 定植密度

为了获得早期高产、高效益。应适当加大定植密度，按株距 33～40 cm 进行定植，每亩栽 3 000～3 500 株。

5. 定植后管理

(1) 温、光管理

定植后至缓苗前的管理以防寒保温、提高地温、促进缓苗为原则，棚要密封，以防冷风吹入。此时棚内温度白天可达 35 ℃，有利于提高地温，补充夜温。若超过 35 ℃，要短时间通风，降低空气湿度，尽量使夜温保持在 16 ℃以上，以促进扎根返苗。缓苗后白天温度超过 30 ℃通风，降到 25 ℃以下缩小通风口，降到 20 ℃关闭通风口，最低温度保持在 20 ℃以上，夜间最好能保持在 15 ℃左右。阴天也要揭开草苫见散射光，只有灾害性天气、外温很低的情况下才不揭开草苫。门茄采收后，外界气温升高，可将通风口由小到大开放，增加通风，外界夜温 15 ℃以上时可昼夜通风。晴暖天气可全部掀开塑料薄膜，让植株接受 5～6 h

的自然光照。结果期应加强光照，尽量延长光照时间，当白天外界温度高于 20 ℃时，可揭开塑料薄膜，当夜间外界温度稳定在 15 ℃以上时，可撤除全部覆盖物。拆去棚膜后的管理同露地栽培。

(2) 水肥管理

缓苗水浇过之后，一般在门茄“瞪眼”之前不再浇水，只有土壤水分不足时才可浇一次水，门茄“瞪眼”之后，要及时进行浇水追肥，一般门茄膨大期进行浇水，每亩追三元复合肥 30 kg，为控制室内湿度，最好溶解后实行膜下浇水，此时的浇水量不宜偏大。对茄采收后，追硝酸铵或硫酸铵 30 kg/亩。随着外界气温回升，植株也渐渐进入坐果旺季，要加大水肥的供应力度，一般每 10 天左右浇水追肥一次，每亩每次随水冲施尿素 15～20 kg，三元复合肥 30 kg。浇水后及时通风排湿，撤除棚膜后要注意排涝。

(3) 植株调整

塑料大棚内高温高湿，茄子栽植密度大，通风差，为改善通风透光条件，要及时去除第一分枝以下萌发的侧枝，促进植株多扎根，并早日形成丰产株形。还要通过调整植株来控制营养生长，一般进行双干整枝，即保留门茄下第 1 侧枝，形成双干，其他侧枝除掉。后期根据拉秧时间进行摘心，以促进下部茄子果实膨大。

(4) 保花保果

春季大棚栽培前期，棚内温度不稳定、光照不足，容易引起茄子落花落蕾和畸形的果形成。为了保花保果，可用防落素处理花朵。在开花时可以用 30～40 mg/kg 的防落素溶液喷花，保花保果，在药液中加入 1%的速克灵或 1%的百菌清，对防治果实的灰霉病、菌核病、绵疫病有一定的作用。结果前期气温较低，可以连续处理未开放的花朵，结果后期气温升高，昼夜通风，授粉受精状况转好，可以停止用激素处理花朵。

6. 采收

大棚早春茬茄子商品果上市早，经济效益高，采收必须适时，以免影响植株生长。大棚茄子嫩果生长速度比露地嫩果快，因此门茄采收越早，越有利于对茄的生长发育。对茄以后达到商品成熟时采收，采收早影响产量，采收晚品质下降，还影响上部果实生长。对茄以后果实采收标准：茄子萼片与果实相连接的环状带趋于不明显或正在消失，果实光泽度好，采收时间最好选择下午或傍晚进行，上午枝条脆，易折断，中午含水量低，品质差，采收时要防止折断枝条或拉掉果柄，最好用修剪果树的剪刀采收。

第四节　大棚茄子秋冬茬栽培技术

1. 品种选择

大棚茄子秋延后栽培播种至坐果初期正处于仲夏至仲秋高温季节，持续结果盛期处在秋末至冬春的低温和寒冷期。因此，要选用耐热、耐湿，熟性较早，坐果率高，对病害有较好抗性，同时又要具有一定的耐寒性的品种。可选用平丰青茄王、绿罐等品种。

2. 育苗

秋延后栽培茄子生长周期短，为保证此茬茄子生产有一定的产量，获得不错的经济效益，此茬茄子播种不能过晚。一般在7月底至8月初育苗。育苗期正值高温多雨季节，不利于茄子生长发育。因此，这茬茄子栽培成功与否关键在于培育壮苗。苗床应选地势高、排灌水方便、3年内未种过茄科作物的地块。由于此时期的气温高，育苗时间短，故只要施入少量腐熟有机肥作基肥。

夏季育苗应注意避免强光照射苗床，避免雨水冲刷苗床，防止苗床积水，要杜绝蚜虫、白粉虱等病毒媒介进入育苗床，控制肥水用量，加强苗床通风，防止茄子苗生长过快，发生徒长，对已发生徒长的苗，要及时喷洒0.3%矮壮素溶液，以减缓苗子的生长速度。定期喷药预防病害，一般从出苗开始，每周喷一次药，交替喷洒多菌灵、百菌清、恶霉灵防治病害。壮苗标准为苗龄40～50天，有5～7片真叶，70%以上植株现蕾。

3. 定植

秋延后栽培也要选择3年以上未种过茄科作物的棚室，以防土传病害的发生。定植前，结合整地做畦，每亩施入有机肥5 000～10 000 kg，复合肥40～50 kg。

(1) 定植时间

茄子塑料大棚秋延后栽培由于生育期短，为了获得尽可能高的产量，要提早定植，一般于8月下旬至9月上旬定植。苗龄在40天左右即可定植。

(2) 定植方法

秋延后茄子定植时正处在高温季节，为防止高温、强光造成秧苗萎蔫，定植应选阴天或晴天的傍晚进行，定植前1～2天苗床内浇足底水，定植时秧苗应尽量带土移栽，减少伤根，注意淘汰弱苗、病苗和杂苗，栽后应随即浇定根水。

(3) 定植密度

此茬茄子一般定植密度在2 500～3 000株/亩。

4. 定植后管理

(1) 温、光管理

秋冬茬茄子定植时，外界温度较高，缓苗快。缓苗后生长发育旺盛，缓苗期间如果中午温度过高，叶面蒸腾量大，会出现秧苗中午前后萎蔫的现象。所以在刚定植时，必须要进行适当的遮阳，以免秧苗失水死亡，缓苗后，要及时去除遮阳，以免影响植株生长。

生长前期外界温度还较高，光照强度大，要做好通风降温工作。大棚放风口要昼夜全开，以通风降温，一般是将温室棚膜的底角处卷起，同时打开腰口和顶风口。遇雨天，停止放风，防止雨水淋入棚内。随着外界温度逐渐下降，放风量要随之减小，并缩短放风时间。

当外界最低气温降至 13 ℃时，管理上应加强温度调节，控制棚内白天温度在 22～28 ℃，夜晚 13～18 ℃。晴天白天棚温维持在 25～30 ℃，夜间 15～20 ℃，利于茄子秧苗生长，应争取有较多时间维持这种温度。当外界最低气温降到 10 ℃左右时，大棚外四周要围上草苫，以保持夜间最低棚温在 13 ℃以上，白天放风量逐渐减少，棚温维持在 25 ℃以上，使果实持续较快地生长。

(2) 肥水管理

此茬茄子由于定植较早，在定植时一般苗子还不会现蕾，与其他茬次相比，从缓苗后到开花坐果的时间较长。另外，生长前期外界温度较高，水分蒸发较快。所以，在开花前，要根据土壤湿度确定是否浇水。浇水的原则是要持续保持土壤湿润，这样既可保证植株生长，又可适当降低室内温度。由于外界温度较高，为防止植株徒长，在开花坐果期一般不能进行浇水和追肥。

门茄“瞪眼”后，应及时浇水、施肥，每亩施尿素 10～15 kg，一般在上午 10 时左右浇水，浇水后封棚 1～2 h，然后通风降湿，减少病害的发生。门茄采收以后，当茄子进入结果盛期时，需肥、需水量也达到最大值。因此，此阶段的重点应放在肥水管理上，一般每隔 7 天左右浇一次水，每隔两次水追施一次肥。每亩每次可追施尿素 13 kg 和硫酸钾 7 kg，或者腐熟的人粪尿 800～1 000 kg，应结合浇水进行追肥。此时外界温度已经较低，为保证棚内温度，要减少放风时间和通风口大小，此时浇水最好在膜下进行。生长后期可以结合病虫害防治进行叶面追肥，喷药时可加入 0.2％尿素或 0.2％磷酸二氢钾溶液进行叶面追肥，作为根系吸收能力减弱的补充。

(3) 植株调整

茄苗定植时天气炎热、生长旺盛，缓苗后可以喷一次矮壮素壮秧，用量为 3 mg/15 kg。植株一般采取双干或单干整枝，当四门斗茄“瞪眼”后，在茄子上面留 3 片叶摘心，同时将下部的侧枝及老叶、病叶打掉，并清理出棚外埋掉或烧掉，以改善棚内通风透光条件，减少养分消耗和病虫害的发生和传播。

(4) 保花保果

为避免低温、阴雨天气造成的落花落果，可以对生长健壮、发育良好的植株上使用浓度为 30～50 mg/kg 的番茄灵或防落素蘸花，或用小喷壶喷花。为促进坐果与果实生长，还可每隔 10～15 天喷 1 次油菜素内酯（ BR ），浓度为 0.05 mg/kg，既能确保坐果，又能促进茄子早熟和提高产量，改善品质。

5. 适时采收

门茄采收宜早不宜迟，否则会出现坠秧现象。采收茄子要看“茄眼”，当“茄眼”变窄时说明茄子生长转慢应及时采收，植株长势弱的宜早采收，采收一般在早晨进行，避免在中午高温时采收。

第五节　日光温室早春茬茄子栽培

日光温室早春茬茄子一般在10月下旬至11月上旬播种育苗，翌年1月下旬至2月上旬定植。3月中旬始收，6—7月份结束。

1. 品种选择

日光温室早春茬茄子的播种期在11月份，苗龄90天左右，育苗期是一年中温度最低、光照最弱的季节。宜选用耐寒、早熟、高产和抗病能力较强的品种，果实形状和颜色应与消费者的习惯相一致。紫色茄子品种有六叶茄、七叶茄、天津快圆茄、沈茄1号，辽茄4号、布利塔、西安绿茄、新乡糙青茄、郑茄1号等。

2. 育苗

日光温室早春茬茄子育苗的播种期一般在11月上旬至下旬的1个月范围内，是一年中温度最低、光照最弱的季节，苗龄需80～100天，生产中应采用温床、加温温室或日光温室育苗。对苗床加强保温和增加光照，必要时应采取人工补光和加温，以保证幼苗对温度的要求。采用嫁接育苗时，不同的砧木育苗期不同，托鲁巴姆较接穗早播25～30天，刺茄（CRP）较接穗早播20～25天，赤茄较接穗早播7天。

3. 苗期管理

播种覆土后在育苗盘、苗床上面盖地膜保湿保温，并在育苗盘、苗床上面搭小拱棚，白天揭开，晚上盖严。整个苗床播种后密闭保温。播后6～7天，苗基本出齐后揭开棚膜，白天温度保持在20～25 ℃、夜间15～17 ℃。育苗过程中注意及时在苗床上撒盖营养土，填缝保墒。苗期苗床不旱不浇水，浇水要适量，而且在晴天上午浇水。幼苗缺肥时，可随水浇200倍液的尿素或叶面喷施0.3%～0.5%的磷酸二氢钾溶液和尿素溶液。苗期喷2次恶霉灵1 000倍液，也可用50%的多菌灵800～1 000倍液灌根，预防病害。定植前5～7天要加强通风，低温炼苗，使苗能适应定植后的环境条件。白天室温保持在20～25 ℃，夜间15 ℃左右，早晨可降至10 ℃左右，地温在13 ℃左右。

4. 整地做畦

日光温室早春茬茄子一般是在秋冬茬生产结束后进行的，定植前将前茬作物拉秧并清除地面上的残株杂草。结合耕地，每亩施腐熟优质农家肥7500～10 000 kg、三元复合肥50～100 kg，磷酸二铵40 kg作基肥，2/3基肥撒施，深翻30～40 cm，1/3基肥施入沟中，然后做畦，畦面可铺设滴灌塑料软管，再覆盖地膜，既可防止地温降低，又可防止空气湿度增加。

5. 定植

(1) 定植时期

早春茬茄子多采用大苗定植，即在苗龄80～100天，苗高20 cm左右、7～8片叶、第一花蕾大部分已出现时定植。

（2）定植方法

定植前关闭温室门窗，连续闷棚 6～7 天，使室内温度达到 50～60 ℃。起苗时要多带土坨，尽量少伤根，定植前按株行距在畦上开孔，选整齐健壮的秧苗，将苗放在孔中，埋少量土后浇水，水渗下后用土封严定植孔。根系埋土不宜过深，以和苗坨齐平为宜，每畦栽 2 行，株距 45 cm，每亩栽苗 2 500～3 000 株。

6. 定植后管理

（1）温光管理

定植初期外界气温低，需要密闭保温促进缓苗。为了提高地温，促进发根，定植后可扣小拱棚，白天揭膜，夜间盖膜。白天温度保持在 30 ℃、夜间 20 ℃左右。缓苗后适当通风降温，白天温度保持在 23～28 ℃、夜间 12～18 ℃。从开始开花到门茄坐果期，外界气温都较低，管理中还要注意保温。开春后，随气温升高，应加大通风量，并在后墙挂反光幕，以增强光照。久阴暴晴时，中午前后要适当遮阴，以防植株萎蔫。进入结果期，外界最低温稳定在 15 ℃左右时，进行昼夜大通风。

（2）肥水管理

缓苗后浇 1 次缓苗水，门茄“瞪眼”前，一般要控制肥水。门茄“瞪眼”后，果实膨大速度加快，这时就要开始加大肥水量，每亩随水冲施尿素 20 kg，或复合肥 15～20 kg，水量以能润湿畦面或垄面为准。浇水不能过大，否则，地温过低，不利于植株和果实的正常生长，而且易发生黄萎病。门茄采收 1～2 次茄子进入盛果期，结合浇水每亩施尿素 20 kg，或三元复合肥 20 kg，或硫酸铵 30 kg。要求浇一次清水再浇一次肥水，有机肥与化肥交替使用，并适当追施钾肥。灌水量以湿润全部地面为准。灌水后加大通风量，降温排湿。结果后期每隔 7 天喷 1 次叶面肥，可喷施 0.2%尿素＋（0.2%～0.3%）的磷酸二氢钾混合液，以防植株早衰。

（3）整枝

早春茬日光温室茄子由于密度大，枝叶繁茂，通风透光不好，应及时进行整枝去叶，改善植株间的通风透光条件，加速结果。双干整枝，留 5～7 个茄子，在门茄下面保留 1 个强壮侧枝，同主干并生形成双干，对茄坐住后除掉外侧枝，以后上部多级侧枝全部去除，始终保持双干向上生长结果；三干整枝留 6 个或 9 个茄子，其余的侧枝和腋芽及时打掉，然后留 2～3 片叶打顶尖，使营养集中供给果实，提高茄子前期产量。在植株生长过程中，摘除下部老叶、枯叶，改善光照条件和增加空气的流通，促进果实发育，减少病虫害的发生。

（4）保花保果

日光温室早春茬茄子栽培前期气温低、光照弱，为防止落花和畸形果的发生，提高坐果率，促进果实膨大，可用 20～30 mg/kg 防落素溶液进行处理。

7. 采收

门茄尽早采收，门茄以上果实在茄眼消失时采收。采收最好在下午或傍晚进行。正常情况下可每隔 2～3 天采收 1 次。采收要及时，不留老果，以提高茄子的商品性和产量。采收后分级包装整理，便可销售。

第六节　日光温室秋冬茬茄子栽培

日光温室秋冬茬茄子是露地育苗，露地定植，天气冷凉后覆盖棚膜。也有的是将露地栽培的茄子进行老株更新后转入温室栽培。由于茄子本身喜高温、怕寒冷，正常生产多是在天气由冷到热、日照时间由短到长的季节里进行的。而秋冬茬茄子生长期间的温光条件恰好相反，所以栽培的难度较大。

1. 品种选择

日光温室秋冬茬茄子的播种育苗期正值温度高、光照强、雨水多的夏季，而到茄子果实开始采收起，外界天气就开始逐渐变冷，到采收后期，更是到了一年中的最冷季节，所以要选择抗病毒病、黄萎病和褐纹病等病害能力强，同时还具有耐低温、弱光，耐热，耐涝，生长势较强，果实膨大较快的早中熟品种，如七叶茄、茄杂 2 号、辽茄 2 号、西安绿茄及新乡糙青茄等。

2. 育苗

(1) 适期播种

日光温室秋冬茬茄子播种过早病毒病严重，而且采果期与秋茬茄子冲突，效益不好。播种过晚气温下降，果实很难长到商品成熟，产量低。一般在 7 月上中旬播种育苗。苗龄 40～50 天，8 月中下旬至 9 月上旬定植，部分地区近年来将播种期提前至 6 月中旬至 7 月初，也取得了高产高效，但必须选好品种和严防病毒病的发生。

(2) 育苗床的准备

这茬茄子育苗期正处于高温多雨季节，高温多湿和强烈光照条件对幼苗生长十分不利。同时，这段时期也极易发生病毒病、黄萎病和褐纹病等病害，因此对苗床必须进行遮阴防雨。苗床宜选在覆盖有旧薄膜和遮阳网的大棚内或排水良好的地方做高畦苗床，在苗床上方搭一个 1～1.5 m 高的棚架，四周覆盖防虫网，顶部覆盖旧薄膜防雨，顶部薄膜上再覆盖遮阳网或草苫，做成四周通风、顶部防雨的育苗棚，以防高温和暴雨危害。

(3) 浸种催芽

播种前进行种子消毒处理，以防种子带菌。浸种前 2～3 天晒种，在容器内用 50～55 ℃热水浸种 20 min，其间不断搅拌，待温度降至 30 ℃后浸泡 6～8 h，然后用 10%磷酸三钠浸种 20～30 min 或 0.2%高锰酸钾浸泡 10 min，捞去漂浮种子，再用清水冲洗干净，置于

25～28 ℃条件下催芽，待 80%以上的芽尖变白时即可播种。

(4) 播种

夏季高温期要选择早晨或傍晚播种，床土充分暴晒后耙细整平，播种前浇足底水，待水全部渗下后播种，上覆 0.5～1 cm 厚的营养土，不宜太薄，也不宜太厚，床面用遮阳网等覆盖保湿。

(5) 苗期管理

播种后由于气温高，发芽快，要经常检查出苗情况，及时揭去覆盖物，以防出现高脚苗。真叶展开以后，苗床保持湿润为宜，避免忽干忽湿。在清晨或傍晚浇小水降低地温和气温，调节局部小气候。待真叶吐心时进行间苗，苗距保持 2～3 cm。2 片真叶时进行分苗，可用营养钵或营养土块分苗，用遮阳网覆盖降温，并做到早盖晚揭，遇雨加盖薄膜，雨后及时揭膜。白天尽量增加光照，使子叶尽快绿化。如果白天弱光加上夜间高温，还容易导致猝倒病的发生和蔓延，可喷浓度为 20～25 mg/kg 的矮壮素，它能促进幼苗健壮，控制徒长。夏季在苗床内温度过高、光照不足、氮肥偏多的情况下，湿度过大容易引起徒长，适当控制浇水，有利于促进根系发育、培育壮苗。

苗期施足基肥的基础上，一般不追肥。若发现苗期缺肥时，可用 0.2%尿素和 0.3%磷酸二氢钾混合液叶面喷施，或用磷酸二氢钾与尿素的等量混合液 500 倍液浇灌。5～7 天施用一次。

3. 整地施肥

(1) 温室消毒

日光温室前茬作物收获后，应及时清除残枝杂草，定植前温室要进行消毒灭菌。每立方米用硫黄 4 g、锯末 8 g，或 25%百菌清 1 g，锯末 8 g。将药混合后放在容器内或瓦片上，在傍晚点燃，密闭温室，熏烟一昼夜。第二天打开门窗排除烟雾和毒气。这种方法对真菌、病原菌和一部分害虫具有良好的杀伤效果。

(2) 整地做畦

茄子是深根性作物，深耕土地有利于茄子的根系正常发育。选择 5 年内没有种过茄果类蔬菜的地块，结合深翻，每亩施腐熟有机肥 5 000～7 500 kg，三元复合肥 40 kg，耙细、耙平，大行距 60～80 cm、小行距 40～50 cm 起垄或做畦。

4. 定植

(1) 定植时期

日光温室秋冬茬茄子生长季节较短，要早定植，茄子苗龄 40～50 天、秧苗 5～7 片真叶时于 8 月中下旬至 9 月上旬定植，借助高温环境早缓苗，早形成丰产株形。

(2) 定植密度

因为此茬茄子生长时间相对较短，为获得高产，定植可以适当密植，但后期光照弱，密度太高也容易引起植株徒长。定植密度根据选用的品种和栽植方法不同而异，植株高大且开张的宜稀植，株形紧凑的宜密植，一般每亩定植 2 000～2 500 株。

(3) 定植方法

选在阴天或晴天的傍晚进行，定植时垄上按计划株距开穴，相邻 2 行之间应互相错开栽植，以利于通风透光。定植完毕后要及时浇足、浇透定植水，为减轻黄萎病和枯萎病的发生，可采用高垄栽培。

5. 定植后的管理

(1) 温光管理

日光温室秋冬茬茄子定植初期外界温度高，光照强度大，将温室棚膜的底角处卷起，同时打开腰风口和顶风口，进行温室的昼夜大通风。同时在棚膜外覆盖遮阳网，并根据天气情况灵活揭、盖，以减弱光强，降低温度。当外界最低气温逐步下降至 15 ℃以下时，将棚膜底角处放下，夜间停止放风，只进行白天放风，以放腰风和顶风为主。当室内夜间温度低于 16 ℃时，温室一般要及时覆盖草苫或棉被保温。从 11 月份开始，温室内光照逐渐减弱，需要经常清除棚膜上的灰尘及杂物，保持棚膜的洁净，以提高透光率。同时，在温室北侧张挂银色反光幕，提高光照强度，以利于茄子进行光合作用，促进果实的发育。在 12 月到 1 月出现恶劣天气时，要采取相应的加温措施，如在室内用煤炉或电灯加温。

(2) 水肥管理

定植后及时浇足定植水，4～5 天浇一次缓苗水。生长前期外界温度较高，水分蒸发较快，保持土壤湿润即可。为防止植株徒长，在开花坐果期一般不能进行浇大水和追肥。门茄果实开始膨大时，水肥量增加，每亩随水冲施三元复合肥 25 kg。门茄采收后进入旺盛结果期，外界气温已明显下降，植株和果实生长逐渐减慢，以后每 10～15 天才浇水一次，每隔一次浇水施肥一次，可追施尿素 15 kg、三元复合肥 15 kg。进入深冬季节，当浇水量很少，难以通过浇水追肥时，可以结合喷药选晴暖天气的上午向叶面喷施浓度为 0.2％尿素溶液或 0.3％磷酸二氢钾溶液，每 7～10 天喷一次。

(3) 中耕培土

浇完定植水，要抓紧时间浅中耕，预防高温积水造成切脖死苗，中耕要掌握“早、勤、深”的原则，促进扎根缓苗。以后本着由深到浅、由离苗根近到离苗根远的原则，连续中耕 2～3 次，注意培土防倒伏。

(4) 植株调整

秋冬茬茄子栽培后期光照弱、温度低、通风量小，室内湿度较大。为了增加通风透光率，提高坐果率。一般采用双干整枝，门茄以下侧枝全部去掉，按一门茄、二对茄、四门斗茄自然规律留果，保留第一侧枝形成双干，双干上出现分枝并且对茄坐住后，保留其中一个分枝。另一个分枝保留 1～2 片叶进行摘心，以后再出现分枝以同样的方法进行去留，始终保持双干。生长过程中及时摘掉病叶、老叶、残花，保证田间良好的通风透光条件，防病防烂果。

（5）保花保果

日光温室茄子栽培，不管是哪个茬次，坐果期间都要经历寒冷冬季，为防止夜间室温低造成落花落果，可在加强日光温室增温保温的同时，对生长健壮、发育良好的植株上使用浓度为 30～50 mg/kg 的番茄灵或防落素蘸花，或用小喷壶喷花。

6. 采收

前期温度较高，门茄要适当晚采，以抑制植株旺长。其他时间，茄子果实长成后要及时采收。春节前后的最后一茬果实，可以尽量延迟采收，以提高季节差价，一般在拉秧前进行一次性采收。

第七节　日光温室冬春茬茄子栽培

日光温室冬春茬茄子栽培是满足元旦、春节市场供应、经济效益非常可观的一茬蔬菜。但由于生长期长，且温室土传病害逐年加剧，造成温室冬春茬茄子栽培难度大、产量较低。这茬茄子可以通过嫁接育苗，增强抗土传病害能力及抗低温弱光能力，保证茄子植株后期的长势，降低病害发生、减少农药使用、提高茄子果实品质，增加经济效益。

1. 品种选择

（1）接穗品种

冬春茬茄子栽培的育苗期及生长期在寒冷季节，温度低、光照少，生长中应选择较耐寒、较耐弱光、抗病、丰产、果实商品性好（果形、色泽符合市场需求）、食用品质好（尤其是种子少，不易老熟）、生长势强和抗病好的品种。如天津快圆茄、北京六叶茄、北京七叶茄、郑茄 2 号、布利塔、西安绿茄等。

（2）砧木品种

①托鲁巴姆。抗茄子黄萎病、枯萎病、青枯病、根结线虫病等土传病害，可达到高抗或免疫程度。植株根系发达，具有较强的吸水肥能力，植株生长势强。嫁接后适应性强，耐低温、干旱、高湿，成活率高，果实品质好。嫁接栽培时应比接穗提前 20～25 天播种。

②超托鲁巴姆。从托鲁巴姆群体中筛选出来的抗病新品系，抗病能力优于托鲁巴姆。植株根系发达，粗长根多，吸水肥能力极强，适合与各茄子品种嫁接。嫁接后茄株粗壮，耐寒耐热，耐干旱潮湿，产量高，品质好，特别适合延后栽培、长季节栽培和再生栽培。接穗提早 20～30 天直接播种。

③CRP（刺茄）。抗病性与托鲁巴姆相近，同时抗黄萎病、枯萎病、青枯病、根结线虫病等多种土传病害。植株生长势较强，根系发达，茎叶多刺，与托鲁巴姆相比，幼苗初期生长缓慢，2～3 片真叶后生长加快。嫁接栽培时应比接穗提前 20 天播种，种子易发芽、茎细，嫁接后茄株耐涝性比托鲁巴姆强。

④赤茄。赤茄又称红茄、平茄，是应用较早的砧木。主要抗茄子枯萎病，对黄萎病也有一定的抵抗能力。低温条件下植株生长性好，根系发达，茎粗壮，节间较短，种子易发芽。幼苗生长速度正常，嫁接栽培时比接穗提前 7 天左右播种，适合与各类茄子品种嫁接，嫁接亲和力高。

2. 播种育苗

(1) 插种期

茄子冬春茬栽培一般要利用头年较高的温度进行育大苗，以便获得早熟、高产，取得好的经济效益。冬春茬茄子的生长发育要经过冬季和初春的低温阶段，而嫁接苗耐低温能力强，根系发达，长势强。因此，这茬茄子提倡嫁接育苗。定植期为 11 月份，嫁接用砧木要适当早播，砧木播种期为 9 月上旬。砧木播种期一般比接穗提前 15～25 天，用托鲁巴姆作砧木应比接穗提前 20～30 天播种，砧木 CRP 比接穗早播 20～25 天，赤茄提前 5～7 天播种。各地应根据当地气候条件和市场情况确定适宜的播种期。

(2) 营养土配置

园土选择近 3～5 年未种过茄科作物的中性肥沃土壤，以前茬种过葱蒜类蔬菜的较好；有机肥要选择充分腐熟的鸡粪、猪粪、牛粪等，按照有机肥 4 份，园土 6 份的比例进行混合，同时在每 1 000 kg 粪土中加入尿素 0.2 kg，磷酸二铵 0.3 kg，草木灰 5～8 kg。夏秋高温季节，把配制好的营养土放在密闭的大棚或温室中，摊开接受太阳光的暴晒，使室内土壤温度达到 60 ℃，连续 7～10 天可消灭营养土中的猝倒病、立枯病、黄萎病等大部分病菌；播种前 20 天，用福尔马林 200～300 mg 加水 25～30 kg，消毒床土 1 000 kg。在营养土配制时边喷边进行混合，充分混匀后盖上塑料薄膜，堆闷 7 天，然后揭去覆盖物，晾两周左右，待土中福尔马林气体散尽后，即可使用。为加快气体散发，可将土耙松。如药味没有散完，可能会发生药害，不能使用。

(3) 种子处理

①砧木。野生茄子在浸种前晒种 6～8 h，然后把种子倒进装有 55 ℃热水的容器中，不断搅拌，直至水温降至 30 ℃，浸种 6～8 h。洗净种皮表面上的黏液，用湿润纱布或毛巾包好后催芽。砧木种子较难发芽，可采用以下 2 种催芽方法：恒温箱变温处理。将浸泡好的种子包裹在湿润的纱布或毛巾里，放进催芽箱，在 30 ℃的条件下催芽 16～18 h，18 ℃的条件下催芽 6～8 h，反复变温处理 3～5 次。每天用清水淘洗一次种子并沥干水分，6～8 天即可出芽；药剂处理。将种子放入 0.1%的赤霉素溶液中浸泡 24 h，再用清水浸泡 24 h，然后放入恒温箱中进行变温催芽处理，一般 4～5 天即可出芽。种子露白 70%后即可播种。

②接穗。接穗种子同样要进行消毒处理，以免接穗带有病菌，达不到嫁接目的。现将种

子用 0.3%高锰酸钾溶液浸泡 30 min，然后倒进装有 55 ℃热水的容器中，不断搅拌，直至水温降至 30 ℃，再浸种 6～8 h。洗净种皮表面上的黏液，用湿润纱布或毛巾包好后催芽。温度控制在 28～30 ℃，每天用清水淘洗一次，7 天种子露白后即可播种。若采用变温催芽处理，可提早出芽，且发芽率高。

(4) 播种

在苗床整好后，先给苗床浇透水，待水渗下后，使用 75%百菌清可湿性粉剂 1 500 倍液均匀喷洒苗床，一般常用喷壶直接喷淋。使用时，每 15 kg 药液喷洒 3～5 m^2 床面。砧木采用点播法，将催好芽的砧木种子播进 50 孔的穴盘内，每穴播种一粒，播后覆上基质，浇透水，盖上蛭石，再覆盖薄膜保湿，3～5 天即可出苗，出苗后要及时揭膜。接穗采用撒播法，先在广口育苗盘内装满基质并浇透水，然后将经过催芽的种子均匀地撒播在育苗盘内，播种之后，要及时均匀地覆盖 1 cm 厚的营养土，而后在上面盖上一层地膜。3～5 天即可出苗，出苗后要及时揭膜。

(5) 苗期管理

砧木、接穗苗期应加强管理，防止徒长，可叶面喷施 0.2%的磷酸二氢钾溶液促使幼苗健壮。嫁接前 5～7 天接穗苗和砧木苗均采取控水促壮措施，以提高嫁接成活率。接穗苗适当控制浇水，使幼苗中午前后略呈萎蔫状态；砧木苗浇水量也要适当减少，但要求苗的萎蔫程度比接穗略轻。经过控水处理的秧苗耐旱，嫁接时萎蔫轻，成活率高。嫁接前一天，砧木和接穗均浇透水。

(6) 茄子嫁接

砧木 5～7 片真叶，接穗 4～6 片真叶，茎粗 3～5 mm，茎呈半木质化时为最佳嫁接时期。生产中茄子嫁接常采用劈接法，操作简便、成活率高。砧木留 2 片大而苗壮的真叶，从第二片真叶之上、离地面 3～5 cm 高处平切去掉上部，然后在砧木茎中间垂直向下切约 1 cm 深。随后取大小与砧木苗一致的接穗苗，在其半木质化处（即苗茎黑紫色与绿色明显相间处）留 2 片叶去掉下端，下部削成双斜面（楔形），大小与砧木切口相当（楔面长 0.6～0.8 cm），将削好的接穗插入砧木切口中，使两者紧密吻合，对齐后用塑料条捆上或用嫁接夹固定好。

(7) 嫁接苗的管理

茄子嫁接后应立刻放入提前准备好的塑料小拱棚内，及时扣膜保湿，以免接穗萎蔫，夏季可用遮阳网多层覆盖降温保湿。嫁接苗的管理主要是对温度、湿度、光照等环境因素的控制。

①温度。茄子嫁接后伤口愈合的适宜温度为 25 ℃左右，低于 20 ℃或高于 30 ℃均不利于伤口愈合，而影响嫁接苗成活。9 月中旬气温较高，尤其是中午拱棚内温度很高，接穗易失水萎蔫，影响成活率，因此需用遮阳网覆盖遮阴降温，白天温度控制在 25～28 ℃，不超过 30 ℃；夜间 20～22 ℃，不低于 17 ℃。5～7 天后逐步去掉遮阳网，使其接近自然温度。

②湿度。嫁接后 1 周内，苗床内空气相对湿度保持在 95%以上，有利于嫁接伤口的愈

合。应及时补充水分，浇水可采用向空气中喷雾的方式，注意不要喷到伤口处。育苗盘内水不要过多，以免沤根。经过6～7天接口愈合后，可揭开小拱棚少量通风，逐步降低湿度，使空气相对湿度保持在85%～90%。10天后逐渐揭开覆盖物，增加通风时间与通风量，每天中午喷水1～2次，直至完全成活，即可转入正常的湿度管理。

③光照。嫁接后需遮光，遮光的方法是在小拱棚上覆盖遮阳网。嫁接后3～4天需全遮光，以后半遮光（即早晚两侧见光），逐渐增加光照。温度低时可适当早见光，提高温度，促进伤口愈合，温度高时中午遮光。经过约10天即可去掉遮阳网，恢复正常管理。

④及时除蘖。嫁接苗经过7～10天伤口愈合，接穗开始生长的同时砧木的侧芽也迅速生长，如果不及时去掉，会直接影响接穗的生长发育。因此，在接口愈合后，要及时、干净地除去砧木萌芽。除去萌芽应在晴天上午进行，以免病菌通过伤口侵染植株。

⑤去除固定物。茄子嫁接苗去夹不能过早，否则易使嫁接苗从接口处折断。由于茄子茎的木质化程度较高，即使去夹晚一些，也不影响其生长，一般可延迟至定植后再去夹。这样还可防止定植时埋土超过接口。去夹的同时去掉砧木叶腋萌发的不定芽。嫁接苗管理过程中及时摘除砧木侧芽、黄化叶，剔除未成活苗，将大小苗分开管理。嫁接后35～45天即可定植移栽，定植前应进行炼苗。

3. 整地施肥

茄子定植前，应尽早进行整地、施肥、做畦工作，以便于土壤温度的提高。冬春茬茄子生长期长，产量高，故底肥要足。一般每亩施腐熟优质农家肥5 000～7 500 kg，磷酸二铵40 kg、硫酸钾30 kg。施肥后深翻30～40 cm，使肥料与土壤混拌均匀。做成南北向小高畦，畦宽70～80 cm，畦间宽40～50 cm。整地施肥要在定植前一周进行。

4. 定植

①定植时期。冬春茬茄子应在最寒冷的冬季来临前一个月左右定植，争取在最低温来临时完成缓苗生长期，并开始着果。一般都在10月下旬至12月中旬定植。

②定植方法。选择晴天上午定植，先在铺好地膜的畦上按株距打定植孔，孔距因所选品种的熟性不同而异。将苗坨埋放在定植孔中，稍填土后，再浇稳苗水，每穴浇水1 L左右，水渗后覆严土。适宜栽培深度为苗坨表面与垄面持平，不宜栽苗过深。

③定植密度。冬春茬茄子以早熟栽培为主，为尽可能地取得早期产量，要适当密植，一般行距65～76 cm，株距30～50 cm，每亩定植3 000～3 500株。

5. 定植后管理

①温光管理。定植后到缓苗期间，外界气温很低，要加强保温。为了创造有利于茄子早发快长的条件，定植后要扣小拱棚，把2行茄子扣到一个小拱棚内，密闭棚室升温、保温。定植后5～7天，秧苗心叶开始生长表明已生出新根即已缓苗，适当降低棚温，白天保持23～28 ℃、夜间13～15 ℃。

开花结果前期，外界气候正值严寒季节，气温低，光照不足。可在温室后墙及山墙上张挂镀铝聚酯反光幕，同时注意经常保持棚膜清洁，以增加温室内光照强度，提高室内气温和地温。在管理上要以保温增光为主，白天气温保持在 25～30 ℃，当棚温超过 30 ℃以上时，可进行小通风换气降温，棚温降至 25 ℃以下时，及时关闭风口；夜间加强保温，使棚内气温维持在 15～18 ℃，凌晨最低气温不低于 10 ℃。土温保持在 15 ℃以上，阴雨天温度管理可比常规管理低 2～3 ℃。阴雨天、雪天也要揭开草苫见光，可晚揭早盖。若遇灾害性天气，如外温很低的雪天才不揭开草苫。但忌 2～3 天不揭草苫，并要及时清扫棚膜上的积雪。持续阴雪雨天气后暴晴，阳光较强，中午要及时盖草苫遮阳，防止植株失水萎蔫。

2 月中旬以后，随日照时数增加，适当早揭苫、晚盖苫，增加植株见光时间。根据天气和棚内温度变化，通过通风调控棚内温度，上午棚温 27～32 ℃，下午 27～22 ℃，上半夜 22～17 ℃，下半夜 17～15 ℃。阴雨天，白天棚温保持在 22～27 ℃、夜间 13～17 ℃。

②肥水管理。缓苗后浇一次缓苗水，浇水量不能过大，以茄苗附近土壤润湿为准。在基肥施足的情况下，定植后到门茄“瞪眼”前，一般不需追肥。土壤水分不足时在晴天上午从小沟地膜下浇温水，水量要小，切忌大水漫灌，浇水后要加强通风排湿，尽量使棚内空气相对湿度控制在 80%以下。在 60%门茄长到鸡蛋大小即“瞪眼”时，开始追肥浇水，但门茄膨大初期室温仍然偏低，光照较弱，植株生长发育慢，追肥不宜过大，以氮、磷肥为主，每亩可随水追施尿素 10～15 kg、复合肥 10 kg。

门茄收完后，进入盛果期，外界气温逐步上升，日照增长，采收逐次增多，应防止高温、高湿的危害，同时要加强肥水管理，要求土壤见干见湿，一次清水一次肥水。每亩追施尿素 20～25 kg、硫酸钾 9～10 kg 或三元复合肥 30 kg。这时的大水大肥对加速产量的形成、防止植株早衰、延长结果期大有好处，以后在每层果实“瞪眼”期都要浇水追肥，结果后期叶面喷施 0.2%尿素和 0.2%～0.3%的磷酸二氢钾溶液，防止植株早衰。

③植株调整。冬春茬茄子栽培密度较大，再加上后期植株生长旺盛，枝叶繁茂，如果不及时进行植株调整，很容易造成田间通风不良，叶片相互遮挡，茄子着色不好和只长秧不结果。整枝要根据品种特性而定，冬春茬茄子一般可采用双干整枝法，即每株只保留 2 条主干作为结果枝，将其他多余枝条及侧芽全部疏除。门茄开花前后，将其以下的侧芽全部去掉。门茄采收后及时摘除门茄以下的黄叶、病叶，以改善株行间通风透光条件，减少养分消耗，加速结果。四门斗茄坐住后及时打顶，以集中养分，促进早熟。同时，畸形果要尽早摘除。为防止枝条倒伏，可采用吊蔓或在生长的中后期使用竹竿、铁丝等进行横向绑扶。

④保花保果。日光温室冬春茬茄子栽培，在冬季和初春，由于光照不足、温度低、通风量小、湿度大，会引起授粉受精不良，而产生落花落果。

可以通过培育壮苗、加强田间管理，改善植株营养状况，调节营养生长与生殖生长平衡，提高开花结实率。也可以使用植物生长调节剂处理保花保果，在开花前 3 天（花冠已呈现紫色）至花全开的第二天，使用浓度为 30～50 mg/kg 的番茄灵或防落素蘸花，或用小喷壶喷花。使用激素时，药液最好随用随配，注意不要重复蘸花或喷花。

6. 适时采收

冬春茬茄子栽培，在严冬和初春季节气温较低时，很容易在果实坐住后引起植株营养不良，因此，门茄要及时采收。根据市场需求，对茄和四门斗也可早摘，以增加经济效益。

情景四 茄子主要病虫害及防治技术

第一节 病 害 防 治

1. 茄子猝倒病

(1) 症状

猝倒病是大棚茄子苗期的重要病害之一，幼苗感染猝倒病后，下胚轴会出现水浸状病斑，当病斑扩大到基部时，幼苗基部缩小，输导组织被破坏，导致幼苗倒伏（图 3-7）。有症状歌谣：病苗茎基像水烫，颜色改变呈褐黄；病部缢缩形似线，高湿子叶易腐烂；初发倒伏个别点，严重倒伏一大片。

图 3-7 茄子猝倒病

(2) 防治方法

①生态防治。选用抗病品种，最好无土育苗，加强苗床管理，保持苗床干燥，适时放风，选择晴天上午浇水，避免低温高湿；清洁田园，切断越冬病残体组织。

②药剂防治。选用 75%百菌清可湿性粉剂 600 倍液，或 70%代森锰锌可湿性粉剂 500 倍液，或 58%甲霜·锰锌可湿性粉剂 500 倍液，或 38%恶霜嘧铜菌酯水剂 800 倍液，或

72%霜脲·锰锌可湿性粉剂 600 倍液，喷雾防治。为减少苗床湿度，应在上午喷药。

2. 灰霉病

(1) 症状

多在保护地内发生，成株期均可发生灰霉病。苗期染病，叶子先端枯死，后扩展到幼茎，幼茎缢缩变细，常自病部折断枯死。真叶染病出现半圆形至近圆形淡褐色轮纹斑，后期叶片或茎部均可长出灰霉，致病部腐烂。成株染病，叶缘处先形成水浸状大斑，后变褐，形成椭圆或近圆形浅黄色轮纹斑，直径 5～10 mm，密布灰色霉层，严重的大斑连片，致整叶干枯。茎秆、叶柄染病也可产生褐色病斑，湿度大时长出灰霉。果实染病，幼果果蒂周围局部先产生水浸状褐色病斑，扩大后呈暗褐色，凹陷腐烂，表面产生不规则轮状灰色霉状物，失去食用价值（图 3-8）。

图 3-8　茄子果实感染灰霉病

(2) 防治方法

①生态防治。及时整枝清理老叶，摘除病叶和病果；加强通风透光，阴天时在保温的基础上必须通风除湿，早春后将上午放风改为清晨短时间除湿。

②药剂防治。花期时结合使用防落素等植物生长调节剂蘸花进行防治，在配好的防落素中按照 0.1%的比例加入 50%速克灵可湿性粉剂，或 50%腐霉利·嘧霉胺可湿性粉剂。生长期用 2%丙烷脒水剂 1 000 倍液或 50%异菌脲 1 000 倍液喷雾，用药间隔期 5～7 天，连续喷 2～3 次。

3. 枯萎病

(1) 症状

一般在茄子定植后不久开始发病，若遇低温定植，发病早且重，但多在坐果后发病最多。病株多自下而上或从一边向全株发展，叶片初在叶缘及叶脉间变黄，后发展至半边叶片或整片叶变黄，早期病叶晴天高温时呈萎蔫状，早晚尚可恢复，后期病叶由黄变褐，最后萎蔫下垂以致脱落，严重时全株叶片变褐萎垂以至于脱光仅剩茎秆（图 3-9）。劈开病根、茎分枝及叶柄等部位，可见其维管束变褐色，但无米水状混浊液渗出。纵切重病株成熟果实，也可见维管束变黑褐色。

图 3-9　茄子枯萎病

（2）防治方法

①生态防治。种子及苗床消毒，播前用 55 ℃温水浸种 15 min，进行床土消毒，积极防治地下害虫，避免根系出现伤口；与非茄科蔬菜实行 3 年以上轮作，用赤茄、托鲁巴姆等作砧木进行嫁接育苗，适时、精细定植，适量控制浇水，加强中耕，促进根部伤口愈合。

②药剂防治。发病初期可用 50%多菌灵可湿性粉剂 500 倍液，或 50%苯菌灵可湿性粉剂 1 000 倍液，或 20%甲基立枯磷乳油 1 000 倍液，或 5%菌毒清水剂 400 倍液，或 15%恶霉灵水剂 1 000 倍液灌根，每株 200 mL。

4. 黄萎病

（1）症状

茄子黄萎病，又称半边疯、黑心病、凋萎病。苗期发病少，多在门茄开花坐果后开始表现症状，且多自下而上或从一边向全株发展。叶片初在叶缘及叶脉间变黄，后发展至半边叶片或整片叶变黄。早期病叶晴天高温时呈萎蔫状，早晚尚可恢复，后期病叶由黄变褐，终致萎蔫下垂以至脱落，严重时全株叶片变褐萎垂以至于脱光仅剩茎秆（图 3-10）。

（2）防治方法

①生态防治。选用耐抗茄子黄萎病品种；采用嫁接防病；实行轮作倒茬、培育壮苗并适时定植。

②药剂防治。发病初期，及时选用 77%氢氧化铜可湿性粉剂 800～1 000 倍液、50%多

图 3-10 茄子黄萎病

菌灵 600～800 倍液或 70%甲基托布津 600～800 倍液喷施茎部，7～10 天左右喷施一次，连续防治 2～3 次。

5. 菌核病

(1) 症状

整个生育期均可发病。苗期发病始于茎基部，病部初呈浅褐色水浸状，湿度大时，长出白色棉絮状菌丝，呈软腐状，无臭味，干燥后呈灰白色，菌丝集结为菌核，病部缢缩，茄苗枯死。成株期各部位均可发病，先从主茎基部或侧枝 5～20 cm 处开始，初呈淡褐色水浸状，稍凹陷，后渐变成灰白色，湿度大时也可长出白色絮状菌丝，皮层霉烂，在病茎表面及髓部形成黑色菌核，干燥后髓空，病部表皮易破裂，纤维呈麻状外露，致植株枯死（图 3-11）。叶片受害、也先呈水浸状，后变为褐色圆斑，有时有轮纹，病部长出白色菌丝，干燥后斑面易破。花蕾及花受害，先水浸状湿腐，然后脱落。果柄受害致果实脱落。果实受害，向阳面初现水浸状斑，后变成褐色腐烂，稍凹陷，斑面长出白色菌丝体，后形成菌核。

图 3-11 茄子菌核病

(2) 防治方法

①生态防治。覆盖地膜可阻止子囊盘出土，减少菌源；注意通风，以降低棚内湿度；寒流侵袭时要注意加温，以防植株受冻、染病。

②药剂防治。喷洒36%甲基硫菌灵悬浮剂500倍液、50%苯菌灵可湿性粉剂1 200倍液、20%甲基立枯磷乳油900倍液、50%速克灵可湿性粉剂1 500倍液、50%扑海因可湿性粉剂1 500倍液、50%农利灵（乙烯菌核利）可湿性粉剂1 000倍液，轮换或交替使用，隔10～15天一次，连续喷洒3～4次。此外，保护地也可选用烟雾法或粉尘法进行防治。

6. 褐纹病

(1) 症状

茄子从苗期到果实均可发病，主要为害果实，也可为害茎、叶。幼苗染病，茎基部出现梭形褐色凹陷斑，并生有黑色小颗粒，条件适宜时，病斑迅速扩展，幼苗猝倒、立枯。果实染病，初呈现浅褐色圆形凹陷斑，后扩展为黑褐色呈圆形或不规则形，上有明显斑纹，出现同心轮纹，着生许多小黑点。许多病斑常连片，使整个病果落地腐烂或仍挂在枝上干腐。茎多在基部染病，出现梭形浅褐色病斑，边缘紫褐色，中部淡褐至灰白色凹陷，病斑绕茎扩展形成干腐溃疡斑，密生小黑点。病斑环茎一周时，整株枯死。叶片发病先发生在成株期下部叶片，逐渐向上部扩展，叶片上出现灰白色水渍状圆形斑点，后期扩展为不规则形，边缘渐变褐色，中央呈灰白色或浅褐色，其上轮生许多小黑点，后期病斑扩大连片，常造成干裂、穿孔、脱落（图3-12）。

图3-12 茄子褐纹病

(2) 防治方法

①生态防治。选用抗病品种；种子消毒：种子应进行消毒处理，用55 ℃温汤浸种，或进行药剂浸种；合理轮作：深翻改土，结合深翻增施有机肥料、磷钾肥和微肥，适量施用氮肥，以改善土壤结构，提高土壤保肥保水性能，促进根系发育。与葱蒜类或豆类等作物实行

2 年以上轮作换茬，消除土壤中的病菌；清洁田园：及时摘除病叶、病果，减少植株体内的养分消耗。将病叶、病果带出园外销毁，避免交叉传染，收获结束后彻底清理田园。

②药剂防治。发病初期可选用 64％氢铜· 福美锌可湿性粉剂 1 000 倍液、56％嘧菌·百菌清悬浮剂、3％多抗霉素水剂＋30％嘧菌酯悬浮剂（300～500）倍＋（1 000～2 000）倍液喷雾，5～7 天防治一次，连续 2～3 次，效果较好。

7. 绵腐病

（1）症状

俗称“掉蛋”“烂茄子”，整个生育期均可发生，能够为害果实、茎、叶、花器等。幼苗期发病，茎基部呈水浸状，发展很快，常引发猝倒，致使幼苗枯死。成株期叶片感病，产生水浸状规则形病斑，具有明显的轮纹，但边缘不明显，褐色或紫褐色，潮湿时病斑上长出少量白霉（图 3-13）。茎部受害呈水浸状缢缩，有时折断，并长有白霉。花器受侵染后，呈褐色腐烂。果实受害最重，开始出现水浸状圆形斑点，边线不明显，稍凹陷，黄褐色至黑褐色。病部果肉呈黑褐色腐烂状，在高湿条件下病部表面长有白色絮状菌丝，病果易脱落或干瘪收缩成僵果。

图 3-13　茄子绵腐病

（2）防治方法

①生态防治。选用抗病品种，病害高发地区一般选用圆茄型品种。选择较高地势栽培；实行轮作：要合理安排地块，忌与西红柿、辣椒等茄科、葫芦科作物连作。一般实行 3 年以上的轮作倒茬；用黑色地膜覆盖地面或铺于行间，能够阻断土壤中病菌孢子对茄果的飞溅传播，从而起到较好的防病效果。

②药剂防治。发病初期可喷施 50％烯酰吗啉可湿性粉剂 600～800 倍液、72.2％霜霉威水剂 600～800 倍液、20％唑菌酯悬浮剂（2 000～3 000）倍液＋75％百菌清可湿性粉剂 600～800 倍液喷雾，每 7～10 天喷一次，连续喷 2～3 次。

8. 青枯病

(1) 症状

发病初期个别枝条的叶片或一张叶片的局部呈现萎垂，后逐渐扩展到整株枝条上。初呈淡绿色，变褐焦枯，病叶脱落或残留在枝条上（图 3-14）。将茎部皮层剥开，可以发现木质部呈褐色。这种变色从根颈部起一直可以延伸到上面枝条的木质部。枝条里面的髓部大多腐烂空心。用手挤压病茎的横切面，有乳白色的黏液渗出。

图 3-14　茄子青枯病

(2) 防治方法

①生态防治。选无病土育苗，定植地块每亩增施石灰 50～100 kg，使土壤酸碱度偏碱性，高畦栽培，施足基肥，生长期追施氮、钾肥，生长中后期停止中耕以防伤根，收获后及时清除病残株，集中烧毁；青枯病为害需从合理轮作开始，与十字花科或禾本科作物进行 2～4 年的轮作，可大大减少土壤中青枯病残留病菌；加强茄子生长期间的田间管理，采用高畦栽培的方法，雨后及时排出田间积水，减少病菌侵染传播的途径；增施腐熟有机肥，均衡施用氮、磷、钾肥，配合叶面喷施菜果壮蒂灵，以提高茄子吸水吸肥力度，促使植株长势健壮，抗病性增强。

②药剂防治。发病前和发病初期及早施药防治，可用 77％氢氧化铜可湿性微粒粉剂 500 倍液、50％琥胶肥酸铜（DT）可湿性粉剂 500 倍液、14％络氨铜水剂 300 倍液灌根，每株灌药液 250 mL，隔 10 天一次，共灌 3～4 次。

9. 茄子细菌性叶斑病

(1) 症状

该病主要为害叶片，严重时为害花、蕾。叶片从苗期到成株期均可感病，多始于生长点幼叶的叶尖和叶缘，自下而上扩展。发病初期，叶尖呈水渍状且卷曲，严重时 2/3 的叶片干枯。花蕾感病多在萼片上产生灰色斑，以后扩展到花器和花梗上。成株发病，叶片从外向内出现淡黄色病斑（图 3-15），严重时干枯脱落，严重影响产量。病菌主要从气孔和伤口侵入。土壤带菌、棚温长时间处于 17～23 ℃、空气相对湿度达 85％以上时极易发病。

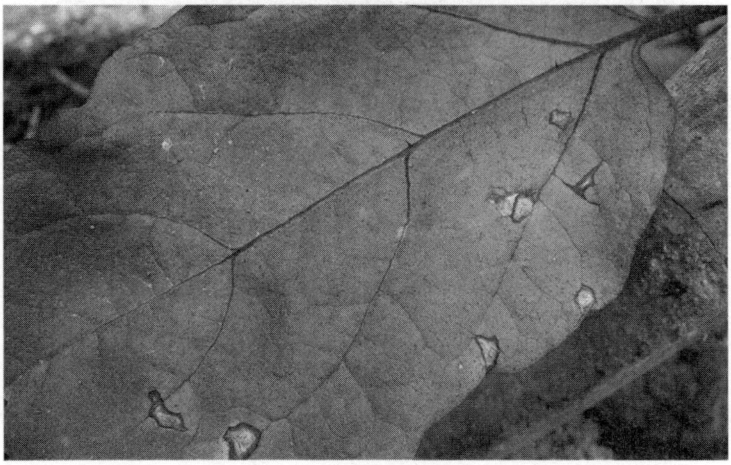

图 3-15 茄子细菌性叶斑病

（2）防治方法

①生态防治。与茄科蔬菜实行 3 年以上轮作；并对种子采用 55 ℃的温汤浸种，然后用浓度为 10％的磷酸三钾药液浸种 20 min；实行全方位地膜覆盖，防止浇水过大，并及时通风排湿。

②药剂防治。发病初期用 30％氧氯化铜悬浮剂 600 倍液或 70％氢氧化铜悬浮剂 800 倍液，每隔 7～10 天喷一次，连喷 2～3 次。

10. 病毒病

（1）症状

花叶型病毒，叶片表现为黄绿相间的斑驳，老叶形成圆形或不规则形暗绿斑纹，心叶稍黄（图 3-16）。感染坏死斑型病毒上部叶片表现为紫褐色坏死斑点，或轮纹点状坏死，叶面发皱。感染大轮点型病毒叶面产生由黄色小点组成的轮纹病斑，严重时斑点坏死。

（2）防治方法

10％磷酸三钠浸种 25 min 可有效防止种子带毒；加强肥水管理，避免过干过湿，提高植株抵抗力，及时清洁田园，拔除病株后用肥皂水洗手消毒。早期喷施噻虫嗪 2 000 倍液预防蚜虫，用虫螨克星防治螨类。发病初期喷施 20％病毒 A 可湿性粉剂 500 倍液，6 天左右喷施一次，连续喷施 2～3 次。

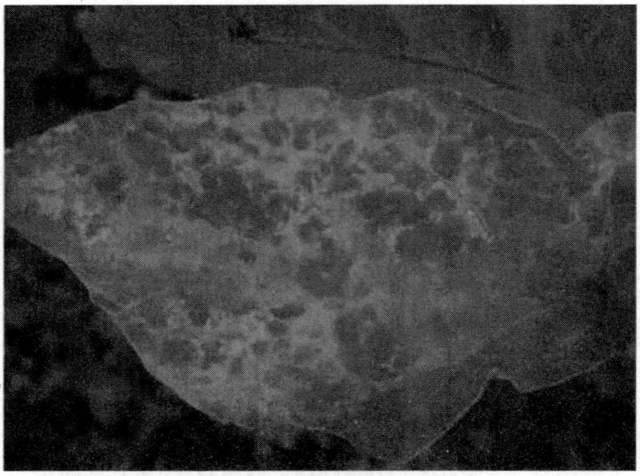

图 3-16　茄子病毒病

第二节　虫　　害

1. 美洲斑潜蝇

(1) 危害特点

美洲斑潜蝇属双翅目潜蝇科，俗称“小白龙”（图 3-17），幼虫、成虫均可为害。幼虫以蛀食叶片上下表皮间的叶肉细胞为主，常在叶片上形成不规则虫道（图 3-18）。虫道前端较细，终端明显变宽。成虫的取食和产卵孔也造成一定危害，影响光合作用和营养物质的输导，同时传播病毒。

图 3-17　美洲斑潜蝇

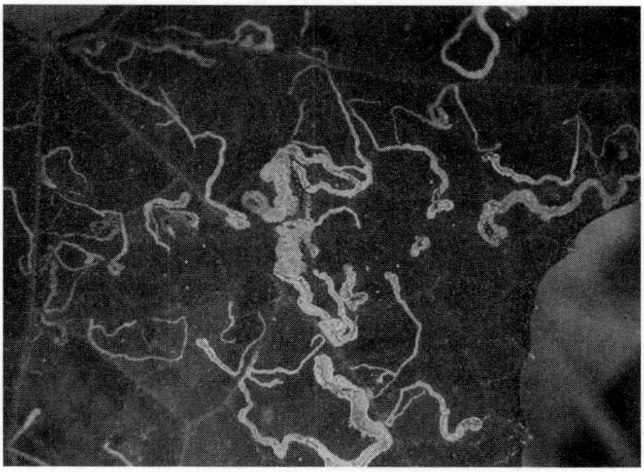

图 3-18　美洲斑潜蝇危害

（2）防治方法

①农业防治。及时清理田园，把被美洲斑潜蝇为害的植株病残体集中填埋或焚烧；黄板诱杀，使用黄板诱杀成虫；合理种植，增强田间通风透光条件，及时疏除病虫弱苗，过密植株或叶片，促进植株生长，增强抗虫性。

②生物防治。美洲斑潜蝇的天敌有潜蝇茧蜂、绿姬小蜂、双雕小蜂等，利用天敌以虫杀虫。

③药剂防治。选用 10%吡虫啉可湿性粉剂 1 000 倍液、10%氯氰菊酯乳油 3 000 倍液、5%氟虫脲乳油 1 000～2 000 倍液喷洒，1.8%阿维菌素 3 000～5 000 倍液，间隔 5～7 天，连续防治 2～3 次。

2. 茶黄螨

（1）为害特点

成、幼螨主要集中在叶片幼嫩部位刺吸为害（图 3-19），被害后叶片僵直，叶背呈灰褐色或黄褐色，具油质光泽或油浸状，叶片边缘向下卷曲；嫩茎受害后变褐色，扭曲畸形，严重时植株顶部干枯，受害的花蕾、花畸形，严重的不能正常结果，受害果实变褐色，丧失光泽，木栓化，果实龟裂，种子裸露，呈馒头状开花，味苦而涩，不能食用。

（2）防治方法

①农业防治。选用抗虫品种；清除田边地头的杂草及残枝落叶，减少虫源基数。

②药剂防治。选用 15%速螨酮（哒螨净、哒螨灵等）乳油 3 000 倍液、1.0%阿维螨清乳油 1 000 倍液、1.8%齐螨素（阿维菌素、爱福丁等）乳油 3 000 倍液喷雾，即间隔 10～15 天，连续防治 2～3 次。

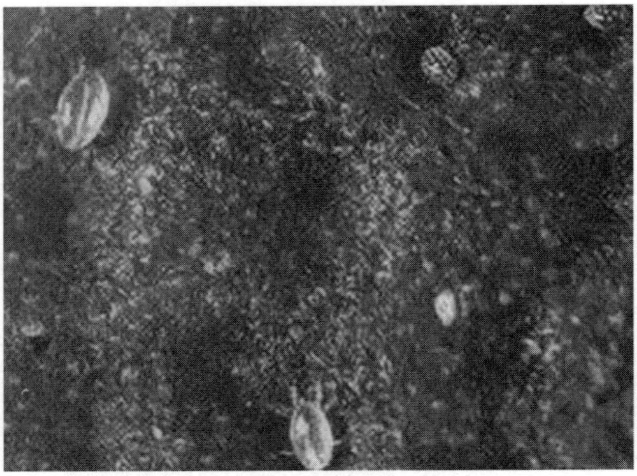

图 3-19　茶黄螨

3. 白粉虱

(1) 为害特点

成、若虫主要集中叶片背面，吸收叶片汁液，被害叶片褪绿、变黄、萎蔫，甚至全株枯死，分泌大量蜜汁，污染叶片（图 3-20）。

图 3-20　白粉虱

(2) 防治方法

①农业防治。菜田要合理布局，减少蚜虫在田间迁飞；清洁田园，以断绝或减少秋菜的蚜源和毒源；在菜田间隔铺设银灰膜条，均可避蚜或减少有翅蚜迁入传毒；田间悬挂黄板，诱杀有翅蚜，减少田间蚜量。

②药剂防治。选用 20%呋虫胺水分散粒剂 1 500～1 800 倍液、10%联苯噻虫嗪悬浮剂

600～800倍液、80%烯啶·吡蚜酮水分散粒剂2 000～2 500倍液、70%啶虫脒水分散粒剂3 000～3 500倍液交替防治，间隔5～7天，连续防治2～3次。

【技能实训】

茄子的劈接技术

一、目的与要求

学习茄子劈接方法，掌握嫁接技术要点。

二、材料与用具

茄子砧木采用生长健壮、无病虫害的托鲁巴姆50孔穴盘苗，接穗采用生长健壮、无病虫害的适龄茄子苗。

嫁接操作台、嫁接刀、单面刀片、毛巾、瓷盘、培养皿、手持小型喷雾器、75%酒精、棉球、标签纸、记号笔等。

三、内容与方法

1. 砧穗选择

茄子砧木选用托鲁巴姆。按照茄子劈接适期要求，砧木苗茎与接穗苗茎茎粗相近。砧木要求具有6～8片真叶，茎粗0.3～0.5 cm；接穗4～6片真叶，茎秆半木质化，茎粗0.3～0.4 cm。

2. 砧木处理

用刀片将砧木苗茎从第2～3片真叶之间水平切断，去除切口下部所有叶片，用刀片在砧木断面中央垂直向下切出一长0.8～1.2 cm的接口。

3. 接穗处理

将接穗茄苗拔下，在半木质化处去掉下端，保留3～4片真叶，用刀削成双斜面，斜面长度0.8～1.2 cm。

4. 结合固定

将接穗插入砧木的切口中，保证接穗与砧木茎的一侧形成层对齐后，用嫁接夹固定好。

5. 整理台面

在穴盘一端贴上便签（注明工位号、日期），所用工具摆放原处，嫁接苗摆放整齐放在指定位置，清理桌面。

6. 嫁接后环境管理

嫁接后将嫁接苗移入具有遮阳和保湿条件的温室，转移过程中确保嫁接苗不受破坏，环境湿度不低于90%，膜下温度白天应保持在25～30 ℃，不超过30 ℃，夜间18～20 ℃，不低于15 ℃。中午光照强，温度过高时，须用遮阳网或向保湿地膜上喷雾降温，3天后检查成活情况。

【科技前沿】

中国式现代化之农业新图景——茄子“上树”

在位于深圳市大鹏新区的华大万物试验基地，三四十根紫色长茄，错落有致地垂挂在一棵 3 m 多高的树上，像极了古代仪仗伞盖上的流苏。它有个吉祥讨喜的名字：多宝茄树。多宝茄树是华中农业大学教授叶志彪科研团队的一项“计划外的成果”。

青枯病又称花生卷叶病，在高温多雨的长江流域以南，是茄科蔬菜的重要病害之一。其症状是蔬菜叶片还未退绿变黄干枯前，植株快速脱水、青枯、凋萎。在国内，用托鲁巴姆砧木嫁接栽培，是茄子、番茄等蔬果抵抗青枯病等土传病害有效方法之一。砧木是果树嫁接苗的基础，通常是果树的根干部分。枝头上的嫁接部分，则称为接穗。托鲁巴姆，原产美洲地区，介于草本和亚灌木之间，属野生茄子类砧木品种。叶志彪的团队一开始致力解决的是番茄病害。他们发现，在南方土壤酸性较强的地区，托鲁巴姆的抗性逐渐衰减，于是开始寻找更优良的品种。叶志彪团队不断进行杂交试验。亲缘关系近的，难以增强抗性；关系远的，不易杂交成功……最终，他们运用胚抢救技术，培育出托鲁巴姆和另一种野生茄子杂交的砧木幼苗，多宝茄树诞生了。

据叶志彪介绍，托鲁巴姆砧木和多宝茄树砧木，两者高矮相比，如同普通人与篮球运动员的区别；粗细相较，差不多是拐棍和碗口的差异。更为高大粗壮的多宝茄树砧木，不仅病害更少，而且产量更高。传统茄子是一年生的作物，用托鲁巴姆嫁接的接穗也是一年生，每年都要重新嫁接。而多宝茄树两三年内无须重新嫁接，大大节约了劳动成本。

项目四　茄果类蔬菜的轮作与间作

情景一　认识连作、轮作、间作与套作

第一节　连作、轮作、间作、套作的概念

蔬菜连作是指在同一块菜地上不同年份内连年栽种同一种蔬菜作物，如第一年春、夏季种番茄或辣椒，收获后秋季在同一块土地上种植大白菜或萝卜，到第二年春、夏季再种番茄或辣椒，仍属“连作”。

蔬菜轮作是指在一定年限内，同一块菜地上，按预定顺序轮换栽种几种性质不同的或亲缘关系较远的蔬菜作物的种植制度，通俗称为“换茬”“倒茬”或“调茬”。一年单主作地区，就是不同年份内的不同种类的蔬菜轮换种植；一年多作地区，则是以不同的多次作方式（或复种方式）在不同年份内轮流种植。

两种或两种以上的蔬菜隔畦隔行或隔株同时有规则地栽培在同一块地上称为“间作”，而将不同蔬菜不规则地混合种植则称为“混作”。前作蔬菜生育后期，在它行间或株间种植后作蔬菜，前、后作共生的时间较短，称为“套种”或“套作”。合理的间作、套种，就是把两种或两种以上的蔬菜，根据其不同的生态特征，发挥其种间互利的因素，组成一个复合群体，通过合理的群体结构，单位面积内植株总数增加，并能有效地利用光能和地力、时间与空间，造成“相互有利”的环境，甚至可减轻病、虫、草害。

第二节　连作、轮作、间作、套作的利弊

1. 连作的弊端

蔬菜的连作有以下弊端：

(1) 病虫害猖獗

一种蔬菜连年种植易造成相同病虫害猖獗，为害越来越严重。特别是一些土传病虫害的病原菌寄生在土壤中，通过土壤传播，如果连作寄主相同，病原菌会迅速增多、扩散，导致毁灭性损失。目前，温室、塑料大棚栽培中，枯萎病、根腐病严重发生的原因即在于此。

(2) 破坏土壤养分的均衡，降低土壤肥力

不同蔬菜有不同的需肥规律，从土壤中吸收各种肥料元素的数量和比例有很大差异。在同一块地上，长期连作某种或某类蔬菜，势必造成对某些营养元素的过度消耗。如果不能科学地施肥补充，则必然导致土壤肥力下降。如果仍然施用含有多种元素的化学肥料，又会造成某些元素的过量积累，土壤次生盐渍化逐渐加重，影响蔬菜的正常生长。

(3) 恶化土壤的理化性状

各种蔬菜的根系在生理活动的同时，还分泌一些物质到土壤中去。这些物质的积累，对同种蔬菜是有害的，因此蔬菜连作将抑制根系的生长发育。这些分泌物对土壤的酸碱度有一定的影响，会破坏土壤通透性和团粒结构，使土壤保水保肥能力下降。如土壤中种植甘蓝、马铃薯、菜豆等蔬菜后，能增加土壤的酸度，而种植南瓜后，能减少土壤的酸度。这些土壤酸碱度的变化，不仅影响了土壤的理化性状，对于后茬蔬菜也有很大的影响。

2. 轮作的益处

蔬菜轮作的益处有以下几方面：

(1) 减轻蔬菜的病虫害

一种蔬菜的病虫害，往往由于连续种植而逐渐积累、蔓延，为害越来越严重。目前，在温室、大棚蔬菜栽培中，黄瓜的枯萎病、根腐病等病害为害极为严重，如果黄瓜和芹菜等叶菜类蔬菜轮作，对这些病害就有较好的防治作用。近年流行的水旱轮作，对旱田中的甘蓝夜蛾、青虫、萝卜叶甲等害虫，以及水田中的杂草（稗草等）都有很好的防治效果。

(2) 合理利用土壤肥力

不同的蔬菜种类在生长发育过程中从土壤中吸收的营养元素的种类、数量和时期均有差异。例如，绿叶菜类吸收的氮元素较多，根菜类吸收的钾元素多，果菜类吸收的磷元素多。各种蔬菜的根系生长的深度和吸收能力也大不相同。一般茄果类蔬菜的根系入土较深，能有效吸收深层土壤中的肥料元素。绿叶菜类的根系较浅，只能利用土壤表层的营养。如果将根系较深的蔬菜与根系较浅的蔬菜轮作，就可以经济地利用土壤不同层次中的营养。

(3) 改良土壤结构

合理的轮作可以在一定程度上调整和改良土壤理化性状。如在种植豆类蔬菜后，可以通过豆类蔬菜的根瘤菌增加土壤中的氮元素营养的含量，提高土壤肥力，在菜粮轮作中，通过多施肥，可以提高土壤肥力，改善土壤结构。

(4) 避免蔬菜根系有害分泌物的影响

蔬菜的根系在生命活动中，不但从土壤中吸收营养物质，还会向土壤中分泌一些物质。这些物质对这种蔬菜的根系的生长发育是不利的。如果采用合理的轮作，蔬菜的根系分泌物对下一茬的蔬菜根系的生长发育不但没有影响，有时还有一定的益处。例如，葱蒜类蔬菜根系的分泌物有减轻马铃薯晚疫病的功效。不同的蔬菜根系分泌物能影响土壤的酸碱度，不同种类蔬菜对土壤酸碱度的适应性不同。例如，南瓜、玉米等作物种植后会降低土壤的酸度，如果后茬种植洋葱等喜酸作物，则有增产效果。

(5) 对杂草的抑制作用

很多蔬菜，如南瓜、冬瓜等，生长迅速，株形较大，能迅速覆盖地面，有效地抑制杂草的生长。而生长缓慢、株形较小的蔬菜，如胡萝卜、芹菜等，蔬菜田间杂草蔓延严重。在制订轮作计划时，合理安排蔬菜种植品种，可以减轻杂草的为害。

3. 间作与套作的益处

蔬菜间作、套作的益处有以下几方面：

(1) 充分利用不同作物间的互补作用

主要表现为：时间上的互补、空间上的互补和土壤养分的互补。

①时间上的互补　指利用不同作物生育期的差异进行间作、套种，以达到充分利用不同时间内生活因子的可能性。如利用棉花与辣椒生育期的差异进行套作，选择低温、早熟、丰产类型的辣椒品种进行早熟保护地栽培。当棉花植株进入生长旺期时，辣椒收获期将要结束而拔秧，不影响棉花生长，有利于棉花、辣椒增产高效。

②空间上的互补　指利用不同作物的高矮、株形、叶型、需光特性及生育期不同等特点，把它们合理地搭配在一起就可以充分利用空间而提高对光能的利用率，如高秆的玉米与矮生的毛豆、马铃薯间套作。其主要原理，一是能提高单位面积作物总密度，增加叶面积指数，增加截光量，减少漏光和反射；二是能改善群体层垂直分布与结构，增加光照叶面积；三是充分利用了作物不同的需光特性，如喜光与耐阴；四是有利于通风增加作物群体空间的二氧化碳浓度等。

③土壤养分的互补　指的是不同作物对土壤养分的需求、吸收能力和种类不尽相同。一般禾本科作物需氮多，豆科作物需氮少而需磷、钾多，因为豆科作物可借共生固氮菌固定空气中游离氮转化为有机氮，需从土壤中补施的氮肥相对就少；白菜、芥菜、菜薹、甘蓝等十字花科蔬菜作物利用土壤较难溶磷的能力强，而小麦、甜菜等的能力弱；谷类、葱蒜类等浅根性作物主要吸收浅层土壤中的养分，而棉花、大豆（毛豆）及瓜类蔬菜等深根性作物则可利用土壤深层中的养分等。此外，某些作物的根际代谢产物对其本身可能无益甚至有害，而对其他作物和微生物有益，如洋葱、大蒜等的根系分泌物可抑制马铃薯晚疫病的发生。

(2) 有利于维护农田生态平衡，主要表现在以下方面

其一，可减少农田水土流失。间套作种植，由于增加了农田覆盖度和延长了覆盖时间，

可减轻雨水对地面土壤的直接冲刷，从而达到减少农田水土流失的目的。其二，可扩大、加速物质循环。其原因：一是作物种类多。在间套作种植中，选择适当的作物种类或品种做到合理搭配，如增加豆科蔬菜或耗肥量少的蔬菜作物，能够活跃物质循环。二是增加了秸秆还田的可能性，有利于土壤保持高水平的营养平衡。因产量的增加必然带来作物秸秆量的增加，同时也增加了秸秆还田的可能性，如稻谷类作物将籽粒除外的干物质还田，回田的干物质与碳可达 60%，钾可达 83%，钙可达 92%，氮可达 40%，磷可达 20%。三是增加了有机、无机肥料，可调节土壤的酸碱度，改善土壤结构。

第三节　轮作、间作、套作的注意事项

1. 蔬菜的茬口安排

蔬菜的茬口安排是蔬菜栽培制度的重要内容之一。茬口安排是指在同一块耕地上不同年份或同一年份的不同季节内，各种蔬菜种植在栽培次序上的安排布局、衔接搭配和排列顺序。科学合理的蔬菜茬口安排可以最大限度地满足蔬菜作物生长发育对环境条件的要求，从而达到高产优质、高效益的目的。同时，还可以充分利用土地和栽培设施，调节蔬菜的上市季节，调节淡旺季，实现周年均衡供应，充分满足市场需求。在目前以经济效益为主体的市场经济形势下，科学合理的茬口安排，不仅是获得经济效益的有效手段，而且能充分利用土壤肥力、水分、减少病虫害、节约设施投资，降低成本。

茬口安排是一门综合性的科学知识和技术，它比单一的某种蔬菜栽培技术要复杂得多。通常把蔬菜的茬口安排分为季节茬口和土地利用茬口两种。前者指在时间上，一年中露地栽培的茬次，根据不同蔬菜对最适温度的不同要求进行茬口安排，一般分为越冬茬、春茬、夏茬、伏茬、秋冬茬等。后者指在一定土地面积上，一年内种植蔬菜的茬次。由于各地热、水、土地资源不同，东北、西北、青藏高原属于一年一主菜区，华北属于一年二主菜区，华中为三主菜区，华南、西南则为一年多主菜区。这种分类均指一年中露地栽培生长期在 80～100 天的蔬菜茬次而言，若考虑到特定品种和间套种技术，茬口安排会更复杂。

2. 蔬菜所需轮作年限

各种蔬菜轮作年限依据蔬菜种类、病虫害详情而不同。一般而言，茄果类蔬菜需要间隔 3～4 年进行轮作。

3. 蔬菜作物轮作、间作、套作中宜与不宜的种类

为避免蔬菜根系有害分泌物的影响，在轮作茬口安排上，前后茬作物及相邻间作的作物要尽量发挥互利或偏利作用，也可利用作物与杂草或病虫害的相克作用，控制病虫草害的发生。对于茄果类蔬菜而言，宜与不宜的轮作、间作、套作蔬菜种类如表 4-1 所示。

表 4-1　茄果类蔬菜宜与不宜的轮作、间作、套作蔬菜种类

蔬菜种类	宜轮作、间作、套作种类	不宜轮作、间作、套作种类
番茄	洋葱、欧芹、结球甘蓝、萝卜、韭菜、莴苣、丝瓜、豌豆	玉米、马铃薯、黄瓜、苦瓜
辣椒	白菜	辣椒、番茄
茄子	矮豆角、花生、万寿菊、韭菜、白萝卜、欧芹、生姜	番茄、辣椒、青椒、爬藤类植物

情景二　茄果类蔬菜典型轮作与间作案例

第一节　番茄—香葱—芹菜轮作栽培技术

近年来，在上海市金山区朱泾、亭林等镇推广番茄—香葱—芹菜设施栽培技术获得较好成效，其栽培技术要点介绍如下。

1. 茬口安排

番茄于 11 月上旬播种，12 月中旬至翌年 1 月上旬定植，4 月底至 6 月底采收。香葱于 7 月中旬撒播，9 月中旬至 10 月中旬采收。芹菜于 10 月下旬直播或育苗，直播芹菜于 12 月中下旬采收，育苗芹菜于翌年 1 月中下旬采收。

2. 番茄栽培技术要点

番茄的栽培技术要点参考项目一中的春早熟番茄栽培技术。

3. 香葱栽培技术要点

(1) 品种选择

长江下游地区选上海白米葱、细香葱等。

(2) 整地做畦

选择没有重茬的大棚，每亩施腐熟有机肥 2 000 kg，加蔬菜专用复合肥 50 kg 作基肥，机械耕翻入土，6 m 宽大棚做成 4 畦，要求沟宽 30 cm，沟深 20～25 cm，并配套好棚内外沟系。

(3) 播种育苗

播种前精细整地，于 7 月中旬均匀撒播种子，每亩用种量 2.5～3 kg。播后用脚踩踏一遍，施以镇压，使种子与泥土紧密接触，利于种子吸水发芽。再覆盖遮阳网或湿草包，防止雨水或浇水造成土壤表面板结而影响出苗。如土壤水分不足时，可在覆盖后进行浇水补足。

(4) 田间管理

出苗后及时清除杂草，防止幼苗被草湮没而影响产量，整个生长过程需除草 2～3 次。肥水应轻施勤浇，出苗第一次除草后进行第一次追肥，以后还需进行 1～2 次，每次每亩施尿素 5～10 kg。香葱较耐旱，但在生长旺盛期需要充足水分，此时如遇干旱可适当浇水，一般结合追肥保持土壤水分即可。遇雨水过多时，要防止涝渍。

(5) 病虫害防治

根蛆可在移栽前用 90%晶体敌百虫 800 倍液蘸根防治；葱蓟马可用 25%噻虫嗪水分散粒剂 5 000 倍液，或 70%吡虫啉水分散粒剂 5 000～6 000 倍液等药剂防治。

(6) 适时采收

香葱在适宜温度下，一般在出苗后 2 个月就可采收。在温度偏低或偏高时，生长期则要相对延长。也可根据市场需要采取提前或延后采收上市。其产量由原栽培季节或生长期长短不同而差异较大。

(7) 采收方法和采后处理

先把香葱连根挖起，然后掰分成单株，每株剥掉 1～2 层叶片和叶鞘在内的外叶，露出葱白。摘除部分叶片先端的黄梢，最后用清水洗净根须上的泥土，直接或扎成小把后装箱。

4. 芹菜栽培技术要点

(1) 品种选择

冬芹菜选津南实芹、黄心芹、上农玉芹等耐寒品种。

(2) 整地做畦

选择没有重茬的大棚，每亩施腐熟有机肥 2 000 kg，加蔬菜专用复合肥 50 kg 作基肥，翻入土中。6 m 宽大棚做 3 畦，要求沟宽 30 cm，沟深 20～25 cm，并配套好棚内外沟系。

(3) 播种育苗

秋芹菜采用高畦，避雨育苗方法。1 m^2 育苗床施腐熟农家肥 5～8 kg，深翻捣细，整平做畦，畦宽 1.2 m、高 15～20 cm。畦面整平后浇足底水，待水渗透后，将已催出芽的种子均匀地撒播在苗床上，播后覆盖细土 5～7 mm 厚，再盖上遮阳网。每亩用种量 150～200 g（直播芹菜每亩用种量 250～300 g）。芹菜喜湿，整个苗期以小水勤灌为原则，经常保持土壤湿润。出苗后浇 1 次水，以后看苗浇水，适当降低土壤湿度，当芹菜长至 5～6 片叶时，根系比较发达，可适当控制水分，以防徒长。芹菜秧苗的壮苗标准是：苗龄 50～60 天，苗高 10～15 cm，4～6 片真叶，叶片肥厚，叶色深绿，根系发达。

(4) 定植

定植前 1～2 天，苗床浇足水分，以利于起苗时少伤根，提高秧苗成活率。用移栽刀挖穴移植，每穴 1 株。行距 18～20 cm，株距 8～10 cm，每亩栽 4 万株左右。将连根挖起的芹菜秧苗分大小苗定植，淘汰病、弱苗，随起苗随栽种。栽植深度以幼苗在育苗床中的入土深度为标准，不要栽植过深，避免将心叶埋入土中，影响生长；栽植过浅，缓苗时间长。定植后浇缓苗水，促幼苗根系与土壤密接，防止架空幼苗根系而造成死苗。直播芹菜适当间苗，以保证植株通风透光。

(5) 田间管理

缓苗期芹菜保持土壤湿润。心叶变绿、新根已长出时，要松土除草保墒，促进根系发育，防止外叶徒长。缓苗后部不分定植早、晚，均要进行蹲苗，促使外叶开张。前期一般不浇水，加大昼夜温差管理，促进根系生长、外叶开张，使叶柄短缩增粗，积累较多养分，为内层叶长成粗大叶柄打基础。定植 1 个月左右开始追肥，每亩追尿素 15～20 kg，20 天后追第二次，数量同前。

(6) 病虫害防治

芹菜病害主要有芹菜斑枯病、叶斑病，防治方法除用无病种子、播前种子消毒外，种植地块还应进行 2 年以上轮作，发病初拔除病株，清除病残叶，加强通风、降温、排湿。也可用 50%腐霉利可湿性粉剂 1 000～1 200 倍液，或 77%氢氧化铜可湿性粉剂 800～1 000 倍液，或 50%多菌灵可湿性粉剂 500 倍液等药剂防治。虫害主要有蚜虫，可用 10%吡虫啉可湿性粉剂 2 000～2 500 倍液，或 25%噻虫嗪水分散粒剂 5 000 倍液，或 70%吡虫啉水分散粒剂 5 000～6 000 倍液等药剂防治。

(7) 适时采收

秋芹菜一般于 11 月开始采收，整株掘起，洗去泥土，整理成把，即可上市。

第二节 水稻—辣椒轮作栽培技术

1. 茬口安排

水稻采用早稻品种，在 3 月下旬育秧或 4 月上中旬直播，7 月下旬收获。辣椒采用露地栽培方式，于 7 月中旬播种，8 月中旬定植，11 月上旬分批采收或霜前一次性收获。

2. 早稻栽培技术

(1) 品种选择

选择抗性强、产量高、品质好的早稻品种，如中早 39、中组 143、中组 18、金早 239、株两优 831 和中嘉早 17 等。

(2) 适期播种

在 3 月下旬至 4 月上中旬播种，采用机插秧或机直播技术，用种量 6 kg/亩左右，催芽露白后播种。机插秧每盘（规格为 58 cm × 28 cm）播 110 g 左右种子，每亩备足 35 盘，机插密度以 30 cm ×（11～14）cm 为宜。

(3) 施肥管理

根据“施足基肥、早施蘖肥、巧施穗肥”的原则，做到前期促蘖争足穗，中期壮秆孕大穗，后期保叶增粒重。一般每亩基施水稻配方肥（N∶P_2O_5∶K_2O＝15∶6∶9）30～40 kg，每亩施尿素 10～15 kg，氯化钾 7.5 kg 作分蘖肥，后期根据苗情适施穗肥。

(4) 水浆管理

机插秧要求薄水或无水机插，机直播在播种前必须趟平田面，开好畦沟、疏通边沟，播种时做到田面无积水；播种至出苗期间保持田间湿润；适时搁田控苗，控制群体，防止倒伏；后期间隙灌溉，干湿交替以湿为主，防止过早断水引起早衰减产。

(5) 病虫草害防治

选用氰烯菌酯、咪鲜胺等药剂浸种消毒，根据防治时期、杂草类型和生育阶段选择直播净等对口除草剂化学除草。生长期间主要做好二化螟、稻纵卷叶螟、稻飞虱、纹枯病和稻瘟病的防治工作。

二化螟：每亩用 200 g/L 氯虫苯甲酰胺 5～10 mL，或 32 IU/mg 苏云金杆菌 100～200 g，或 10%溴氰虫酰胺 20～26 mL 喷雾防治。

稻纵卷叶螟：每亩用 16%甲维·茚虫威 10～15 mL、200 g/L 氯虫苯甲酰胺 5～10 mL，或 5%阿维菌素 10～15 mL 喷雾防治。

稻飞虱：每亩用 30%噻虫胺 15～25 mL，或 22%氟啶虫胺腈 15～20 mL 或 20%呋虫胺 30～40 g 喷雾防治。

纹枯病：每亩用 75%肟菌·戊唑醇 10～15 g，或 50%氯溴异氰尿酸 50～60 g，或 45%戊唑·咪鲜胺 35～40 mL 喷雾防治。

稻瘟病：每亩用 5%氨基寡糖素 75～100 mL，或 325 g/L 苯甲·嘧菌酯 30～50 mL 或 2%春雷霉素 80～100 mL 喷雾防治。

3. 辣椒栽培技术

辣椒栽培技术参考项目二中的辣椒夏秋栽培技术。

第三节　菱角—辣椒轮作栽培技术

1. 设施基地要求

(1) 较强的灌溉能力

水生蔬菜生长过程中需水量比一般旱生蔬菜多得多，对泵站的灌溉能力要求较高，可分区域、分年度轮流开展水旱轮作。部分设施蔬菜基地采用了节水灌溉的喷滴灌设施，则应预先测算好灌溉能力。如果是明渠灌溉，则应保持沟渠的水流畅通，尽量减少渗漏，以免远离泵站的区域灌水成本过高。

(2) 较好的贮水能力

种植水生蔬菜田块以偏黏性的土壤为宜，沙性较强的土壤难以贮水。即使不考虑灌溉成本，若田间经常断水，不能保持一定水位，也难以保证水生蔬菜（如菱角、莲藕等）的正常生长。

(3) 较高的周边围埂

考虑到田块间的水分渗透，实施水旱轮作的单元面积不宜过小，一般以灌溉渠所围的田块做一个单元为宜，各单元周围的田埂应适当加高达 30 cm 以上。日光温室，尤其是土墙建筑的简易类型，应在内墙边缘构筑不少于 1 m 宽的围埂，以免灌水后水分渗透，侵蚀墙体。实践中发现，在围埂内侧衬一层塑料薄膜，可有效防止水分的侧向渗漏。

(4) 控制田间高差

水生蔬菜生育前期一般均为浅水层管理，因此，应特别注意田间土壤的平整，保证田间土壤高差在 5 cm 之内，以免出现部分区域尚未覆盖水层而部分区域已水位过深，影响水生蔬菜的生长，甚至淹没秧苗导致死亡。如果棚内高差较大难以平整，又希望种植水生蔬菜，则只宜种植湿润栽培的种类，如豆瓣菜、蒲菜、湿栽水芹等。若高差介于两者之间，也可以在高差达到 5～10 cm 的位置筑一道一道的拦水小田埂，形成“小梯田”。水生蔬菜选择较耐深水的种类，如莲藕、菱角等，在中后期植株达一定高度时统一水位。

(5) 注意灌溉水质

常规旱生蔬菜基地的水渠多用于排水，其中的水质一般不予监控。如果种植水生蔬菜时用水渠灌水，则很可能将原有的有害物质（如除草剂等）一起带入田间，引起药害，影响生长，甚至导致植株死亡，故应注意灌溉水质监控。

2. 茬口安排

菱角采用早熟品种，在 3 月下旬或 4 月初播种，7 月下旬收获。辣椒采用温室栽培方式，于 7 月中旬播种，8 月中旬定植，按生长状况分批采收。

3. 菱角种植技术

(1) 品种选择

江苏省经过品种筛选试验表明，在设施栽培条件下，馄饨菱、二角红菱、姜堰小白菱等品种的早熟性较好。

(2) 直播或育苗

菱角春大棚早熟栽培可以直播栽培，以每亩 15～25 kg 种果均匀撒播。但因前期水温升高，可能出现浮萍和青苔（水绵）旺长，影响菱盘的生长，因此，宜在前期实施高密度，乃至超高密度播种育苗，促使菱盘尽快占满水面，抑制浮萍或青苔的蔓延。

①播种时期　菱角种子（果实）发芽前需要经过低温春化，因此不宜过早播种。一般在当地开春气温回升之际或稍提前几天播种。

②苗床　可以整个大棚做成一个凹畦作为育苗床，然后灌水，播种。为便于育苗期间的管理，宜在大棚中间筑一田埂，每个大棚做成 2 条凹畦。苗床应在播种前 15～20 天制作，并及时覆盖塑料薄膜促进温度提升。

每亩施腐熟的厩肥 1 000 kg、钙镁磷肥 25 kg。为防止青苔旺长，宜多施有机肥，尽量少施化肥，以使水体浑浊，抑制青苔发生。施基肥后耕翻整平，并放水泡田。开始时放入少量的水，根据水面调平床面，尽量使苗床平整。

③播种　播种前取出前一年选留的菱种，再次在清水中筛选，剔除腐烂、漂浮水面的种果，以备播种。为使菱盘尽早布满水面，应尽量加大播种量；但应注意避免移栽前的菱盘密度过大，较迟移栽的又不能播种过密。因此，宜根据计划移栽时期，确定适宜的播种量。菱角育苗床的每亩播种量以 80～100 kg 为宜。每亩育苗床所育秧苗可供 15～20 亩大田栽植。

菱角萌芽时先从中间的发芽孔长出胚根和胚轴，胚根很快伸出水面并先端枯死，胚轴上则分化出胚芽，胚芽生长形成菱茎并抽生分枝，顶端抽生叶片，发育成菱盘。随着生长时间的推移，分枝上也能抽生二级、三级分枝，形成的菱盘初步布满整个水面。

④水位　菱角生长必须保持一定水位。前期宜尽量降低水位至 3～5 cm，以尽快提升棚内温度，促进发芽和抽生新叶。待菱盘基本布满水面，可适当加深水位至 10～15 cm，一般不超过 20 cm。

⑤肥料　如果菱盘生长迟缓，新叶发黄，则应适当追肥。追肥最好用稀释的低浓度液态有机肥。如用 5%左右的沼液进行水面泼浇，既能补充养分，又能使水体浑浊，防控青苔；或者用 0.5%的尿素溶液进行叶面喷施。菱角育苗期间原则上不要追肥。

⑥病虫草害　菱角育苗期间主要是青苔、浮萍等藻类和莎草等杂草为害。青苔喜生于含有机质丰富、静止、透明的小水体，菱角苗床前期为升温、保温，不宜勤灌水，因此青苔蔓延很快。其不仅和菱角幼苗争夺养分，而且大量繁殖形成的丝状体裹挟菱盘的生长。浮萍主要是由灌水带入，可在菱角整个生育期发生。浮萍或青苔发生时，可以适当加深水位，结合人工打捞，用 10%苄嘧磺隆可湿性粉剂进行防治，每亩用量 15 g，加水 25 kg 水面喷雾。此药也可防治田间的鸭跖草等杂草。

菱角设施育苗期间因薄膜的物理阻隔，病虫害一般很少发生。低洼湿地区域可能有椎实螺发生，可用四聚乙醛（密达、梅塔、灭蜗灵）防治。如有白绢病发生，可用 25%多菌灵可湿性粉剂 300 倍液加 40%霜霉威水剂 500 倍液进行叶面喷雾，每亩用药液 40～50 kg。

(3) 移栽

菱角的移栽于 5 月初进行。移栽前按常规整地、施肥、灌水、趟耙，做到田平、泥烂、水足。水位以 5～10 cm 为宜。菱角移栽宜当天起苗，当天移栽。将菱苗从育苗田间拔起，头尾同向放入保湿的容器内，运到移栽的棚内。只要菱茎上有根，理论上都能移栽成活。

根据种苗数量、单株菱盘数目以及大田种植时间，确定适宜的移栽密度。一般行距 1～1.5 m、穴距 1 m，每穴 3～5 株，有菱盘 10～15 个。将数株秧苗根部捺入土中 5～8 cm，中心部位用泥土压牢，然后将水面的菱盘理顺摆正，呈四周扩散状。如果种苗数量充足，水作种植时间较短，宜加大移栽密度；如果种苗数量不足，水作时间较长，或主要生产菱茎，用于特色菱梗菜加工，则可以进一步降低移栽密度。

(4) 管理

①温度　移栽后至菱苗缓苗前，以闷棚升温促缓苗为主，棚内温度以 15～30 ℃为宜。外界温度稳定在 15 ℃以上后，可逐渐揭开裙膜通风降温，直至撤除裙膜和顶膜。

②水位及水流　低温阶段宜以浅水位为主，随温度升高而水温上升，应逐步加深水位至 15～20 cm。随着气温和水温的进一步升高，尤其是开始采收以后，应使田间保持缓慢的水流，以控制田间水温不超过 30 ℃。

③肥料　菱角在开花结果前一般不用追肥，如个别田块出现缺肥，生长不良现象，可每亩追施尿素 7.5 kg 左右。追肥一般在开花结果期进行，以追施磷、钾肥为主，此期菱盘基本盖满水面，宜在晴好天的傍晚，用 0.2%的磷酸二氢钾溶液进行叶面喷雾，每隔 7～10 天一次，以补充养分，防止早衰。

生长时间较长的田块，出现缺肥迹象时，应及时追肥。可每亩撒施三元复合肥 10～15 kg。菱角田撒施颗粒肥料后，宜再用清水冲洗，以防肥粒粘在叶面上产生肥害。

④病虫草害　除了苗期可能发生的病虫草害以外，移栽后主要有菱角萤叶甲等虫害和白绢病等病害。

菱角萤叶甲是菱角的毁灭性害虫，能迁飞和跳跃，难以防治。必须重视防治，治早治了，药剂防治应在全部菱角种植区域统防统治。在发生初期可用 25%杀虫双水剂 500～600 倍液或 2.5%敌杀死乳油 2 000～2 500 倍液交替喷雾防治。

白绢病，又名菱瘟、白烂病，是菱角最主要的病害。发病初期先是叶片受害，最初叶片呈黄白色或灰白色、水渍状小斑，之后迅速扩大，并造成叶片腐烂，最后有可能造成大面积菱叶枯萎腐烂。一般在高温高湿时，白绢病发病严重。可在发病初期用 5%井冈霉素水剂 400 g+200 g 25%多菌灵可湿性粉剂+水 50 kg 喷雾，或用 75%百菌清可湿性粉剂 800 倍液、40%菌核净可湿性粉剂 500 倍液防治，一般每 5～6 天一次，连喷 3 次。

⑤疏菱盘　为保证菱角的前期产量以提高种植效益，无论是直播还是育苗移栽，都以较高密度为宜，以使菱盘尽早布满水面。但随着菱角进一步生长，菱茎上不断抽生分株并形成新的菱盘，致使菱盘过于拥挤，导致菱角开花后花（果）柄无法向下沉入水中发育。因此，当菱盘密度过高时，应及时疏除部分长势较弱、直径小于 20 cm 的菱盘。

(5) 采收

发现田间菱盘上有小白花开放，说明菱角进入开花结果期。过后15～20天，应间或进入田间，小心翻开菱盘观察菱果的生长状况。若发现部分菱盘上有1～2个菱果达到采收标准，则应及时开始采收。

前期的菱果偏小，应及时采收嫩果上市。过后采收的菱角，会逐渐增大到与种菱一般大小。采收时以果实大小为准，凡是大小达到标准的全部采收。采收后结合清洗，将所有菱角置于盛水容器中淘洗，浮在水面上的为嫩菱，宜生食；沉入水底的为老菱，宜熟食。

(6) 清田让茬

根据种植计划，于7月初进行最后一次采收，将田间的菱角植株全部拔起，运出棚外。田间断水后，地面会留有很多以前自行脱落的菱角果实，可以捡拾后在水中淘洗，剔除漂浮水面和在水中上下沉浮的菱果，留下沉入水底的老熟菱角，作为翌年的生产用种。但此法切忌连年使用。菱角植株可以用作其他田块的秋茬种植，也可以堆沤制作绿肥。

4. 辣椒栽培技术

辣椒栽培技术参考项目二中的温室辣椒生产技术。

第四节　茄子-丝瓜套种栽培技术

为了充分利用大棚茄子和丝瓜各自的生长特性，采用在大棚内早春茬茄子行间套种丝瓜的高效生产模式，不仅能有效利用土地，而且能使经济效益大幅度提高。其种植技术如下。

1. 茬口安排

茄子—丝瓜套种模式选择大棚内的早春茬。

2. 茄子栽培技术

茄子栽培技术参考项目三中的大棚茄子早春茬栽培技术。

3. 丝瓜栽培技术

(1) 品种选择

选用商品性好又丰产的肉丝瓜、白玉霜、香丝瓜、棒槌瓜等品种。

(2) 育苗

一般在1月上旬播种，播前用50～60 ℃温水浸种10 min，不断搅拌，冷却后浸泡24 h，取出用布包好放置温度28～32 ℃处催芽，每天用清水冲洗一次，待种子大部分露芽时即可播种。

(3) 移栽

2月中下旬，当茄子定植后，在大棚的两边定植两行丝瓜，然后在大棚的中柱两边再定植两行丝瓜。移栽丝瓜幼苗时要带土坨，并浇足定根水。

(4) 定植后的管理

①温度管理　丝瓜在整个生长期都要求有较高的温度，生长最适温度为 20～24 ℃，果实发育最适温度为 24～28 ℃；15 ℃左右生长缓慢，低于 10 ℃生长受抑制。定植以后，白天大棚内温度保持在 25～30 ℃，夜间保持在 18 ℃左右。在丝瓜抽蔓前，可利用草苫适当控制日照时间，以促进茎叶生长和雌花分化。在开花结果期，要适时敞开草苫，充分利用阳光提高温度。

随着外界温度的逐渐升高，茎蔓伸长以后，用尼龙绳吊线，并进行人工引蔓，引蔓后及时固定。到5月上中旬气温回升，棚膜去除后，茎蔓爬到棚架上部时，不再绑蔓和引蔓。当丝瓜进入结果期后，及时拔除茄秧。结合中耕除草一次。

②水肥管理　丝瓜苗期需水量不大，可视墒情浇小水 1～2 次，当蔓长到 5 cm 左右长时，结合再次培土，每亩追施磷酸二氢钾 30 kg，浇大水一次。开花结果以后，一般 7～8 天浇一次水，同时每亩追施 15 kg 尿素。

丝瓜的茎蔓最长可达 7～8 m，当蔓长到 25 cm 左右长时需搭架。为减少架杆占据空间和遮阳，一般用铁丝或尼龙绳等直接系在大棚支架上，使其形成单行立式架，顶部不交叉，按原种植行距和密度垂直向上引蔓。蔓上架后，每增长 4～5 片叶绑一次蔓，可采用“S”形绑法。

③保花保果　减少落花，提高坐果率。用毛笔蘸防落花药液涂于雌花柱头及花冠基部，也可直接把花在药液中浸蘸一下。涂抹时间应在上午 8 时左右。

④病虫害防治　丝瓜的主要病害有炭疽病、疫病、灰霉病，可用多菌灵、百菌清等农药防治。害虫主要有瓜蚜和白粉虱等，可用吡虫啉等防治。

⑤适时采收　丝瓜一般在 6 月份进入盛果期。前期气温低，生长缓慢。花后 10～12 天即可采收，果实发育期稍长的，花后 20 天左右可采收。到盛果期宜勤采收，隔 1～2 天采收一次。

【技能实训】

甜椒的穴盘育苗

一、目的与要求

了解各类容器的特点，了解各类基质的特点，能够针对不同甜椒品种、不同气候条件进行甜椒的穴盘育苗；掌握播种后的管理。

二、材料与用具

不同材质、不同大小的穴盘；不同品种的甜椒种子；泥炭、蛭石、珍珠岩、沙、椰糠若干；铁锹、手套、洒水壶等工具。

三、内容与方法

1. 基质的选择与配置

根据所需透气透水程度确定基质的配比，根据所需基质的量，对各个配方进行称量并混合。混合时，使用铁锹反复搅拌使基质充分混匀。其间可以添加适量水分，降低混匀时的粉尘污染，增加基质的黏度。

2. 穴盘的选择和基质的填充

根据栽培管理的不同，选择相对应的穴盘，并将基质填入穴盘中。基质填充时，应避免用手按压导致基质过实，应让穴盘轻轻落地，依靠基质自身重力压实。

3. 播种

在每个填满基质的穴孔中按压等深度的孔穴，确保甜椒种子播种深度一致。甜椒种子发芽能力强，每个种植穴内插入 1 粒种子，并在孔穴上覆盖相应的基质。

4. 幼苗管理

甜椒在 25 ℃左右的气温下，一般经 3～5 天便可发芽。穴盘苗管理期间注意保持基质湿润，真叶长出后及时施肥，早期以氮肥为主，EC 值不超过 1.0。根据所选穴盘的不同，在适当的时间对幼苗进行移植。期间，对幼苗的生长状况进行统计。

四、学习成果

将甜椒的穴盘育苗技能实训内容填入表 4-2。

表 4-2　甜椒的穴盘育苗技能实训记录表

项目内容	内容描述	评分
1. 容器的选择		
2. 基质配比		
3. 播种过程		
4. 幼苗管理		

将甜椒的幼苗生长状况填入表 4-3。

表 4-3　甜椒的幼苗生长状况记录表

播种日期		播种量	
穴盘类型		基质类型	
日期	发芽数	叶片数	株高

五、职业能力测试

1. 幼苗的整齐生长对甜椒生产有哪些好处？
2. 不同规格的穴盘各有什么样的优缺点？

【科技前沿】

农业废弃物处理

2021 年 10 月，国务院印发《2030 年前碳达峰行动方案》，明确提出循环经济助力降碳行动，要求加强大宗固废综合利用，加快推进秸秆高值化利用，完善收储运体系。

茄果类蔬菜栽培量大，产生的秸秆数量不容小觑。另外茄果类蔬菜的秸秆，和普通粮食作物秸秆不一样，对后茬蔬菜生长是有抑制作用的，不能随便处理直接还田。未经处理的番茄秸秆对番茄作物本身会产生自毒作用，这也是造成后茬番茄生长不良、死苗率高的原因之一。不过，番茄等茄果类蔬菜秸秆富含有机碳、氮、钾元素等营养物质，以及其他微量元素。如果将其“变废为宝”合理利用，将能有效避免空气、土壤污染和病虫害传播。

农业废弃物的资源化利用技术模式多种多样，现介绍以下三种典型案例。

一、反应器堆肥技术模式

反应器堆肥是将易腐垃圾、人畜粪便、农作物秸秆等有机废弃物，置入一体化密闭反应器进行好氧发酵。常见的有箱式反应器、立式筒仓反应器、卧式滚筒反应器等。原料经除杂、粉碎、混合等预处理后，调节含水率至 45%～65%，置入反应器进行高温堆肥。反应器堆肥发酵温度达到 55℃以上的时间应不少于 5 天，以达到病原菌灭活效果。发酵产物腐熟后可还田利用，也可用于生产有机肥、栽培基质等，其技术模式图参考图 4-1。该技术模式自动化水平较高，便于臭气、渗滤液等污染物收集处理，但相比于简易堆沤还田建设成本较高。

典型案例：浙江省衢州市衢江区。该案例覆盖 4 个村约 1.1 万人。2019 年投入运行，主要处理厨余垃圾等易腐垃圾，设计处理能力为 5 t/天，预留了一定拓展空间，目前实际处理有机废弃物 1.2 t/天。在投资建设方面，政府投资 270 万元，建设易腐垃圾处理站，主要包括厂房、堆肥反应器、垃圾分选及储存设施、制肥设备、渗滤液处理设备、除臭设备等，占地面积 2 530 m^2。在运营管理方面，保洁员引导村民进行垃圾分类，将易腐垃圾投放至暂存点，由清运员收集后运至处理站。第三方负责处理站运维管护，费用由政府承担，用工 2 人，综合运行成本约 220 元/t。在资源化利用方面，年可产有机肥约 140 t，用于周边园林绿化，渗滤液处理达标后排入市政管网。

二、堆沤还田技术模式

堆沤还田是将易腐垃圾、农作物秸秆、人畜粪便等有机废弃物，通过静态堆沤处理后科学还田利用。发酵时间一般不少于 90 天。主要设施为堆沤池或堆沤设备，应具有防雨、防渗等功能，其技术模式图参考图 4-2。该技术模式操作简单、建设和运行成本较低，但发酵周期较长，需采取臭气和蚊蝇控制措施。

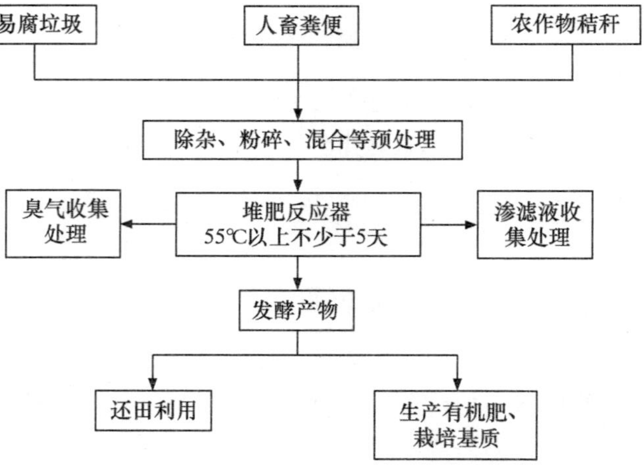

图 4-1　反应器堆肥技术模式示意图

典型案例：福建省南平市光泽县。该案例覆盖 1 个村约 1 100 人。2016 年投入运行，主要处理厨余垃圾、农作物秸秆、蘑菇渣等有机废弃物，设计处理能力为 0.18 t/天，目前实际处理有机废弃物 0.13 t/天。在投资建设方面，村集体投资 2.7 万元，建设固液分离平台、分层发酵池、渗滤液发酵池、遮雨棚等，占地面积 60 m^2。在运营管理方面，村民进行垃圾分类，将厨余垃圾投放至村内收集点，再由保洁员运至处理站。厨余垃圾经除杂和固液分离后，与其他有机废弃物混合，置入分层发酵池，添加微生物菌剂，并定期转动驱动装置，实现发酵池内物料的搅动和换层。村集体负责处理站运维管护，用工 1 人，综合运行成本约 215 元/t。在资源化利用方面，年可产有机肥约 24 t，主要供周边农户免费使用，渗滤液贮存发酵后还田利用。

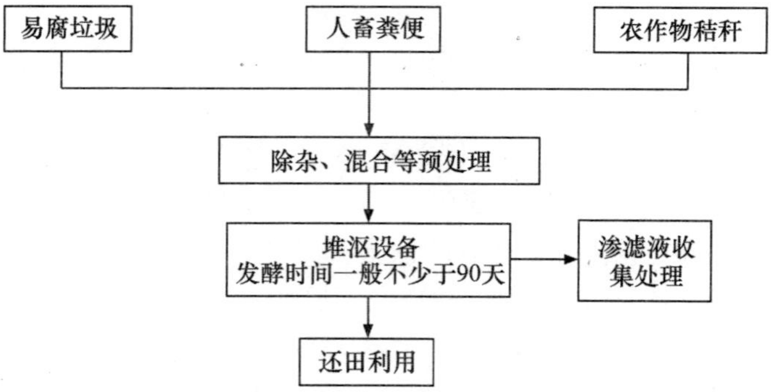

图 4-2　堆沤还田技术模式示意图

三、厌氧发酵协同处理技术模式

厌氧发酵协同处理是将人畜粪污、农作物秸秆、易腐垃圾等有机废弃物，经过粉碎、除杂、调质等预处理后，置入厌氧发酵罐进行处理，可产生沼气和沼肥。常见的有湿法和干法厌氧发酵，需配套原料预处理设施、进料设备、储气柜、沼肥贮存设施等。沼气经过净化、提纯处理后可作为清洁能源使用，沼肥可还田利用或生产有机肥，其技术模式图参考图 4-3。

该技术模式资源化利用率较高，但对稳定运行、安全管理等技术要求较高，适宜原料供应充足、清洁能源需求大、农田消纳能力强的地区。从实践来看，易腐垃圾、厕所粪污等一般可依托现有畜禽粪污厌氧发酵设施进行协同处理，并根据实际情况完善预处理、进料以及其他配套设备。

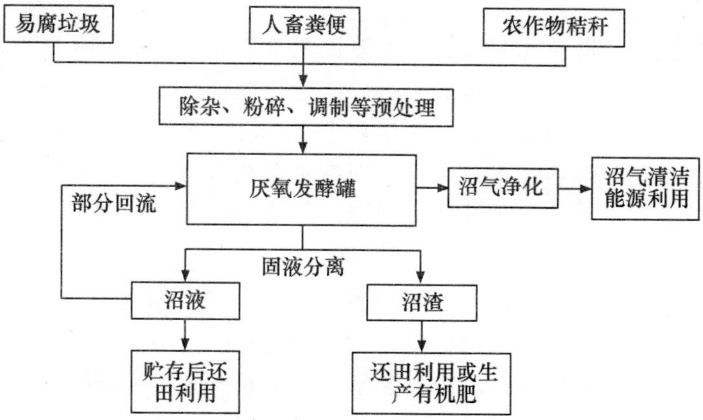

图 4-3　厌氧发酵协同处理技术模式示意图

典型案例：江苏省徐州市睢宁县。该案例覆盖 1 个村约 4 800 人。2017 年投入运行，以处理畜禽粪污为主，协同处理易腐垃圾、农作物秸秆等有机废弃物，设计处理能力为 34 t/天，目前基本满负荷运行。在投资建设方面，政府投资 590 万元，建设太阳能厌氧发酵罐、贮气柜、沼气净化系统、沼气入户管网、沼液储存池等，占地面积 6 530 m^2。在运营管理方面，建立原料收集—日常管护—燃气供应“三位一体”运维管护体系，易腐垃圾由保洁员分类收集后，送至处理站；畜禽粪污由第三方收集运输。第三方负责处理站运维管护，用工 3 人，综合运行成本约 110 元/t。在资源化利用方面，年可产沼气约 50 万 m^3，为周边 1 200 户住户供应燃气；年可产沼渣约 1 750 t、沼液约 9 400 t，用于周边蔬菜、果树种植。

参考文献

1. 侯丽霞．番茄栽培新技术与实例．北京：电子工业出版社，2013.

2. 海阳市农业技术推广中心．番茄生产一读通．北京：化学工业出版社，2021.

3. 吕鸿钧，赵玮．番茄栽培技术．银川：宁夏人民出版社，2008.

4. 刘明月．蔬菜高效生产技术．长沙：湖南科学技术出版社，2020.

5. 中国农村技术开发中心．蔬菜优质高效生产新技术．北京：中国农业科学技术出版社，2018.

6. 胡繁荣．蔬菜生产技术（南方本）.2 版．北京：中国农业出版社，2019.

7. 王秀峰．蔬菜栽培学各论（北方本）.4 版．北京：中国农业出版社，2011.

8. 陈杏禹，于红茹．设施蔬菜栽培．北京：中国农业大学出版社，2015.

9. 王迪轩．辣椒、茄子、番茄优质高效栽培技术问答．北京：化学工业出版社，2014.

10. 车艳芳．茄果类蔬菜生产技术．石家庄：河北科学技术出版社，2013.

11. 陈帼一．茄果类蔬菜周年生产技术．北京：金盾出版社，2003.

12. 刘富中．茄子无公害高效栽培．北京：金盾出版社，2003.

13. 吕鸿钧．茄子栽培技术．银川：宁夏人民出版社，2008.

14. 马长生．番茄、茄子、辣椒标准化生产．郑州：河南科学技术出版社，2013.

15. 赵贵宾．设施茄果类蔬菜栽培技术．兰州：甘肃科学技术出版社，2013.

16. 肖万里．大棚茄子栽培答疑．济南：山东科学技术出版社，2011.

17. 江解增，曾晓萍．设施蔬菜水旱轮作新模式．南京：江苏凤凰科学技术出版社，2019.

18. 郑世发，黄燕文．蔬菜轮作新技术南方本．北京：金盾出版社，2011.

19. 曹春信，黄洪明，汪暖，等．“早稻-加工型辣椒”水旱轮作栽培技术．中国稻米，2023，29(4)：101-103.

20. 郑世发，黄燕文．蔬菜间作套种新技术南方本. 北京：金盾出版社，2010.